KB115895

난세를 사는 비결

黄石公素書

난세를 사는 비결

『黃石公素書(황석공소서)』

吳光益 釋義

明文堂

《황석공소서》 석의본(釋義本)을 내면서

1

어느 날인가 바르게 앉아 손을 무릎 위에 편안하게 놓고 입을 다물고 눈도 감았다. 의식을 맑게 가지고 마음을 비우니 하늘과 땅과 만물과 시공과 하나가 된 듯하다. 이렇게 오래도록 있으면서 한 마음 일으켜 과거로부터 먼 미래를 둘러본다. 과연 우주의 교역(交易)과 사시의 순환과 세태의 변천과 인간의 역정(歷程)에 영웅호걸(英雄豪傑)이 일세를 부침(浮沈)하고 만방성읍(萬邦城邑)이 조석으로 치란(治亂)을 달리함이 드러난다.

이러한 가운데 선악은원(善惡恩怨)과 흥망성쇠(興亡盛衰)가 전개됨은 고금(古今)이 똑같을 뿐이다. 그것은 요순시대(堯舜時代)에도 악원(惡怨)이 있었고 걸주시대(桀紂時代)에도 선은(善恩)이 있었다는 말이다. 다만 걸주가 주체가 된 세상에는 악은 악이요 선도 악이 되었으며, 요순이 주체가 된 세상에는 선은 선이요 악도 선으로 되었으니, 은원이나 흥망이나 성쇠를 행사하는 사람들이 앞을 향하여 역사의 수레를 끌고 갈 따름이다.

2

《황석공소서》라는 책의 제목이 있지만 조금 풀어서 '난세를 사는 비결'이라 하였다.

옛 성인이 이런 이야기를 하였다.

"개인이나 가정, 사회나 국가의 크고 작은 모든 전쟁은 그 근본을 추구해볼 때 사람의 마음 난리(亂離)로 인하여 발단이 되는 것이니, 이 마음 난리는 모든 난리의 근원인 동시에 제일 큰 난리가 된다."

또 말하였다.

"난리라는 것은 세상 사람의 마음나라에 끊임없이 일어나는 난리라, 마음나라는 원래 온전하고 평안하며 밝고 깨끗한 것이지만 사욕(私慾;邪慾)으로 인해 어둡고 탁해지며 복잡하고 요란해져서 한없는 세상에 길이 평안할 날이 적게 된다."

난리라는 것은 전쟁이나 분쟁 따위로 세상이 어지러워진 사태를 말하는 것으로, 곧 난세(亂世)를 말한다. 난세라는 말은 "어지러운 세상, 어지러워 살기가 힘든 세상"이라는 뜻이다. 따라서 이를 평정(平定)하는 길로 "법(法)"을 세워서 대처(對處)를 하고 있다.

그러므로 이 《황석공소서》가 외형적으로는 세상을 다스려가는 방향을 제시한 것이지만 내면에 있어서는 그 근원이 되는 마음을 추스리는 방법을 저변(底邊)에 충분히 갖추고 있기 때문에 '난세를 사는 비결'이라 하여도 무방하리라 생각한다.

3

이《황석공소서》는 황석공(黃石公)의 글이라고도 하고, 또는 강태공(姜太公)의 글이라고도 한다. 이 글을 장량(張良)에게 주니, 그는 가운데 몇 귀를 골라서 유방(劉邦)을 도와 한나라를 세우고 자기는 적송자(赤松子)를 따라 인간의 삶을 버렸다. 그는 죽으면서 전해 줄 사람을 만나지 못해 책과 함께 무덤에 묻혔는데 오백 년이 지난 뒤 진란(晉亂)에 도둑이 장량의 무덤을 파헤쳐 이 책을 얻어 세상에 유포시켰다고 한다. 북송(北宋) 휘종(徽宗) 때 관문전대학사(觀文殿大學士)인 장상영(張商英)이 주석(註釋)을 달아 비로소 세상에 널리 퍼지게 되었으니 대략 1700년간으로 원원유장(源遠流長)하다.

《소서》의 근간을 이루는 대체는 도(道)·덕(德)·인(仁)·의(義)·예(禮)이다. 이 다섯 가지를 기본으로 하여 정치·경제·사회·문화·도덕·윤리·역사와 인천(人天), 화전(和戰: 화해와 전쟁), 군신(君臣)·상하·왕패(王覇: 왕도와 패도)·장졸(將卒)·관민(官民) 등과 수신(修身)·제가(齊家)·치국(治國)·평천하(平天下) 등이다. 모든 방면에 반드시 이 다섯을 바탕으로 하여 구현하였으니, 하나만 빠져도 원만한 실현이 아니다.

《소서》를 대체로 병가류(兵家類)에 속한 병서(兵書)라고 한다. 그러나 꼭 병가서에 그치는 것은 아니다. 유가의 입장에서 보면 유가적인 언어들이 있고, 도가의 입장에서 보면 도가적인 사상들이 있으며, 음양가(陰陽家)의 입장에서 보면 음양가적인 의미가 있고, 법가(法家)의 입장에서 보면 법가적인 가르침이 얼마든지 들어있기 때문이다. 그러므로 하나에 고착(固着)시키기는 어렵지만 그래도 병법적인 내용이 많기 때문에 병서로 취급할 수밖에 없다.

4

《소서》는 평범한 문장 가운데 비범한 의미를 가진 글이다. 서간의심(書簡意深)하다. 즉 글은 간단하지만 내용은 풍부하면서 깊다. 그래서 한두 번 읽는 것으로 그 뜻을 이해하기란 어려움이 있다. 일찍이 《소서》를 접하게 되면서 '우리들이 쉽게 읽고, 이해하고, 실천할 수 있는 방법이 없을까' 하는 마음이었다. 그리고 어느 날 갑자기 붓을 들고 석의(釋義)를 시작하고는 얼마나 많은 고뇌를 하였는지 모른다. 비재비질(非才非質)하기 때문이라고 자위 겸 자책하면서 삼동(三冬)과 한설(寒雪)을 이겨냈다.

《소서》는 삼략(三略)이라고도 하고 위서(僞書)라고도 한다. 또는 장상영의 저작이니, 또 의탁본(依託本)이니 하는 여러 가지 설이 있다. 그러나 《소서》를 읽는 사람은 역사적인 의미를 추구하는 것도 좋지만 그 뜻을 취하고 글을 놓아버리는(取意捨文) 심경을 가져야 한다. 옛 글에 득어망전(得魚忘筌)이라 하였다. 즉 고기를 잡는 사람은 고기를 잡고 나면 고기 잡은 통발을 버려야 한다는 말이다.

이와 같이 《소서》를 통하여 자신의 내면을 살피고 외형을 법도 있게 갖추어 정치를 하던 기업을 하던 취하여 쓰면 반드시 소득이 있을 것이다. 난세를 슬기롭게 사는 비결이 된다는 말이다. 훗날 여문동락(與文同樂)의 문우(文友)를 기다리는 뜻이 여기에 있다.

2014년 춘소(春宵)

익산 이우실(涖藕室)에서 오광익 근지

목차

일러두기

1. 이 《황석공소서(黃石公素書)》 석의본(釋義本) 《비서삼종(秘書三種)》은 1918년 3월 15일에 경성(京城) 「성문당서점(盛文堂書店)」 장판(藏版)을 저본으로 하였다.
2. 이 석의본은 원문(原文)의 주석(註釋) 장주(張註)의 주석(註釋) · 해의(解義) 순으로 구성하였다.
3. 원문 중의 서(序)와 장주는 송대(宋代) 장상영(張商英, 1042~1122)이 지은 것이다.
4. 원문과 장주는 저본에 수록된 내용이며, 주석과 해의는 역자가 서술하였다. 단, 원문 중 서의 주석은 역자에 의한 것이다.
5. 주석과 해의에 등장하는 서적은 《 》로 표시하고, 주해의 인물은 생몰연대를 밝혔다.

황석공소서 서(序)

황석공소서(黃石公[1]素書[2]) 서(序)

黃石公素書六篇은 按前漢列傳에 黃石公이 圯橋[3]所授子房[4]
황석공소서육편 안전한열전 황석공 이교 소수자방

素書어늘 世人이 多以三略[5]으로 爲是하니 蓋傳之者ㅡ誤也라.
소서 세인 다이삼략 위시 개전지자 오야

《황석공소서》 6편은 전한열전을 살펴보면 황석공이 이교(圯橋: 흙으로 만든 다리)에서 자방에게 준 바가 《소서》이거늘 세상 사람들이 흔히 삼략을 이것이라고 하니 대개 전해진 것의 잘못이니라.

晉亂[6]에 有盜ㅡ發子房塚하야 於玉枕中에 獲此書하니 凡一
진란 유도 발자방총 어옥침중 획차서 범일

千三百三十六言이라.
천삼백삼십육언

진나라 전란에 도둑이 있어 자방의 무덤을 발굴하여 옥베개 가운데서 이 책을 얻었는데 무릇 1,336자(字)로 된 말이라.

上有秘戒하되「不許傳於不道不神不聖不賢之人하고 非其
상유비계　불허전어부도부신불성불현지인　비기
人이면 必受其殃이요, 得人不傳이면 亦受其殃이라.」하니 嗚呼
인　필수기앙　득인부전　역수기앙　오호
라 其愼重이 如此로다.
기신중　여차

위에다 은밀한 경계를 두었는데「도를 알지 못하고 신령스럽지 않으며, 성스럽지 않고 어질지 아니한 사람에게는 전하기를 허여(許與)하지 않을 것이니 그 사람이 아니면 반드시 그 재앙을 받을 것이요, 사람을 얻고도 전하지 아니 하면 또한 그 재앙을 받으리라.」하였으니 아~ 그 신중함이 이와 같음이로다.

黃石公은 得子房而傳之하고 子房은 不得其傳而葬之러니
황석공　득자방이전지　자방　부득기전이장지
後五百餘年而盜ㅡ獲之하야 自是로 素書ㅡ始傳於人間이나 然이
후오백여년이도　획지　자시　소서　시전어인간　연
나 其傳者는 特黃石公之言耳라 而公之意를 豈可以言盡哉아.
기전자　특황석공지언이　이공지의　기가이언진재

황석공은 자방을 얻어서 전하고, 자방은 전할 만한 사람을 얻지 못하여 무덤에 묻었는데 500여 년 뒤에 도둑이 얻어서 이로부터 소서가 처음으로 인간에 전해졌으나, 그러나 그 전해진 것은 다만 황석공의 말뿐이라 황석공의 뜻을 어찌 가히 말로써 다하겠는가.

余－竊嘗評之컨대 『「天人之道[7]－未嘗不相爲用이니 古之
여 절상평지 천인지도 미상불상위용 고지

聖賢이 皆盡心焉이라. 堯는 欽若昊天[8]하시고 舜은 齊七政[9]하시
성현 개진심언 요 흠약호천 순 제칠정

고 禹는 敍九疇[10]하시고 傅說은 陳天道[11]하고 文王은 重八卦[12]
우 서구주 부열 진천도 문왕 중팔괘

하시고 周公은 設天地四時之官[13]하시며 又立三公하야 以燮理
주공 설천지사시지관 우입삼공 이섭리

陰陽[14]하시고 孔子는 欲無言[15]하시고 老聃은 建之以常無有[16]이
음양 공자 욕무언 노담 건지이상무유

라.」 陰符經[17]에 曰「宇宙－在乎手하고 萬化－生乎身이라. 道
음부경 왈 우주 재호수 만화 생호신 도

至於此하면 則鬼神變化－皆不能逃吾之術이온 而況於刑名[18]
지어차 즉귀신변화 개불능도오지술 이황어형명

度數[19]之間者歟아.」』
도수 지간자여

내가 가만히 일찍이 평가하건대, 『「하늘과 사람의 도가 서로 활용되지 않는게 아니었으니 옛날 성현들이 모두 마음을 다한 것이라. 요

임금은 공경하기를 하늘과 같이 하시고, 순임금은 칠정을 가지런히 하시고, 우임금은 구주를 펴시고, 부열은 천도를 베풀고, 문왕은 팔괘를 거듭하시고, 주공은 천지와 사시의 육관(六官)을 설정하시며, 또 삼공을 세워 음양을 다스리시고, 공자는 말씀이 없고 자 하시고, 노자는 떳떳함이 없는 것으로써 세움이라.」《음부경》에 말하기를, 「우주가 손안에 있고 뭇 조화가 몸에서 오는 것이라. 도가 여기까지 이르면 귀신의 변화가 모두 나의 술수에서 벗어나지 못할 것인데 하물며 형명과 도수의 사이겠는가.」』

黃石公은 秦之隱君子也라 其書簡하고 其意深하니 雖堯舜
황석공 진지은군자야 기서간 기의심 수요순

禹文傅說周公孔老라도 亦無以出此矣라. 然則黃石公이 知秦
우문부열주공공노 역무이출차의 연즉황석공 지진

之將亡과 漢之將興이라. 故로 以此書로 授子房하니 而子房
지장망 한지장흥 고 이차서 수자방 이자방

者－豈能盡知其書哉아. 凡子房之所以爲子房者는 僅能用其
자 기능진지기서재 범자방지소이위자방자 근능용기

一二耳라.
일이이

황석공은 진나라의 숨은 군자라 그 글은 간략하고 그 뜻은 깊으니 비록 요임금 · 순임금 · 우임금 · 문왕 · 부열 · 주공 · 공자 · 노자라도 또한 여기에서 벗어나지 못하리라. 그런즉 황석공이 진나라가 장차 망할 것과 한나라가 장차 일어날 것을 알음이라. 그러므로 이 책은 자방에게 주었으니 자방이 어찌 능히 모두 그 글을 알았겠는가. 대범 자방이 자방이 될 만한 까닭은 겨우 능히 한 둘을 응용할 뿐이니라.

書曰「陰計外泄者는 敗라.」하니 子房이 用之하야 嘗勸高帝
서왈 음계외설자 패 자방 용지 상권고제

하야 王韓信[20]矣요, 書曰「小怨不赦면 大怨必生이라.」하니 子
왕한신 의 서왈 소원불사 대원필생 자

房이 用之하야 嘗勸高帝하야 侯雍齒[21]矣요, 書曰「決策於不
방 용지 상권고제 후옹치 의 서왈 결책어불

仁者는 險이라.」하니 子房이 用之하야 嘗勸高帝하야 罷封六國[22]
인자 험 자방 용지 상권고제 파봉육국

矣오, 書曰「設變致權은 所以解結이라.」하니 子房이 用之하야
의 서왈 설변치권 소이해결 자방 용지

嘗勸四皓而立惠帝[23]矣오, 書에 日「吉莫吉於知足이라.」하니
상권사호이립혜제 의 서 왈 길막길어지족

子房이 用之하야 嘗擇留自封[24]矣오, 書曰「絕嗜禁慾은 所以
자방 용지 상택유자봉 의 서왈 절기금욕 소이

除累라.」하니 子房이 用之하야 嘗棄人間事하고 從赤松子遊[25]
제누 자방 용지 상기인간사 종적송자유

矣라.
의

글에 말하기를, 「은밀한 계책이 밖으로 누설되면 패망한다.」 하

였는데, 자방이 이를 응용하여 일찍이 고제에게 권하여 한신을 왕으로 봉하게 하였고, 글에 말하기를, 「작은 원한을 용서하지 않으면 큰 원망이 반드시 생겨난다.」 하였는데, 자방이 이를 응용하여 일찍이 고제에게 권하여 옹치를 후(侯)로 봉하였고, 글에 말하기를, 「계책을 어질지 못하게 결정하면 위험하다.」 하였는데, 자방이 이를 응용하여 일찍이 고제에게 권하여 육국 봉하는 것을 작파하게 하였고, 글에 말하기를, 「변수를 설정하여 권도를 이루는 것은 맺힘을 푸는 것이다.」 하였는데, 자방이 이를 응용하여 일찍이 사호에게 권하여 혜제를 세우도록 하였고, 글에 말하기를, 「길함은 만족할 줄 아는 것보다 더 길함이 없다.」 하였는데, 자방이 이를 응용하여 일찍이 유 땅을 선택하여 스스로 봉하였고, 글에 말하기를, 「즐김을 절제하고 욕심을 금함은 허물을 제거하는 것이다.」 하였는데, 자방이 이를 응용하여 일찍이 인간의 일을 버리고 적송자를 따라가 노닐음이라.

嗟乎라 遺粕棄滓도 猶足以亡秦項而帝沛公이온 況純而用
차호 유박기재 유족이망진항이제패공 황순이용

之하고 深而造之者乎아. 自漢以來로 章句文辭之學이 熾而知
지 심이조지자호 자한이래 장구문사지학 치이지

道之士ㅡ極少하니 如諸葛亮[26]·王猛[27]·房喬[28]·裵度[29]等輩
도지사 극소 여제갈량 왕맹 방교 배도 등배

는 雖號爲一時賢相이나 至於先王大道하야는 曾未足以知髣
수호위일시현상 지어선왕대도 증미족이지방

髴이니 此書所以不傳於不道不神不聖不賢之人也라. 離有離
불 차서소이부전어부도불신불성불현지인야 이유이

無之謂道[30]오, 非有非無之謂神[31]이오, 有而無之之謂聖[32]이
무지위도 비유비무지위신 유이무지지위성

오, 無而有之之謂賢[33]이니 非四者면 雖口誦此書라도 亦不能
무이유지지위현 비사자 수구송차서 역불능

身行之矣리라.
신행지의

宋 張商英[34] 天覺은 撰하노라.
송 장상영 천각 찬

아~ 남은 재강과 버린 찌꺼기로 오히려 족히 진나라와 항우를 멸망시키고 패공을 황제로 하였는데 하물며 순수하게 활용하고 깊이 조예가 있는 사람들이겠는가. 한나라 이래로 장구나 문사의 학문이 치성하여 도를 아는 선비가 지극히 적으니 저 제갈량 · 왕맹 · 방교 · 배도 등 무리들은 비록 한때에 어진 재상이라고 불려졌지만 선왕의 큰 도에 이르러서는 일찍이 족히 비슷한 것도 알지 못하였으니 이 글이 도를 알지 못하고 신령스럽지 아니하며, 성스럽지 아니하고 어질지 아니한 사람에게는 전할 수 없게 된 까닭이라. 있는 것도 여의고 없는 것도 여윔을 도라 이르고, 있는 것도 아니요 없는 것도 아님을 신이라 이르며, 있는 것이면서 없는 것을 성이라 이르고, 없는 것이면서 있는 것을 현이라 이르나니 네 부류의 사람이 아니면 비록 입으로 이 글을 외울지라도 또한 능히 몸소 실행하지 못하리라.

송나라 장상영 천각은 지었노라.

주석(註釋)

1 황석공(黃石公, 생몰연대 미상) : 진(秦)나라 말기의 은사(隱士)이다. 장량(張良)이 하비(下邳)의 이(圯)라는 다리 위에서 놀다가 노인을 만났다. 노인이 신을 다리 아래로 떨어뜨리고 주워오라 하기에 가져다 주니, 책 한 권을 주면서 말하기를, "이 책을 읽으면 임금의 스승이 될 것이다. 이후 13년이 지나서 제북곡성의 산 아래 누런 돌을 보거든 바로 나이다(讀此可爲王都師 十三年濟北穀城山下見黃石卽我)."고 하였다. 장량이 그 글을 읽어보니 강태공(姜太公)의 병법서(兵法書)였다. 장량이 한고조(漢高祖)를 도와 천하를 평정하고 13년이 되어 한고조를 따라 제북곡성을 지나다 황석을 얻어 제사지내고 장량이 죽음에 돌도 함께 묻었다. 이렇게 하여 전해진 책이 황석공의 삼략(三略)인 《소서(素書)》이다.

2 소서(素書) : 책 이름. 한 권. 황석공이 찬술(撰述)하고 송(宋)나라 장상영(張商英)이 주(註)를 달았다. 큰 뜻은 「도(道)와 덕(德)과 인(仁)과 의(義)와 예(禮), 이 다섯은 한바탕이다(道德仁義禮 五者爲一體).」는 의미로 주로 《노자(老子)》의 말을 취하여 훈석(訓釋)하였다. 흔히 한사람의 손에서 나왔다 하기도 하고, 또는 장상영의 위탁(僞託)된 글이 아닌가 의심하기도 한다. 병가류(兵家類)에 속한다.

3 이교(圯橋) : 흙으로 만든 다리. 강소성(江蘇省) 남쪽에 있는 다리로, 곧 기수교(沂水橋)이다. 진나라 말엽에 황석공이 장량을 이 다리에서 만나 태공의 병법서인 소서를 주었다.

4 자방(子房, ?~B.C. 186) : 장량(張良)으로 한(漢)나라 사람이니, 자가 자방이다. 그 선대는 한인(韓人)으로 5대를 재상으로 지낸 명문의 후손이다. 진(秦)나라가 한(韓)나라를 멸망시키므로 원수를 갚으려고 역사(力士)를 시켜 박랑사(博郞沙)에서 진시황(秦始皇)을 죽이려다 실패하고 하비(下邳)에 숨어 있었다. 이상(圯上)에서 노인에게 태공의 병법서를 받았다. 뒤에 한고조를 도와 천하를 평정하고 유후(留侯)로 봉작되었다. 말년에는 황노(黃老)를 좋아하여 신선을 따라갔다고 한다. 시호는 문

성(文成)이다. '장량을 장량에게 물었다(張良問張良).'는 고사는 유명하다.

5 삼략(三略) : ① 병서로써 3권으로 되어 있다. 황석공이 찬술하여 이상(圯上)에서 장량에게 주었다고 한다. 그러나 서문에서는 전한 사람의 잘못이라고 하였다.

② 육도(六韜; 文韜 · 武韜 · 龍韜 · 虎韜 · 豹韜 · 犬韜)와 병칭되는 병서로서 상(上) · 중(中) · 하(下)의 삼권으로 되어 있다.

6 진란(晋亂) : 서진(西晋) 때에 일어난 「팔왕의 난리〈八王之亂: 팔왕은 여남왕 양(汝南王亮), 초왕 위(楚王瑋), 조왕 윤(趙王倫), 제왕 경(濟王冏), 장사왕 예(長沙王乂), 성도왕 영(成都王穎), 하한왕 우(河開王顒) 동해왕 월(東海王越)을 말한다.〉」로 혜제(惠帝)의 실정에 의하여 일어난 골육상잔(骨肉相殘)의 틈을 타고 흉노족(匈奴族)과 갈족(羯族)이 쳐들어와서 서진을 멸망시킨 난리를 말한다. 이때 혜제는 피살되고 회제(懷帝)는 포로가 되었으며, 민제(愍帝)는 항복하여 결국 서진은 멸망을 당하고 반면에 동진(東晋)은 한구석에 있어서 무사하였다. 그러나 중국이 이 전란으로 인하여 크게 분열되었으나 한편으로는 민족이 다시 융합하는 양진남북조(兩晋南北朝)의 시대를 열게 된 계기가 되었다. 20여 년의 난리에 사람들은 굶주렸고 초목이나 우마(牛馬)도 없었으며 질병이 돌고 시체가 하천에 가득하며 백골이 산야에 널려 있었다.

7 천인지도(天人之道) : 천인의 도는, 곧 천도(天道)와 인도(人道)를 말한다. 천도란 중국의 고대 철학의 술어로 유물주의(唯物主義) 입장에서는 천도를 자연계 및 그 발전적 변화를 객관적인 규율(規律)로 인식하는 것이고, 유심주의(唯心主義) 입장에서는 천도를 상제(上帝)의 의지적 표현으로 길흉화복을 주제하는 것으로 인식하였다. 인도란 천도와 대립되는 개념으로 인사, 즉 사람의 도리, 또는 사회적 규범 등을 말한다. 다시 말하면 사람의 생명을 사랑하고 사람의 행복을 보장하며, 사람의 인격을 존중하고 사람의 부귀나 공명 등을 누릴 수 있는 권리(自由)를 말하는 것이다. 천인의 도는 자연과 인간을 조화시켜 천도와 인도가

상통되어 있기 때문에 서로 떠날 수 없는 관계라는 것이다.

8 요흠약호천(堯欽若昊天) : 《서전(書傳)》의 요전(堯傳)에 「이에 희씨와 화씨에게 명하여 공경하야 넓은 하늘을 따르게 하고 역서(曆書)와 상기(象器)를 만들어 해와 달과 별들의 운행을 살펴 삼가 사람들에게 때를 알려주게 하셨다(乃命羲和 欽若昊天 歷象日月星辰敬授人時).」 이는 요임금이 친히 희씨와 화씨에게 명령을 내려 천체의 운행과 규율과 영향을 관찰하고, 또 대기의 유동과 기상의 변화를 잘 살펴서 사람들에게 일러줌으로 농시(農時)를 어기지 않도록 하였던 것이다.

9 제칠정(齊七政) : 《서전》의 순전(舜典)에 「선기옥형으로 살피시어 이로써 칠정을 바로잡게 하시다(璇璣玉衡 以齊七政).」에서 인거한 말이다. 선기옥형이란 혼천의(渾天儀)와 비슷한 것인데 천체를 관측하는데 쓰는 기계이다. 칠정이란 해와 달, 오성(五星)을 말한다.

오성은 목화토금수(木火土金水)로 목은 세성(歲星), 화는 형혹성(熒惑星), 토는 진성(鎭星), 금은 태백성(太白星), 수는 진성(辰星)이다. 이 칠정의 정치가 각각 달랐다. 순임금은 항상 천문(天文)을 살피어 칠정을 가지런히 하였는데 자기를 살펴서 천심(天心)에 합부(合否)를 보았다. 즉 일월오성의 길흉의 변동을 살펴서 정사에 대응하였던 것이다.

10 구주(九疇) : 《서전》 홍범(洪範)에서 인거한 말이다. 홍범구주라고 하는데, 이는 천하를 다스리는 아홉 가지 근본원칙이다. 옛날 낙수(洛水)에서 큰 거북이가 신비스런 그림을 등에 지고 나타났었는데 우(禹)가 이 그림을 보고 홍범구주를 풀이하였다 한다. 즉 홍범에 「하늘이 이에 우에게 홍범구주를 주셨다(天乃錫禹 洪範九疇).」고 하였다.

①오행(五行): 물리(物理)를 분석한 것이니, 곧 수(水), 화(火), 목(木), 금(金), 토(土)이다.

②경용오사(敬用五事): 입신행사(立身行事)하는 것이니, 곧 모(貌), 언(言), 시(視), 청(聽), 사(思)이다.

③농용팔정(農用八政): 민생(民生)을 안정시키는 것이니, 곧 식(食),

화(貨), 사(祀), 사공(司空), 사도(司徒), 사구(司寇), 빈(賓), 사(師)이다.

④ 협용오기(協用五紀): 천상(天象)을 관찰하여 시세(時歲)를 정하는 것이니, 곧 세(歲), 월(月), 일(日), 성신(星辰), 역수(曆數)이다.

⑤ 건용황극(建用皇極): 백성들의 준칙이 되는 것이니, 곧 왕이 모든 행동의 근본인 법도(法道)를 세워야 서민(庶民), 곧 백성들이 본받게 된다는 내용으로써 대중지정(大中至正)의 도이다.

⑥ 예용삼덕(乂用三德): 백성들을 다스리는데 쓰는 것이니, 곧 정직(正直), 강극(剛克), 유극(柔克)이다.

⑦ 명용계의(明用稽疑): 길흉을 점치는 것이니, 곧 우(雨), 제(霽), 몽(蒙), 역(驛), 극(克), 정(貞), 회(悔)이다.

⑧ 염용서징(念用庶徵): 천시의 변화를 헤아려 거두는 것이니, 곧 우(雨), 양(陽), 오(燠), 한(寒), 풍(風), 시(時)이다.

⑨ 향용오복(嚮用五福), 위용육극(威用六極): 오복은 인사(人事)를 권면하고, 육극은 인악(人惡)을 저지하는 것이니, 곧 오복은 수(壽), 부(富), 강녕(康寧), 유호덕(攸好德), 고종명(考終命)이요, 육극은 흉단절(凶短折), 질(疾), 우(憂), 빈(貧), 악(惡), 약(弱)이다.

11 부열진천도(傅說陳天道) : 부열(생몰연대 미상)은 은나라 무정(武丁: 高宗) 때 재상이다. 전설에 의하면 부암(傅巖)지방에서 흙 담을 쌓는 노예였는데 무정을 만나 재상으로 천거되어 은나라를 크게 다스렸다. 천도란, 곧 일(日)과 월(月)과 북두(北斗)와 오성(五星: 金木水火土)과 이십팔수(二十八宿: 角亢氐房心尾箕 斗牛女虛危室壁 奎婁胃昴畢觜參井鬼柳星張翼軫)를 말한다. 《서전》 상서(商書) 열명중(說命中)에 「왕은 부열에게 명하여 백관을 거느리게 하였다. 이에 임금에게 나아가 아뢰기를 "아~ 밝으신 왕은 하늘의 도를 받들어 나라를 세우고 도읍을 설치합니다."라고 하였다(惟說命 總百官 乃進于王日嗚呼 明王奉若天道 建邦設都).」 이러한 의미에서 임금은 천도를 법(法) 받아 백관을

설치하고 하늘에 순응하여 다스려야 한다. 또 하늘의 해와 달이 주야에 조림(照臨)하는 것은 왕이 제후를 거느리는 것과 같으며, 북두(北斗)가 북극성을 중심으로 도는 것은 경사(卿士)들이 천자의 주위에 있는 것과 같으며, 오성이 비치는 것은 주목(州牧)이 제후를 살피는 것과 같으며, 이십팔수가 사방에 펼쳐있는 것은 제후가 천자를 지키는 것과 같은 것이다. 이것이 바로 천상(天象)을 봉행하여 나라를 세우고 도읍을 설치하는 일이 되는 것이다.

12 팔괘(八卦) : 괘란 건다(卦者掛也)는 뜻이다. 물상(物象)에 걸어서 사람에게 보여 주는 것을 말한다. 복희(伏羲)가 획을 긋고 문왕(文王)이 괘사(卦辭)를 달고, 주공(周公)이 효사(爻辭)를 달았으며, 공자(孔子)가 십익(十翼)을 지었다고 한다. 《주역》 계사상(繫辭上)에 「역에 태극이 있으니 이것이 양의를 낳고 양의가 사상을 낳고 사상이 팔괘를 낳았다(易有太極 是生兩儀 兩儀生四象 四象生八卦).」고 하였다. 도표로 그리면 아래와 같다.

	兩儀	四象	八卦	方位	人間	身體	動物
太極	陽 ⚊	太陽 ⚌	一 乾天 ☰	南	父	머리	말
			二 兌澤 ☱	南西	少女	입	양
		少陰 ⚍	三 離火 ☲	西	中女	눈	꿩
			四 震雷 ☳	北西	長男	다리	용
	陰 ⚋	少陽 ⚎	五 巽風 ☴	南東	長女	샅	학
			六 坎水 ☵	東	中男	귀	돼지
		太陰 ⚏	七 艮山 ☶	北東	少男	손	개
			八 坤地 ☷	北	母	배	소

13 천지사시지관(天地四時之官) : 주(周)나라 때의 여섯 장관(六長官), 육경(六卿)이라고도 한다. 도표로 그리면 다음과 같다.

官名	首長	行事
天官	冢宰	政事를 總理한다
地官	司徒	敎化 · 農商을 掌理한다
春官	宗伯	祭祀 · 典禮를 掌理한다
夏官	司馬	軍族 · 兵馬를 掌理한다
秋官	司寇	獄訟 · 刑罰을 掌理한다
冬官	司空	水土를 掌理한다

14 입삼공이섭리음양(立三公以燮理陰陽) : 삼공은 태사(太師), 태부(太傅), 태보(太保)를 말하고, 섭리는 조리(調理), 또 화치(和治)의 뜻이다. 음양이란 자연계의 양종(兩種) 대립현상으로 일체현상에 대하여 소장(消長)을 조화시켜 만물이 영원히 발전하도록 하는 것이다.

《서전》 주관(周官)에 「태사와 태부와 태보를 세우나니, 이들이 바로 삼공이며 도를 논하고 나라를 경영하며 음양을 조화롭게 다스린다(立太師太傅太保 茲惟三公 論道經邦 燮理陰陽).」고 하였다. 국가에서 삼공을 두는 것은 그 책임이 도를 논하고 나라를 다스리는데 있으며 따라서 임금과 신하, 장군과 재상, 천자와 제후, 안과 밖의 정사에 대립관계를 조화시키는 책임도 있는 것이다.

15 공자욕무언(孔子欲無言) : 《논어》 양화(陽貨)에 「공자(B.C. 551~B.C. 479)께서 말씀하기를 "내가 말을 않겠노라" 하니, 자공이 말하기를, "스승님께서 말씀을 아니 하시면 저희들이 무엇을 기술하리요" 하니, 공자께서 말씀하기를 "하늘이 무슨 말을 하드냐 사시가 운행되며 백물이 생성하니 하늘이 무슨 날을 하드냐." 하였다(子曰予欲無言 子貢曰 子如不言 則小子何述焉 子曰天何言哉 四時行焉百物生焉 天何言哉).」 이 뜻은 하늘은 말이 없지만 봄에는 낳고, 여름에는 키우고, 가을에는 거두고, 겨울에는 갈무리(春生夏長秋收冬藏)는 일을 쉼이 없이 행하고 있는 것이다. 그러므로 공자도 말씀을 아니 하려는 목적은 사람들은 말로만 가르치기보다는 몸소 역행(力行)하고 몸소 실천해야 한

다는 깊은 뜻을 내포하고 있고 언행(言行) 이전의 어떤 상리(常理)가 있음을 알아야 한다는 것이다.

16 노담건지이상무유(老聃建之以常無有) : 노자(생몰연대 미상)는 「도(道)」를 대단히 중요시하였다.

《노자》 42장에 「도에서 하나가 나오고, 하나에서 둘이 나오고, 둘에서 셋이 나오고, 셋에서 만물이 나왔다(道生一 一生二 二生三 三生萬物).」는 설명을 통해서 도, 즉 절대적인 「무(無)」에서 하나의 기(氣)가 나왔는데, 이것을 곧 「유(有)」라고 하였다. 우주 내의 일체 사물의 생성변화에는 유와 무가 통일되어 조화(造化)를 부리는 「유와 무가 서로 생성한다(有無相生).」고 보는 것이다. 다시 말하면 「천하 만물은 유에서 나오고, 유는 무에서 나왔다(天下萬物生於有 有生於無).」고 보는 것이다. 그리하여 무(無)는 사물의 부존재(不存在)라면 유(有)는 사물의 존재(存在)며, 무(無)는 천도(天道)라면 유(有)는 철학(哲學)이다. 또 유심주의 관점에서는 귀무론(貴無論)이요, 유물주의 관점에서는 숭유론(崇有論)이다. 아무튼 《노자》가 말하는 천도는 우주 자연법칙으로 일체 사물에 유와 무가 하나 되어 조화를 부리는 이것이 바로 「천도이상무유(天道以常無有)」의 학설이다.

17 음부경(陰符經) : 고대의 황제(黃帝)가 지은 책으로 일권삼편(一卷三篇)으로 되어 있다. 또 일설에는 이전(李筌)의 위서(僞書)라고도 한다. 음양의 이론과 생사문제 등에 대하여 논하고 있다. 역대 사지(史志)에는 도가(道家)에 속해 있지만 《주서(周書)》에서는 병가(兵家)에 넣고 있다.

18 형명(刑名) : 또는 형명(形名)이라고도 한다. 법가(法家)의 학설로 형명(刑名), 또는 형명지학(刑名之學), 또는 형명법술지학(刑名法術之學)이라고도 한다. 《한서(漢書)》 예문지에는 대표적인 인물의 저작으로 등석자(鄧析子), 윤문자(尹文子), 혜자(惠子), 공손용자(公孫龍子)를 들고, 형명법술지학의 대표적인 인물의 저작으로는 《윤문자》와 《한비자(韓非子)》를 꼽는다. 《한비자》의 주도편(主道篇)에 「말하고자 하는 자는 스스로 말하게 하고, 일하고자 하는 자는 스스로 일하게 한다(有言者

自爲名 有事者 自爲刑).」고 하였다. 즉 명(名)이란 "해설한다, 의논한다"는 뜻이고, 형(刑)은 "표현한다, 실제의 성적"이라는 뜻이다. 또 형은 사(事)요, 명(名)은 언(言)이다. 또한 형명은 명실(名實)이니 명은 "군신(君臣)이 설하는 것이요", 실은 "실적이다"는 의미로 명으로써 그 실을 따지는 것을 말한다.

19 도수(度數) : 도(度)는 길고 짧음(長短)을 재는 표준을 말하고, 수(數)는 수술(數術), 또는 술수(術數)를 말한다. 《한서》 율력지에 「도란 푼과 치와 자와 열자와 십장이니 길고 짧음을 잰다(度者 分寸尺丈引也 所以度長短也).」고 하였다. 수는 수술 · 술수이니 음양가나 복서가(卜筮家)들로 오행(五行)의 생극제화(生剋制化)의 이치를 가지고 인사(人事)의 길흉화복(吉凶禍福)을 점치는 것으로 진한(秦漢) 이후로 성행하였지만 모두 역(易)의 지파(支派)로써 잡설(雜說)로 전하여졌다. 이에 장자는 천도(天道)에서 「예법과 도수와 형명과 비상은 정치의 끝이다(豫法度數刑名比詳治之末也).」고 하였다.

20 권고제왕한신(勸高帝王韓信) : 기원전 203년, 한신이 제(齊)나라를 평정한 뒤에 한고조(B.C. 247~B.C. 195)에게 제나라의 가왕(假王)이 되기를 청하니 한왕이 크게 노하였다. 이에 장량과 진평(陳平)이 한왕의 발을 밟고 귀엣말로 「한나라는 지금 이롭지 못합니다. 한신(?~B.C. 196)이 스스로 왕이 된다 한들 어찌 금하겠습니까. 요구대로 왕을 삼아서 스스로 지키도록 하는 것이 좋을 것입니다.」 하니, 한왕이 알아듣고 「대장부가 제후를 평정했으면 그대로 진짜 왕이 될 것이지 임시 왕이 어찌 필요하리요.」 하고 장량에게 인(印)을 주어 한신을 제왕으로 세워서 초나라를 치도록 하였다.

21 권고제후옹치(勸高帝侯雍齒) : 기원전 201년, 한고조가 천하를 평정하고 논공행상(論功行賞)을 할 때에 공신 20여 명에게 벼슬을 준 뒤 남궁(南宮)에서 마당을 바라보니 여러 장수들이 공을 다투고 있었다. 고조가 장량에게 묻기를 「여러 장수들이 모반을 꾀할까 근심된다.」 하니, 장량이 「평소에 미워하였던 옹치를 십방후(什方侯)로 봉하면 저절

로 가라앉으리라.」 하고, 봉작을 하니 여러 신하들이 기뻐하며 말하기를, 「옹치(?~B.C. 192) 같은 사람도 봉후(封侯)되었으니 우리들은 걱정이 없다.」 하며 조용해졌다고 한다.

22 권고제파봉육국(勸高帝罷封六國) : 기원전 204년, 한고조(B.C. 247~B.C. 195)가 세객 역이기(酈食其)의 말을 듣고 육국의 후손들을 봉하려고 하였다. 이때 장량이 들어오니 고제가 밥을 먹다가 이 일을 말하면서 장량에게 가부(可否)를 묻는지라, 장량은 동의하지 않고 말하기를, 「만일 그런 계책을 따르다가는 폐하의 하고자 하는 일이 그릇되고 말 것입니다. 청컨대 앞에 놓인 젓가락을 빌려 주시면 대왕을 위해 그 계책의 여덟 가지 불가한 이유를 설명해 드리겠습니다. 지금 천하의 유사들이 친척과 헤어지고 조상의 분묘를 버리고 친구들을 떠나 폐하를 따르는 것은 오로지 밤낮으로 조그만 땅이라도 차지해 보려는 욕망에서입니다. 그런데 지금 육국을 다시 세운다고 하면 그들은 각기 그들의 옛 주인을 찾아가 섬길 것이니 누구와 더불어 천하를 얻겠습니까. 참으로 역이기의 계책을 쓰면 폐하가 도모하려는 일은 끝장날 것입니다.」 하는 등 여덟 가지 불가(不可)함을 일러 주니 고조가 먹던 밥을 토하고 「젖비린내 나는 선비의 말을 듣다가 하마터면 내 일을 망칠 뻔했다.」 하고, 곧 신인을 녹여 없애버렸다.

23 권사호이립혜제(勸四皓而立惠帝) : 기원전 197년, 한고조가 태자인 유영(劉盈, B.C. 211~B.C. 188)을 폐하고 척부인(戚夫人)의 아들인 조왕여의(趙王如意)를 세우려 하니 대신들이 간쟁하였으나 이루지 못하였다. 여후(呂后)가 여택(呂澤)을 시켜 장량을 협박하여 계책을 물으니, 장량은 「이것은 입으로만 다투기 어렵다.」 하고 여택으로 하여금 태자의 글과 후한 예를 갖추어 상산(商山)으로 가서 그들을 맞아오게 하였다. 이 상산의 사호는 진나라 말엽에 난리를 피하여 상산에 숨은 네 노인을 말하는 것으로, 곧 동원공(東園公), 하황공(夏黃公), 녹리선생(甪里先生), 기리계(綺里季)인데 모두 눈썹과 수염이 희었고 상호(商皓)라고도 불렀다.

기원전 195년, 한고조가 이 네 노인이 태자를 보좌하여 태자의 우익

(羽翼)이 됨을 보고 태자로 세워 위를 계승하여 황제가 되었는데 바로 혜제이다.

24 택유자봉(擇留自封) : 기원전 201년, 한고조가 공신들을 봉하면서 장량은 모신(謀臣)으로 실전(實戰)의 공은 없었다. 고제가 말하기를, 「장막 안에서 계책을 세워 천 리 밖에서 승산을 결정하는 것은 자방의 공이다.」 하고 「스스로 제나라의 삼만호를 택하라.」 하였다. 장량이 말하기를, 「처음에 신이 하비(下邳)에서 일어나 유(留)에서 폐하와 만났습니다. 폐하가 신의 계책을 써주었고 다행히 그 계책이 맞아들었으니 유후로 봉해 주심을 원할 뿐 감히 삼만호는 바라지 않습니다.」 하거늘, 이에 잔량을 유후로 삼았다.

25 기인간사 종적송자유(棄人間事從赤松子遊) : 적송자는 중국 고대의 선인(仙人)이다. 신농씨(神農氏) 때 우사(雨師)로 수옥(水玉)을 먹고 신농을 가르쳤다. 불에 들어가도 타지 않고 곤륜산(崑崙山)에 놀았으며 항상 서왕모(西王母)의 석실중(石室中)에 머물며 풍우(風雨)를 따라다녔으며 염제(炎帝)의 소녀(少女)도 따르다가 신선이 되었다.

기원전 202년, 장량은 본디 병이 많아 도인법(導引法)으로 음식을 먹지 않고 문을 닫고 나오지 않았다. 그는 말하기를, 「가세는 한나라 재상으로 지내다가 한나라가 멸망하자 만금의 재물을 아끼지 않고 한나라를 위해 강한 진(秦)나라의 원수를 갚고자 하여 천하를 놀라게 하였다. 이제 세 치 혀끝으로 황제의 스승이 되어 만호후(萬戶侯)에 봉해졌으니, 이는 포의(布衣)로 극에 달한 일이니 만족스럽다 원하건대 인간사를 버리고 적송자를 따라 놀겠노라.」 하고 세상을 등졌다.

26 제갈량(諸葛亮, 181~234) : 촉한(蜀漢)의 양도(陽都)사람. 자는 공명(孔明). 일찍이 고아가 되어 난리를 피해 형주(荊州)에 살며 농사를 짓고 스스로 관중(管仲)과 악의(樂毅)에 비유하였다. 서서(徐庶)가 선주(先主: 劉備)에게 말하기를, 「제갈공명은 와룡(臥龍)이다.」고 하니, 유비가 세 번 나아가 맞아들여 군사를 삼아서 조조(曹操)의 대군을 적벽(赤壁)에서 패배시켜서 위(魏) · 촉(蜀) · 오(吳)의 삼분천하(三分天下)하

는 기초를 다졌다. 그는 항상 위를 공격하여 중원(中原)을 회복하는데 뜻을 두고 동으로 손권(孫權)과 화친하고, 남으로 맹획(孟獲)을 평정하며, 북으로 위를 치고자 여섯 번을 기산(祈山)에 올랐다. 최후에 오장원(五丈原)의 군중(軍中)에서 병을 얻어 죽으니 나이가 54세요, 시호는 충무후(忠武侯)이며 병가십철(兵家十哲)의 한 사람으로 무성왕묘(武成王廟)에 배향되었다.

27 왕맹(王猛, 325~375) : 전진(前秦)의 극(劇)사람. 자는 경략(景略). 어려서 빈천하였고 박학하며 특히 병서를 좋아하며 삼가고 씩씩하며 기도(氣度)가 홍원(弘遠)하며 화산(華山)에 은거하였다. 뒤에 부견(符堅)을 섬겨서 승상이 되고 진나라를 강성하게 하였으며 여러 나라를 평정하여 청하군후(淸河郡侯)에 봉해졌고, 시호는 무(武)이다. 특히 임종때 「진(晋)나라를 도모하지 말라.」 하였으나 부견이 듣지 않고 비수(淝水)에서 싸워 국멸신망(國滅身亡)이 되고 말았다.

28 방교(房喬, 579~648) : 당나라 임치(臨淄)사람. 자는 교(喬), 이름은 현령(玄齡). 어려서 영민하였고 글을 많이 읽었으며 글씨를 잘 썼다. 이세민(李世民)을 도와 제왕의 대업을 이루고 장기 집정하였으며 당태종(唐太宗)의 현상으로 두여회(杜如晦)와 함께 세상에서 「방모두단(房謀杜斷)」이라고 불렀다. 사람됨이 부지런하고 직무에 충실하였으며 남의 선을 들으면 자기에게 있는 것처럼 좋아하고 비록 하천한 사람이라도 함부로 하지 않았다. 시호는 문소(文昭)이다.

29 배도(裵度, 765~839) : 당나라 문희(文喜)사람. 자는 중립(中立). 당 헌종(憲宗) 때 재상. 817년, 도독이 되어 회서(淮西)의 난을 평정하니 하북번진(河北藩鎭)이 크게 두려워하였다. 세상 사람들은 「도의 신체는 중인(中人)을 넘지 않지만 위망(威望)은 사이(四夷)까지 달했다.」고 하였다. 말년에는 「녹야당(綠野堂)」을 짓고 유우석(劉禹錫), 백거이(白居易)와 더불어 상영(觴詠)하였다. 시호는 문충(文忠), 그가 죽음에 천하가 그 풍렬(風烈)을 사모하지 않음이 없었다 한다.

30 이유이무지위도(離有離無之謂道) : 유라고도 할 수 없고 무라고도 할

수 없는 경지를 도라고 한다. 다시 말하면 유를 여의고, 무도 여읜 자리를 당연히 이름을 붙여서 도라고 한 것이다. 유란 사물의 존재(存在), 또는 나타난 상태, 곧 외형으로 드러나 있음을 말하고, 무란 사물의 부존재(不存在), 숨은 상태, 곧 외형으로 드러나지 않음을 말한다.

이렇게 있는 것과 없는 것, 존재와 부존재, 은(隱)과 현(顯), 드러남과 드러나지 않음을 총섭함과 동시에 초월하고 있음을 도라고 할 때 사람으로서는 이 자리를 체득하여야 한다.

31 비유비무지위신(非有非無之謂神) : 유도 아니요 무도 아닌 경지를 신이라 한다. 신이란 영묘(靈妙)하고 기이(奇異)함을 말한다. 역계사상(易繫辭上)에 「음과 양에 헤아리지 못함을 신이라 한다(陰陽不測之謂神).」고 하였다. 즉 신이란 변화가 미묘하고 예각(豫覺)이 불가하여 생각으로 헤아릴 수 없고 몸으로 근접할 수 없으며 지식으로 미칠 수 없는 경지라고 할 때 사람으로서는 이러한 자리를 간직하여야 한다.

32 유이무지지위성(有而無之之謂聖) : 유이면서 무인 경지를 성이라 한다. 성이란 《서전》 홍범(洪範)에 「슬기로움은 성인을 만든다(睿作聖).」고 하였다. 즉 「사물에 통달하지 않음이 없음을 성이라 한다(於事無不通謂之聖).」고 하였다. 성인이란 사리(事理)에 통달하고 지혜(智慧)를 갖추며 덕육(德育)을 갊으고 인의(仁義)를 베푸는 만능을 가진 사람이니 사람으로서 이러한 경지에 이르러야 한다.

33 무이유지지위현(無而有之之謂賢) : 무이면서 유인 경지를 현이라 한다. 현이란 지해(知解)가 있고 능력(能力)이 있으며, 재덕(才德)이 있고 성망(聲望)이 있으면 현달(賢達)하다고 할 것이다. 즉 아는 것이 상식과 지식을 넘고 능력이 남이 못하는 것을 하며, 재덕이 남을 위할 줄 알고 성망이 악심(惡心), 사심(邪心)을 녹여줄 수 있다면 어질다 하리니 사람으로서는 이 정도를 깊이 갈무려야 한다.

34 장상영(張商英, 1043~1122) : 자는 천각(天覺). 북송(北宋) 말엽 장당영(張唐英)의 아우. 장순〔章淳: 송나라 포성(浦城)사람〕의 추천으로 발탁되

어 감찰어사가 되어 사마광(司馬光) 등을 공격하였으나 여력이 미치지 못하였다.

1110년에 상서우복야(尙書右僕射)가 되고 1111년에 물러났다. 그는 임금에게 사치하지 말고 근검하며 무리한 토목(土木)공사를 쉬고 요행수를 억제하라고 하니 임금이 대면하기를 꺼려하였으나 그때 사람들은 충직(忠直)하다고 평가하였다. 1113년 여주단련부사(汝州團練副使), 1115년 복인통봉대부(復仁通奉大夫), 1116년 관문전학사(觀文殿學士), 1117년 관문전대학사(觀文殿大學士)가 되었고 1121년에 세상을 떠났다. 시호는 문충(문忠), 소보(少保)를 추증하였다. 《소서》에 주를 붙인 공헌은 누구도 마멸(磨滅)할 수 없는 공덕이라 할 수 있다.

1

원시장(原始章) 제1

1

대범 도와 덕과 인과 의와 예 다섯은 한 바탕이니라.

夫道德仁義禮五者는 一體也니라.
부도덕인의예오자　일체야

대범 도와 덕과 인과 의와 예 다섯은 한 바탕이니라.

주석(註釋)

1 一體 : 한 몸. 동체(同體). 같은 관계. 동류(同類).

2 體 : 바탕 체 ; 사물의 토대. 몸 체 ; 육체. 본받을 체 ; 본뜸. 자체 체 ; 물건 그 자체, 물건 체.

장주(張註)

離而用之則有五하고 合而渾之則爲一이니 一은 所以貫五요 五는 所以衍一이라.
이이용지즉유오　합이혼지즉위일　일　소이관오　오　소이연일

분리해서 활용하면 다섯이 있고 합하여 섞으면 하나가 되나니, 하나는 다섯을 관통한 것이고, 다섯은 하나를 펴놓음이라.

해의(解義)

나라를 생각해 보면 국토와 국민은 둘이면서 하나이다. 정부라는 조직도 입법(立法) · 행정(行政) · 사법(司法)이 셋이면서 하나이요, 하나이면서 셋이다. 우리의 육신도 눈 · 코 · 귀 · 입 · 손 · 발이 한 몸이요, 둘이 아니다. 또 몸과 마음도 나누어보면 둘이지만 하나이다. 나아가 하늘과 땅, 부모와 형제 등 구분 지으면 둘 셋이 되지만 바탕만은 오직 하나이니 이 세상 만물은 한 근원, 한 바탕에서 들고 나고, 낳고 죽고 할 뿐이다.

이와 같이 도와 덕과 인과 의와 예도 한 바탕이요, 한 근원으로 연결되어 있다. 여기서 하나만 없어도 원만한 한 바탕의 근원이 될 수 없다. 다시 말하면 도 속에 덕인의예(德仁義禮)가 들어 있고, 덕 속에 도인의예가 들어 있다. 인의예도 마찬가지로, 한 체성(體性)이다.

그러므로 우리는 하나에서 여럿을 찾고 여럿에서 하나를 인지(認知)하는 혜안을 가져야 한다. 그리하여 어떤 하나에 국집(局執)되어 여럿을 불고하여도 안 되고, 여럿을 위하여 하나를 버리거나 희생시켜서도 안된다.

2

도란 사람이 밟아갈 길이니 만물로 하여금 그 말미암은 바를 알지 못하게 하느니라.

道者는 **人之所蹈**니 **使萬物**로 **不知其所由**이라.
도 자 인 지 소 도 사 만 물 부 지 기 소 유

도란 사람이 밟아갈 길이니 만물로 하여금 그 말미암은 바를 알지 못하게 하느니라.

주석(註釋)

1 道 : 1) 길 도 : 통행하는 곳. 도 도 ; 예악. 형정. 학문. 기예. 정치 따위. 순활 도 ; 자연에 따름. 다스릴 도 ; 정치를 함.
2) 우주 만물의 근본, 곧 본체(本體). 진리적인 체성(體性).
3) 사실 인생관이나 세계관, 또는 철학적 기본 범주나 사회적 의식의 형태, 나아가 정치나 학술 또는 종교적 사상 체계까지도 「도(道)」라는 글자로 대표하고 있다.

2 蹈 : 밟을 도;보행. 이행. 실천. 답습. 따름. 나아가다.

3 物 : 만물 물;천지간에 존재하는 온갖 물건. 무리물;종류.

4 由 : 말미암을 유;겪어 지내옴. 경력함. 좇을 유;따름. 본받음. 행할 유;실행함.

장주(張註)

道之衣被萬物이 廣矣大矣라. 一動息一語默과 一出
도 지 의 피 만 물 광 의 대 의 일 동 식 일 어 묵 일 출

處一飮食과 大而八紘[1]之表와 小而芒芥之內－何適而
처 일 음 식 대 이 팔 굉 지 표 소 이 망 개 지 내 하 적 이

非道也리요, 仁不足以名故로 仁者見之에 謂之仁이요,
비 도 야 인 부 족 이 명 고 인 자 견 지 위 지 인

智不足以盡故로 智者見之에 謂之智요, 百姓은 不足以
지 부 족 이 진 고 지 자 견 지 위 지 지 백 성 부 족 이

見故로 日用而不知也[2]니라.
견 고 일 용 이 부 지 야

도가 만물에 입혀짐이 넓고 크다. 한번 움직이고 쉼과, 한번 말하고 침묵함과, 한번 나가고 머무름과, 한번 마시고 먹음과, 크게는 팔굉(八紘:八方)의 겉과, 작게는 티끌 속까지 어디 간들 도가 아니리요, 인이라고 충분히 이름 할 수 없기 때문에 어진 사람이 보면 인이라 이르고, 지혜로는 충분히 다할 수 없기 때문에 지혜로운 사람이 보면 지라 이르며, 백성들은 충분히 볼 수 없기 때문에 날마다 쓰면서도 알지 못하는 것이니라.

주해(註解)

1 八紘 : 사방〔四方 : 동(東) · 서(西) · 남(南) · 북(北)〕과 사우〔四隅 : 사방의 사이, 곧 건(乾) · 곤(坤) · 간(艮) · 손(巽)〕의 방위.

2 《주역》 계사(繫辭) 상(上)에 「仁者-見之에 謂之仁하며, 智者-見之에 謂之智요, 百姓은 日用而不知라.」 하였다.

해의(解義)

도란 길이다. 이 길에는 두 가지가 있다. 하나는 나타난 길이요, 또 하나는 숨어 있는 길이다. 즉 비행기가 하늘을 날고, 배가 바다를 가고, 자동차가 도로를 달리고, 부모는 사랑하고, 자식은 효도하고, 학생은 공부하고, 종교는 제도 사업하는 등 세상의 모든 삶, 모든 행동, 모든 인연이 도 아님이 없다. 이는 나타난 도로써 육신을 가진 사람이라면 누구나 가야할 길이다.

반면에 숨은 도란 우주(宇宙)를 이루어 내고(成), 머물게 하고(住), 무너지게 하고(壞), 없어지게(空) 한다거나 봄에는 만물을 낳게 하고(春生), 여름에는 자라게 하며(夏長), 가을에는 거두게 하고(秋收), 겨울에는 갈무리(冬藏)하는 등 천지의 자연현상에 조화(造化)를 부려 운용하는 것으로, 이는 볼 수도 잡을 수도 들을 수도 말할 수도 없는 도로써 무형한 우주가 나아가는 길이다.

그러나 이 숨은 도와 나타난 도는 둘이 아니다. 천도(天道)가 바로 인도(人道)요, 인심(人心)이 바로 천심(天心)이다. 인간의 행도(行道)가 곧고 바르면 천도와 천심이 순응해 주지만 반면에 왜곡(歪曲)되고 사사

(私邪)로우면 진리의 제재가 반드시 따르게 된다.

그러므로 국가나 기업이나 개인 등 모두가 곧고 바른길로 나아갈 때 무형(無形)한 진리의 은혜와 도움이 한없이 주어지게 된다. 훌륭한 정경(政經)의 지도자는 보이지도 않고, 나타나지도 않고, 꼬리 잡히지도 않게 조화(造化)와 조화(調和)를 마음대로 부린다.

따라서 도란 무소부재(無所不在)하다. 즉 있지 않은 곳이 없다. 하늘에도 있고, 땅에도 있고, 개미에게도 있고, 미꾸라지에도 있다. 그리하여 보고 깨달음에 따라 도라고도 하고 하느님이라고도 하며, 자연이나 상제(上帝) 또 법신(法身), 무극(無極), 태극(太極) 등 여러 가지로 말하고 이름 지었다. 하지만 궁극에는 하나요, 한 원리요, 한 바탕이니 자가(自家)의 진리(道)가 제일이라는 주장이나 우월한 주견에서 벗어나야 한다.

3

덕이란 사람이 얻게 하는 바이니 만물로 하여금 각각 그 하고자 하는 바를 얻게 하나니라.

德者는 人之所得이니 使萬物로 各得其所欲이니라.
덕 자 　 인 지 소 득 　 사 만 물 　 각 득 기 소 욕

덕이란 사람이 얻게 하는 바이니 만물로 하여금 각각 그 하고자 하는 바를 얻게 하나니라.

주석(註釋)

1 德 : 1) 덕 덕 ; 도를 행하여 체득한 품성. 도덕. 은혜. 교화. 공덕 등. 복 덕 ; 행복. 덕 베풀 덕 ; 은혜를 베풂.
2) 품덕(品德). 중국철학의 범주에 있어서 도(道)를 좇아 얻어지는 특수한 규율 또는 특수한 성질.
3) 백성을 다스리는 통치이념의 덕치(德治), 즉 유가(儒家) 정치사상의 핵심인 덕정(德政).

2 得 : 1) 얻을 득 ; 마땅함을 얻음. 손에 넣음. 만족할 득 ; 득의(得意)함.
2) 덕 덕. 덕으로 여길 덕 ; 덕(德)과 통용함.

3 欲 : 하고자 함 욕;화려함. 바랄 욕;원함. 하려 할 욕. 욕망(慾望). 수요(需要).

장주(張註)

有求之謂欲이니 欲而不得이 非德之至也라. 求於規矩
유 구 지 위 욕 욕 이 부 득 비 덕 지 지 야 구 어 규 구

者는 得方圓而已矣오. 求於權衡者는 得輕重而已矣로되
자 득 방 원 이 이 의 구 어 권 형 자 득 경 중 이 이 의

求於德者는 無所欲而不得이니 君臣父子는 得之以爲君
구 어 덕 자 무 소 욕 이 부 득 군 신 부 자 득 지 이 위 군

臣父子하고 昆蟲草木은 得之以爲昆蟲草木하고 大得以
신 부 자 곤 충 초 목 득 지 이 위 곤 충 초 목 대 득 이

成大하고 小得以成小하고 邇之一身과 遠之萬物에 無所
성 대 소 득 이 성 소 이 지 일 신 원 지 만 물 무 소

欲而不得也라.
욕 이 부 득 야

구함이 있는 것을 하고자 함이라 이르나니 하려 해도 얻어지지 않는 것은 덕이 지극하지 않은 것이라. 규구로 구하는 것은 모나고 둥근 모양이 얻어질 뿐이요, 저울로 구하는 것은 가볍고 무거움이 얻어질 뿐이로되, 덕으로 구하면은 하려는 바를 얻지 못함이 없을 것이니 군신과 부자가 얻으면 군신과 부자가 되고, 곤충과 초목이 얻으면 곤충과 초목이 되고, 크게 얻으면 크게 이루어지고, 작게 얻으면 작게 이루어지고, 가까이는 한 몸과 멀리는 만물에 하려는 바

를 얻지 못함이 없는 것이니라.

해의(解義)

우주에 널려 있는 만물이 사는 것을 보면 혼자 사는 것처럼 보인다. 그러나 조금만 깊이 생각해 보면 모든 존재가 공기가 있어야 하고, 수분이 있어야 하고, 영양분이 있어야 하며, 뿌리를 뻗을 수 있는 바탕, 곧 땅이 있어야 한다. 이렇게 보면 만물이 자라나는 것이 자기 힘만이 아니라 반드시 많은 도움에 의해서 자기의 모습을 유지시켜 간다는 사실을 명백히 알 수 있다.

이것이 덕이다. 즉 자기만이 아닌 누구에 의해서 내가 존재(存在)하는 것이 바로 덕이다. 이 덕을 받아 만물은 자기 나름대로 키워져 가고 있다. 또한 덕이란 만물을 비롯하여 인간들이 하려는 것에 조금도 미룸이 없이 모두 이루어 준다. 크게 이루려 하면 크게 이루어주고, 작게 이루려 하면 작게 이루어 준다.

또한 덕이란 위를 얻고, 권리를 얻고, 재물을 얻고, 능력을 얻을 수 있는 것이다. 이렇게 있는 것을 덕으로 승화시켜 그 덕력(德力)에 의지해서 몇 사람이나 살고 또 살리고 있는가를 생각해 보아야 한다. 또한 덕이란 먼저 버리지 않는 것이다. 사람은 물론이지만 초목곤충까지도 내가 먼저 버리지 않고 모두 가슴에 안아서 살려내는 것이 바로 덕이다.

덕을 가지려면 빈 마음이 되어야 한다. 빈 마음이 되어야 상(相)이

나오지 않는다. 이 상없는 덕이라야 무위의 덕이며(無爲之德), 바람이 없는 덕이며(無望之德), 위없는 덕이며(無上之德), 짝할 수 없는 덕(無等之德)이 된다.

지도인일수록 덕을 갖추어야 한다. 덕이 있어야 원망이나 반항이 없이 모두 감싸 안고 따르게 할 수 있다.

재승박덕(才勝薄德)이 되어서는 안 된다. 재주만 있고 덕이 없으면 안 되는 것을 경거망동(輕擧妄動)하기 때문이다. 지도인은 반드시 덕을 밑받침하여 재를 활용하여야(德上才立) 태산교악(泰山喬嶽)의 무게를 지니게 된다.

4

인은 사람의 친하는 바이니 사랑하고 은혜롭고 측은한 마음이 있어서 그 나고 성숙함을 이루나니라.

仁者(인자)는 人之所親(인지소친)이니 有慈惠惻隱之心(유자혜측은지심)하야 以遂(이수)其生成(기생성)이니라.

인은 사람의 친하는 바이니 사랑하고 은혜롭고 측은한 마음이 있어서 그 나고 성숙함을 이루나니라.

주석(註釋)

1 仁 : 1) 어질 인. 어짊 인;인도의 극치. 도덕의 지선처(至善處). 어진 이 인;유덕(有德)한 사람. 사랑할 인;친애함. 불쌍히 여길 인; 가련하게 여겨 동정함.

2) 사람과 사람과의 관계. 공자(孔子)가 말하는 공경(恭). 너그러움

(寬), 믿음(信), 은혜(惠), 지혜(智), 용맹(勇), 충성(忠), 용서(恕), 효도(孝), 우애(悌) 등의 의미를 지니고 있다.

3) 유가(儒家)의 정치이념, 즉 인정(仁政).

4) 인간의 본성이 바로 인(仁)이다.

5) 오상(五常)의 으뜸으로, 유교에서 정치상 · 윤리상의 이상(理想). 극기복례(克己復禮)를 그 내용으로 하는 윤리적 모든 덕(德)의 마음 상태.

2 親 : 친할 친. 서로의 관계가 밀절(密切)한 것, 또는 감정(感情)이 매우 깊은 상태.

3 慈 : 사랑할 자 ; 은애(恩愛)를 더함. 은애.

4 惠 : 은혜 혜 ; 인애(仁愛). 은덕. 베풀 혜 ; 은혜를 베풂.

5 惻 : 슬퍼할 측 ; 비통함.

6 隱 : 가엾어 할 은 ; 불쌍하게 여김. 근심할 은 ; 우려함. 숨을 은 ; 자취를 감춤. 숨길 은 ; 보이지 않게 함. 동정심(同情心).

7 遂 : 이룰 수 ; 성취함. 드디어 수. 따를 수.

장주(張註)

仁之爲體如天하니 天無不覆요 如海하니 海無不容이요,
인 지 위 체 여 천 　 천 무 불 복 　 여 해 　 해 무 불 용

如雨露하니 雨露無不潤이니 慈惠惻隱은 所以用仁者也
여 우 로 　 우 로 무 불 윤 　 자 혜 측 은 　 소 이 용 인 자 야

라. 非親於天下而天下自親之하야 無一夫不獲其所하고
비 친 어 천 하 이 천 하 자 친 지 　 무 일 부 불 획 기 소

無一物不獲其生이라. 書曰「鳥獸魚鼈이 咸若[1]이라.」하고
무 일 물 불 획 기 생 　 서 왈 　 조 수 어 별 　 함 약

詩曰「敦彼行葦여 牛羊勿踐履[2]라.」하니 其仁之至也니라.
시 왈 　 돈 피 행 위 　 우 양 물 천 이 　 기 인 지 지 야

인의 바탕(本體) 됨이 하늘과 같으니 하늘은 덮어주지 않음이 없는 것이요, 바다와 같으니 바다는 포용하지 않음이 없는 것이요, 비와 이슬 같으니 비와 이슬은 적셔 주지 않음이 없는 것이니, 사랑하고 은혜롭고 가엾게 여김은 인을 선용(善用)하기 때문이다. 천하를 친하려고 아니 하여도 천하가 저절로 친하여 한 지아비도 그 자리를 얻지 아니함이 없고 한 물건이라도 그 삶을 얻지 아니함이 없는 것이라. 《시전》에 말하기를, 「새와 짐승과 물고기와 자라가 모두 순(順)한다.」 하였고, 《시전》에 「더부룩한 저 길가 갈대를 소나 양도 밟지 말게 하라.」 하였으니 그 인의 지극함이니라.

주해(註解)

1 《서전》 이훈(伊訓)에 나오는 글로, 임금이 선정을 베풀면 사람은 물론 새나 짐승까지도 그 성질이 순하게 된다는 것이다. 새나 짐승은 육지에서 살고, 물고기나 자라는 물속에서 살지만 임금의 정치가 미치지 않음이 없기 때문에 그 덕화를 입어서 모두 순하고 심지어 초목까지도 함께 번영한다는 것이다.

2 《시경(詩經)》 대아(大雅) 생민지십(生民之什)에 나오는 시로, 비록 길가에 나있는 더부룩한 갈대라고 할지라도 발아로부터 성장하기까지 소나 말이 함부로 뜯어먹고 짓밟지 않도록 해주어야 한다. 다시 말하면 인(仁)이라는 의미에서 볼 때 유정물이든 무정물이든 한 근원, 한 바탕에서 함께 생성을 하고 자연의 인덕(仁德)을 함께 받고 있으니 어찌 함부로 할 수가 있겠는가.

해의(解義)

인(仁)이란 유교(儒敎)에서 인도(人道)의 극치(極致)요 도덕(道德)의 지선(至善)으로 본다. 또 성현의 마음 자체(自體:本性)요 범인들에게 갊아 있는 본래의 품성(品性)이며, 우주의 진리요 만물의 바탕이다.

또한 은혜(恩惠)이며, 자비(慈悲)이며, 사랑이며, 덕화(德化)이며, 교화(敎化)이며, 선정(善政)이기도 하다. 또 가엾은 마음이며(惻隱之心), 삶을 좋아하고 죽음을 싫어함이며(好生惡殺), 차마 못하는 마음이며(不忍之心), 만물을 감싸 기르는 것이다(長養萬物). 또 인이 바로 사람이며(仁者人也), 방위로는 동방이며(東方曰仁), 계절로는 봄이며(春爲仁), 오행(五行)으로는 목이며(木爲仁), 또 양기이며(陽氣爲仁), 하늘이기도 하다(乾爲仁).

이렇게 볼 때 인이란 우주와 진리와 자연과 만물과 인간과 윤리에 있어서 바탕이 되고 근원이 되며, 생성(生成)이 되고 도리가 되며, 존재가 되고 소멸(消滅)이 되기도 한다. 또 삶의 최고 덕목이 되고 자기의 본래 모습을 이루는(成己仁也) 길이 되기도 한다.

《맹자(孟子)》에 「인은 사람의 편안한 집이다(仁人之安宅也).」고 하였다. 세상에 사람들이 사는 모습이 마치 불난 집처럼 시끄럽고 괴롭고 불안하다. 모두 편안한 집인 인으로 돌아가야 한다.

《논어(論語)》에 「인자는 걱정이 없다(仁者不憂).」고 하였다. 인자는 원래 사(私)가 없고(仁者無私) 안빈낙도(安貧樂道)를 할 줄 알기 때문에 근심 걱정을 하지 않는다.

또 《맹자》에 「인자는 적이 없다(仁者無敵).」고 하였다. 인자는 천하를 사랑하고 천하 사람을 포용하기 때문에 천하에 적대가 없고 천하가 거절하지도 않는다.

지도자는 인자(仁慈)하여야 한다. 인풍(仁風)이 풍기고, 인후(仁厚)하며, 인위(仁威)가 있어야 한다. 또 나를 미루어 남을 생각하여야 하고(推己及人), 나를 미루어 남을 용서하고(推己恕人), 나를 미루어 남에게 덕스럽게 하고(推己德人), 나를 미루어 남을 교화하게(推己化人) 하여야 한다.

인도란 사람이 실현하고 또 나아가는 길이다. 사람이 인심(仁心)이 되고, 인인(仁人)이 되며, 인행(仁行)이 되어야 참 인(眞仁)을 이루게 된다.

5

의는 사람의 마땅한 바이니
착한 사람은 상 주고,
악한 사람은 벌주어
공을 세우고 사업을 세우나니라.

義者는 人之所宜니 賞善罰惡하야 以立功立事니라.
의자 인지소의 상선벌악 이입공입사

의는 사람의 마땅한 바이니 착한 사람은 상 주고, 악한 사람은 벌주어 공을 세우고 사업을 세우나니라.

주석(註釋)

1 義 : 1) 옳을 의. 의로울 의. 의 의;옳은 길. 사람이 지켜야 할 준칙. 마땅할 의. 바를 의. 결단할 의.
2) 사람이 행하여야 할 바른 도리.
3) 정의(正義). 사상적(思想的)인 행위(行爲)에 부합하는 일정(一定)의 표준(標準).

2 宜 : 옳을 의;이치에 맞음. 마땅할 의;당연함. 화목할 의;화순(和順)함.

3 賞 : 1) 상줄 상 ; 칭찬하여 물품을 줌. 칭찬할 상 ; 아름답거나 좋은 것을 기림. 숭상할 상 ; 존중함.
2) 잘한 일을 칭찬해 주는 표적(表迹).

4 善 : 1) 착할 선. 좋을 선 ; 좋은점. 착한 행실. 옳게 여길 선 ; 좋다고 인정함. 잘할 선.
2) 도덕적인 생활, 즉 삶의 최고 이상.

5 罰 : 1) 벌 벌 ; 형벌. 법률 벌 ; 형벌을 가함.
2) 죄를 저지른 사람에게 괴로움을 주어 징계하고 억누르는 일.

6 惡 : 1) 모질 악 ; 성품이 악함. 나쁠 악 ; 도의적으로 나쁨.
2) 미워할 오 ; 증오함. 부끄러워할 오 ; 수치를 느낌.
3) 양심(良心)을 따르지 않고 도덕률(道德律)을 어기는 행위.

7 立 : 설 립 ; 정지함. 세울 립.

8 事 : 일 사 ; 사건. 행위. 임무. 섬길 사 ; 받들어 모심. 부릴 사.

장주(張註)

理之所在를 謂之義요, 順理而決斷은 所以行義니 賞善罰惡은 義之理也오, 立功立事는 義之斷也라.
(이지소재 위지의 순리이결단 소이행의 상선벌악 의지이야 입공입사 의지단야)

이치가 있는 바를 의라 이르고, 이치를 따라서 결단하는 것은 의를 행함이니, 착함에 상을 주고 악함에 벌을 주는 것은 의의 다스림이요, 공을 세우고 일을 세움은 의의 결단이니라.

해의(解義)

옛말에 "정당한 일이거든 아무리 하기 싫어도 죽기로써 할 것이요, 부당한 일이거든 아무리 하고 싶어도 죽기로써 아니할 것이라." 고 하였다. 진리에 정당하고, 인간에 정당하고, 사물에 정당한 것이 무엇일까. 아마 "옳은 것"일 것이다. 즉 정의(正義)이다. 이 정의는 살아 있는 것이요, 일으켜지는 것이요, 빛을 발하는 것이요, 깨우쳐지는 것이다. 또 승리하는 것이며, 성취하는 것이며, 정로(正路)의 결단에 매진(邁進)할 수 있는 용기이다.

보라! 역사는 악(惡)도 묻어두지 않는데 어찌 의(義)를 묻어두겠는가. 혹 그 시대와 상황과 권리와 무력에 의하여 의가 매장되기도 하였지만 밝은 시대가 오면 살아나고 깨어나고 빛나고 숨쉬고 있지 않은가. 결국 이기고 이루어지고 결단되고 밝아져서 새 시대, 새 날, 새 앞을 열어가는 전진의 역할을 한다.

그러므로 국가나 사회, 어떠한 기업에서 한때 시대와 인간을 속이고 증인의 눈을 가릴지는 몰라도 진리와 역사의 형안(炯眼)만은 절대로 가릴 수 없다. 의에 바탕한 공을 이루고 사업을 성취시켜야 하는 이유가 여기에 있다.

이와 같이 일의 크고 작음을 가릴 것 없이 정당하고 옳은 일에 몸과 마음과 뜻을 합해야 한다. 그러할 때 어떠한 고난(苦難)과 사경(死境)이 오더라도 끝까지 절조(節操)를 지키고, 변절자, 배신자라는 소리를 듣지 않게 된다.

진리가 바로 의이다. 진리를 어기고 일을 꾸며서는 안 된다. 진리와 역사란 선하고 옳은 행동에는 상을 주어 길이 기리고, 악하고 그른 행동에는 벌을 주어 경종(警鐘)이나 목탁(木鐸)을 삼도록 하는 것임을 알아야 한다.

6

예는 사람이 밟아갈 바이니 일찍 일어나고 밤에는 자서 인륜의 질서를 이루나니라.

禮者는 人之所履니 夙興夜寐하야 以成人倫之序니라.
예자 인지소이 숙흥야매 이성인륜지서

예는 사람이 밟아갈 바이니 일찍 일어나고 밤에는 자서 인륜의 질서를 이루나니라.

주석(註釋)

1 禮 : 1) 밟을 예 ; 사람이 지킬 도리. 예 례 ; 절, 인사 등. 예우할 예 ; 예로써 대우함. 위의(威儀) 예 ; 예의에 맞는 위엄스런 거동. 의식, 예절, 예도 등 모두가 예이다.

2) 경의(敬意)를 표하는 의식의 통칭. 사람이 마땅히 지켜야 할 의칙(儀則).

3) 고대사회 귀족등급제(貴族等級制)의 사회규범(規範)과 도덕규범. 다시 말하면 귀족등급을 유지시켜주는 규범, 즉 유가적인 정치

사상에 있어서 명위(名位)와 등급에 따르는 관계(官階)가 모두 예이다.

2 履 : 밟을 리 ; 행함. 실천함. 조행.

3 夙 : 일찍 숙 ; 아침 일찍. 빠를 숙.

4 興 : 일 흥 ; 성하여짐. 일으킬 흥 ; 일을 시작함. 일어날 흥 ; 일어섬. 기뻐할 흥 ; 좋아함.

5 寐 : 잘 매 ; 잠을 잠.

6 숙흥야매(夙興夜寐) : 일찍 일어나고 늦게 잠을 자는 것, 즉 매일 생활의 행위.

7 人倫 : 봉건사회에 있어서 사람과 사람의 관계와 응당히 준수해야 할 행위의 준칙. 곧 「부자유친(父子有親) · 군신유의(君臣有義) · 부부유별(夫婦有別) · 장유유서(長幼有序) · 붕우유신(朋友有信)」 등. 또한 고대사회의 각종 등급제(等級制)의 사회규범과 도덕규범, 전장제도(典章制度), 예법조항(禮法條項), 도덕표준(道德標準) 등.

8 倫 :인륜 륜 ; 사람으로서 지켜야 할 떳떳한 도리.

9 序 :차례 서 ; 순서. 차례 매길 서 ; 순서를 정함.

장주(張註)

禮는 履也니 朝夕之所履踐而不失其序者－皆禮也라.
예 이야 조석지소이천이불실기서자 개예야

言動視聽을 造次에 必於是면 放僻奢侈－從何而生乎아.
언동시청 조차 필어시 방벽사치 종하이생호

예는 밟아가는 것이니 아침저녁으로 밟아나가서 그 차서를 잃지 않는 것이 다 예이다. 말하고 행동하고 보고 듣는 것을 창졸간이라도 반드시 이렇게 하면, 방탕하고 궁벽하고 사치스러움이 어디로 좇아 나오겠는가.

해의(解義)

예를 「천리지절문 인사지의칙(天理之節文 人事之儀則)」이라고 한다. 이는 「하늘 이치의 절문이요, 사람 일의 의칙이다.」는 뜻이니, 곧 진리에 근본하고 그 진리를 따라서 정한 조리(條理)이다. 또 예는 인간의 일, 인간의 삶을 영위하는데 마땅히 지켜야 할 법칙을 말한다. 하늘의 진리 그대로의 자연 질서가 인간 행동의 준칙이요 규범이 된다. 예가 곧 진리이니, 그 진리에 뿌리를 한 인간은 말(言)과 행동(動)과 보는 것(視)과 듣는 것(聽)이 천리(天理) 그대로 나타나게 된다.

옛 성인이 말씀하시기를 「예의 근본은 첫째, 널리 공경(恭敬)하는 것이니 천만 사물을 대할 때에 항상 공경 일념을 갖는 것이요. 둘째, 겸양(謙讓)하는 것이니 천만 사물을 대할 때에 항상 나를 낮추고 상대편을 높이는 정신을 갖는 것이요. 셋째, 계교(計較)하지 않는 것이니 천만 예법을 행할 때에 항상 내가 실례(失禮)함이 없는가 살피고 상대편의 실례에 계교하지 않는 정신을 갖는 것이다.」고 하였다. 이 세 가지 정신을 잘 실천하는 것이 예의 근본을 세우는 길이다.

예란 형식(形式)이다. 이 형식에 실질(實質)이 없으면 화식(華飾)이 되고 만다. 미사여구(美辭麗句)의 조문(條文)만 늘어놓고 실행하지 않는다면 이것이 바로 형식에 그치고 말게 된다.

그러므로 인간 윤리(人倫)에 바탕을 두고 인간과 인간, 인간과 세상, 인간과 사물, 인간과 진리의 관계에 있어서 과불급(過不及)이 없는 중도(中道)가 성립된 형식이라야 한다. 그럴 때 그 형식은 인간 윤리의 강기(綱紀)가 되는 것이라고 할 수 있다.

7

무릇 사람의 근본을 행하려 하면 가히 한 가지만 없어도 안 되나니라.

夫欲爲人之本인대 不可無一焉이니라.
부 욕 위 인 지 본　　불 가 무 일 언

무릇 사람의 근본을 행하려 하면 가히 한 가지만 없어도 안 되나리라.

장주(張註)

老子曰「失道而後에 德이요, 失德而後에 仁이요, 失仁
노 자 왈　실 도 이 후　덕　　실 덕 이 후　인　　실 인

而後에 義요, 失義而後에 禮니라.」[1] 하니 失者는 散也라 道
이 후　의　실 의 이 후　예　　　실 자　산 야　도

散而爲德하고 德散而爲仁하고 仁散而爲義하고 義散而爲
산 이 위 덕　덕 산 이 위 인　인 산 이 위 의　의 산 이 위

禮니 五者ㅡ未嘗不相爲用이나 而要其不散者는 道妙而
예　오 자　미 상 불 상 위 용　이 요 기 불 산 자　도 묘 이

已라. 老子는 言其體故로 曰「禮는 忠信之薄而亂之首라.」[2]
이　노 자　언 기 체 고　왈　예　충 신 지 박 이 난 지 수

하고 黃石公은 言其用故로 曰「不可無一焉이라.」 하니라.
황석공 언기용고 왈 불가무일언

《노자》가 말하기를, 「도를 잃은 뒤에 덕이요, 덕을 잃은 뒤에 인이요, 인을 잃은 뒤에 의요, 의를 잃은 뒤에 예라.」 하니, 잃는다는 것은 흩어진다는 것이다. 도가 흩어져 덕이 되고, 덕이 흩어져 인이 되고, 인이 흩어져 의가 되고, 의가 흩어져 예가 되는 것이니, 다섯 가지는 일찍이 서로 활용되지 않을 수 없으나 그 흩어지지 않는 것은 도의 오묘함일 뿐이다. 노자는 그 본체를 말하였기 때문에 「예란 충성과 믿음이 엷어져 어지러움의 시초가 된다.」 하였고, 황석공은 그 작용을 말하였기 때문에 「한 가지만 없어도 안 된다.」고 하니라.

주석(註釋)

1 《노자》 하편 38장에 나오는 글이다. 노자는 도를 가장 높이 보았다. 다음이 덕이고 그 다음이 인이며, 그 다음이 의요 그 다음이 예라고 보았다.
그리하여 무위자연의 도가 상실되었기 때문에 덕이 생겨나게 되었고, 그 덕마저 없어지자 인이 있게 되었으며, 그 인이 또한 상실됨에 따라 의를 세우게 되었고, 그 의마저 없어진 상황에서 예를 세우게 되었다는 것이다.

2 《노자》 하편 38장에 나오는 글이다. 여기서 노자는 「예는 충신의 얇

음이 되고 화란(禍亂)의 시초가 된다.」고 하였다. 충신이란 마음에 숨김이 없는 것이며 사람을 속이지 않는 것을 말하고, 또한 덕에 나아가는 것이라고도 한다. 다시 말하면 충이란 안으로 마음을 다하는 것이요, 마음을 다하기 때문에 사물이 원망하지 않는다. 신이란 밖으로 사물을 속이지 않는 것이요, 속이지 않기 때문에 사물과 화합하는 것이다.

그러므로 예라는 것은 충신(忠信)이 아닌 현실적으로 꾸밈이기 때문에 이것만을 강조하면 환란이 따라오게 되고 인륜의 질서가 무너지게 되는 것이다.

해의(解義)

황석공의 입장에서 「도 · 덕 · 인 · 의 · 예」 다섯 가지는 인간의 길에, 윤리의 길에, 세상의 길에 가장 근본이 된다. 그러므로 하나만 없어도 인간과 윤리와 세상이 각박하고 절름발이가 되어 시기질투가 일어나고 욕심이기(慾心利己)가 충만하여 전쟁 살상이 끊임없어 진다는 것이다.

천지안의 모든 사물에서 인간이 가장 고귀한 존재이기 때문에 먼저 사람의 마음에 도 · 덕 · 인 · 의 · 예가 깖아 있어야 한다. 그것이 밖으로 행동화되어 사회 · 국가 · 세계에 때로는 빛이 되고, 때로는 길이 되며, 때로는 경종이 되어야 맑고 밝고 평화로운 세계가 열린다.

8

현인과 군자는 성왕하고 쇠퇴하는 도에 밝고, 이루고 패망하는 운수에 통달하고, 다스리고 어지러운 형세를 살피고, 물러가고 나아가는 이치에 달관 하였나니라.

賢人君子는 明於盛衰之道하고 通乎成敗之數하고
현인군자 명어성쇠지도 통호성패지수

審乎治亂之勢하고 達乎去就之理니라.
심호치란지세 달호거취지리

현인과 군자는 성왕하고 쇠퇴하는 도에 밝고, 이루고 패망하는 운수에 통달하고, 다스리고 어지러운 형세를 살피고, 물러가고 나아가는 이치에 달관 하였나니라.

주석(註釋)

1 賢 : 어질 현;덕행이 있고 재지(才智)가 많음. 어진 이 현;어진 사람.

2 盛 : 성할 성 ; 문화가 발달하고 세상이 잘 다스려지는 것. 성하여질 성 ; 성하게 됨. 번성하여짐.

3 衰 : 쇠할 쇠 ; 약하여짐. 세력이 없어짐. 기울어짐. 감퇴하여짐. 미약하여짐.

4 通 : 통할 통 ; 꿰뚫음. 두루 미침. 환히 앎. 막힘이 없음. 걸림이 없음.

5 成 : 이루어질 성. 이룰 성 ; 성취됨. 성공함. 다스릴 성 ; 평정함.

6 敗 : 패할 패 ; 짐, 실패함. 무너질 패. 부서질 패 ; 퇴락함. 파손됨. 썩을 패 ; 부패함.

7 數 : 1) 이치 수 ; 도리. 운수 수 ; 운명. 꾀 수 ; 운명. 정세 수 ; 형편. 헤아릴 수 ; 추측함. 살핌.

2) 자연의 이치를 가리킴. 명운(命運). 전사(前事)를 알고 미래를 추측(推測)하는 것, 또는 어떤 일의 기미(幾微)가 나타나지 않았는데 예측(豫測)하는 것.

8 審 : 살필 심 ; 상세히 조사함. 자세할 심 ; 상세함. 깨달을 심 ; 깨달아 환히 앎.

9 治 : 다스릴 치 ; 바로 잡음. 편안하게 함. 나라를 다스림. 다스려질 치.

10 亂 : 어지러울 란 ; 흩어짐. 산란함. 혼잡함. 다스려지지 아니함. 질서가 문란함. 어지럽힐 란 ; 어지럽게 함.

11 勢 : 1) 세력 세 ; 권세, 위세(威勢). 형세 세 ; 형편 상태. 기세 세 ; 기운차게 뻗치는 형세.

2) 일체 사물의 역량(力量)이 표현된 것. 정치나 군사 기타 사회활동 방면의 상황과 정세(情勢), 추세(趨勢), 시세(時勢), 국세(局勢) 등.

12 達 : 통할 달 ; 꿰뚫음. 두루 통함. 깨달아 앎. 달할 달 ; 세상에 알려짐. 목적을 이룸. 영화를 누림.

13 去 : 갈 거 ; 떠나감. 도망감. 물러남.

14 就 : 나갈 취 ; 나아감. 좇을 취 ; 따름.

15 理 : 1) 다스릴 리 ; 옥을 다스림. 갊. 일을 다스림. 도리 이 ; 사람이 지켜야 할 길. 이치 리 ; 사리(事理).

2) 이치의 작용이 표현되어 나오는 추세(趨勢), 즉 이러한 추세 가운데서 발현되는 도리.

장주(張註)

盛衰有道(성쇠유도)하고 成敗有數(성패유수)하고 治亂有勢(치란유세)하고 去就有理(거취유리)니라.

성왕하고 쇠퇴함에 도가 있고, 이루고 패망함에 운수가 있고, 다스리고 어지러움에 형세가 있고, 물러나고 나아감에 이치가 있나니라.

해의(解義)

재덕(才德)이 겸비한 현인이나 심성(心性)이 어진 군자나 지행(知行)이 깊은 달사(達士)는 앞을 보고 사체를 파악하며 이치를 알고 형세를 가늠하며 명운(命運)을 예시(豫視)하는 밝은 눈과 슬기로운 지혜가 있다. 그리하여 보통 사람들이 볼 수 없는 데를 보고, 알 수 없는 데를 알아서 대중을 인도하는 훌륭한 지도자가 되는 것이니, 지도자로서 다음의 네 가지를 꼭 갖추어야 한다.

첫째, 성쇠(盛衰)이니 이것은 우주 자연의 변화(變化)이다. 자연이란 성왕하여 생성(生成)되는 때가 있고, 쇠약하여 소멸(消滅)되는 때가 있으나 사실은 동시에 이루어지는 것으로 이것이 곧 자연의 변화하는 과정이다. 이와 같이 어떠한 사체도 흥(興)하면 반드시 망(亡)하는 때가 오고, 망하면 또한 흥하는 때도 오는 것이다. 그러므로 안목이 열린 사람은 흥할 경우 망할 것을 생각하여 미리 대비하고, 망할 경우 흥할 것을 생각하여 방법을 미리 알아 준비하여둔다면 일을 당하여 흔들리지 않고 대처할 수 있다.

둘째, 성패(成敗)이니 이는 성공과 실패를 말한다. 일의 크고 작음을 막론하고 뜻대로 되어지면 성공이요, 아니면 실패이다. 그러나 세상사란 뜻대로 되어지는 일이 얼마나 있는가. 반면에 뜻대로 되지 않는 일도 있다. 우리가 자기의 모습을 제대로 파악하지 못하고 욕심(慾心)을 부려 과도하게 구하기 때문에 성공하기 어렵고 실패하기 쉽다. 그러므로 성패의 도수를 미리 알아서 성공하였을 경우 조심하고 삼가하여 자만자존(自慢自尊)에 빠지지 않도록 하고 실패할 경우 반성하고 안분하여 분발해야 한다. 더 나아가서는 10에 6~7만 뜻대로 되어도 자족(自足)할 수 있는 심량(心量)을 길러두는 것이 중요하다.

셋째, 치란(治亂)이니 잘 다스려지는 것이 치요, 어지러운 것이 난이다. 정치가 잘 되면 치요, 잘못되면 난이다. 다시 말하면 사회나 국가가 안정되면 치요, 안정되어 있지 않으면 난이라 할 수 있다. 그러하기에 정치나 기업 등 각계각층의 지도자는 그 시대와 형세(形勢)를 살펴서 분규나 분란이 일어나기 전에 미리 방비할 수 있는 안목과 예지를 갖추어야 한다.

넷째, 거취(去就)이니 나아가고 물러가는 진퇴(進退)이다. 나아갈 자리에 나아가고 물러갈 자리에 물러날 줄 아는 도리를 말한다. 「공과 이름을 이루면 반드시 몸이 물러나야 한다(功成名遂而身退).」고 하였으니, 이는 때에 물러나지 않으면 반드시 모욕을 당한다는 말이다. 또 나아가는데 있어서도 때(時)를 볼 줄 알아야 한다. 그 시대나 상황을 보고 나가야지 아무 때나 나가면 봉변을 당한다. 일(事)을 보아야 한다. 그 일을 감당하겠으면 나가고 못하겠으면 숨어 실력을 길러야 한다. 맺음(果) 즉 결과를 알아야 한다. 사람이 동고(同苦)하기는 쉬워도 동락(同樂)하기는 어렵기 때문에 결과가 좋을 것 같지 않으면 감추어 자기를 닦아야 한다.

성쇠 · 성패 · 치란 · 거취는 어느 시대, 어느 곳에나 존재한다. 우리들은 때와 장소에 취사선택을 잘 해야 한다. 그래야 인생길에 대과(大過)없이 살아갈 수 있고 세상을 선도하는 인물이 된다.

9

그러므로 숨어 살며 도를 안고 그때를 기다릴지니라.

故로 潛居抱道하고 以待其時니라. 고 잠거포도 이대기시

그러므로 숨어 살며 도를 안고 그때를 기다릴지니라.

주석(註釋)

1 潛 : 숨을 잠;몸을 감춤. 몰래 잠;은밀히. 깊을 잠. 가라앉을 잠.

2 居 : 살 거;거주함. 있을 거;한 경우에 처해 있음. 곳 거;있는 곳. 살게 할 거;거주하게 함. 집 거;사는 집.

3 抱道 : 도를 지켜서 잃지 않는 것.

4 抱 : 안을 포. 품을 포;끼어 안음. 계속하여 지니다. 품. 아름.

5 待 : 기다릴 대;때가 오기를 기다림. 대비함.

6 時 : 때 시;세월. 기회. 당시. 그때 적당한 시기. 때맞춤 시;시기에 알맞음. 적기임. 때에 시;그때.

장주(張註)

道는 猶舟也요 時는 猶水也니 有舟楫之利하고 無江河
도　 유주야　 시　 유수야　 유주즙지리　　 무강하

而行之면 亦莫見其利涉也리라.
이행지　 역막견기리섭야

도는 배와 같고 때는 물과 같으니 배와 돛대의 예리함만 있고 강과 하수가 없이 행해 가려 하면, 또한 그 이롭게 건너는 것을 나타내지 못하리라.

해의(解義)

천하에 제일가는 도덕과, 천하에 제일가는 지혜와, 천하에 제일가는 능력을 가지고도 천하의 때가 오기를 기다릴 줄 알아야 한다. 어떠한 재주가 있다 하여 조동(早動)하거나 망동(妄動)하여서는 안 된다. 너무 빨리 동요하거나 망령되게 움직이면 큰일을 할 수 없고 큰일이 주어지지도 않게 된다.

그런데 때를 기다리는데 있어서 머리가 비고 가슴이 뚫린 상태로는 천만년을 기다려도 소용이 없다. 오직 머리와 가슴과 마음에 도덕과 지혜와 능력의 실력을 갖추고 숨어서 시의(時宜)를 기다려야 한다.

도는 물과 같고 때는 배와 같다. 아무리 좋은 배라 해도 물이 없으면 갈 수가 없듯이 오직 안으로 자기 수양, 곧 배를 잘 수리하고 물이 차오르기를 기다려 배를 띄울 수 있다. 정치가이든, 기업가이든,

안으로 도덕을 감추고 밖에서 주어지는 때가 오기를 기다릴 줄 알아야 큰 정치, 큰 사업을 하게 된다.

10

만일 때가 이르러 행하면 능히 인신의 지위를 다하고, 기틀을 얻어 동하면 능히 절대의 공을 이루나니 그(때를) 만나지 못할 것 같으면 몸이 죽을 따름이다.

若時至而行則能極人臣之位하고 得機而動則能成絕代之功하나니 如其不遇면 沒身而已니라.
(약시지이행즉능극인신지위 득기이동즉능성 절대지공 여기불우 몰신이이)

만일 때가 이르러 행하면 능히 인신의 지위를 다하고, 기틀을 얻어 움직이면 절대의 공을 이루나니 그(때를) 만나지 못할 것 같으면 몸이 죽을 따름이다.

주석(註釋)

1 極 : 다할 극;다 들임. 이를 극;다다름. 극진할 극;극도에 이름. 극

히 극;지극히.

2 位 : 자리 위;좌립(坐立)의 장소. 벼슬자리. 관직의 등급. 자리잡을 위;자리를 정함.

3 機 : 때 기;기회. 시기. 실마리 기;단서. 계기 기;동인(動因).

4 絕 : 뛰어날 절;남보다 월등나음. 심히 절;대단히.

5 功 : 공 공;공적. 힘을 들여 이룬 결과. 보람 공;효험. 일 공;직무.

6 遇 : 만날 우;만남. 우연히 만남. 때를 만남. 뜻밖에 우;우연히.

7 沒 : 죽을 몰;사망함. 소멸함. 숨을 몰;은닉함. 다할 몰;다 없어짐.

장주(張註)

養之有素하야 及時而動이면 機不容髮이니 豈容擬議者哉아.
(양지유소 급시이동 기불용발 기용의의 자재)

기르기를 소박함이 있게 해서 때에 미쳐 움직인다면 기틀은 털끝만큼도 용납하지 아니할 것이니, 어찌 비기면서 의론을 허용하겠는가.

해의(解義)

중국의 강태공(姜太公 : 주(周)나라 초기의 정치가. 이름은 상(尙). 여상(呂尙). 태공망(太公望)이라고도 한다.)은 전칠십, 후칠십(前七十後七十)을 살았다고 한다. 강태공이 날마다 위수(渭水)가에서 곧은 낚시를 물에 담그고 70년을 보냈고, 후에 문왕(文王)을 만나고 무왕(武王)을 도와서 70년의 정치를 하였다.

강태공은 기다릴 줄 아는 사람이었다. 은(殷)나라 말엽에 임금이 정치를 잘못하여 천하가 어지러우니 어찌 세상에 나아갈 수 있었겠는가. 그는 위수에다 낚시를 담그고 수양을 쌓아 안으로 힘을 함축하였던 것이다.

강태공은 자기의 뜻을 펼 수 있는 때와 기회를 만나지 못하였기 때문에 때와 기회가 오기를 기다렸다. 그러다가 주나라 문왕을 만나서 스승과 제자, 또는 임금과 신하로서 자기 몫을 다 하였고, 문왕의 아들인 무왕을 도와 무도한 은나라 주왕(紂王)을 물리치고 천하에 평화를 이루는 절대의 공을 이룩하여 제왕(齊王)에 봉함을 받았다.

그러나 강태공에게 이러한 때와 기회가 주어지지 않았다면 어떠했을까? 아마 자기가 본래 가지고 있는 포부를 그대로 간직하고 죽을 뿐이지 구차하게 이곳저곳, 이 사람 저 사람을 찾아다니며 구걸하거나 팔지는 않았을 것이다.

그러므로 누구든지 참으로 밝고 맑은 마음 바탕, 천지 같은 원대한 포부, 일월처럼 명철한 지혜를 가지고 안으로 함축하여 실력을 갖추고 보면 때와 기회가 오게 된다. 큰 인물에게는 무게 있게 안정하며 깊이 있게 버티는 힘이 필요하다.

11

이러하기 때문에 그 도가 족히 높아지고, 이름이 후대에까지 중하게 되느니라.

是以로 其道足高而名重於後代니라.
시이 기도족고이명중어후대

이러하기 때문에 그 도가 족히 높아지고, 이름이 후대에까지 중하게 되느니라.

주석(註釋)

1 足 : 족할 족;충분함. 족하게 할 족;모자란 것을 채움. 발 족;하지(下肢).

2 重 : 중히 여길 중;소중히 여김. 무거울 중;무게가 가볍지 아니함. 중할 중;책임, 사업 등이 소중함. 권력, 지위, 명상 등이 높음.

장주(張註)

道高則名隨於後而重矣라.
도고즉명수어후이중의

도가 높으면 이름이 후세에까지 따르고 중하게 되나니라.

해의(解義)

속담에 「호랑이는 죽어서 가죽을 남기고, 사람은 죽어서 이름을 남긴다(虎死留皮 人死留名).」고 하였다. 호랑이 가죽은 귀중하기 때문에 사람들이 선호하여 길이 보존이 되니 자연 오래도록 남는다. 다시 말하면 짐승도 가죽을 남겨 전해지는데, 하물며 사람이 되어 후세에 이름을 전할 수 없겠는가. 이름이란 무엇인가, 곧 그 사람에 대한 무게요 값이다. 사람마다 그 값을 다 함으로써 그 이름이 허명(虛名)이 되지 않으며 무게를 다 함으로써 그 도덕이 헛되지 않는다.

이름이 세상에 전하여지는데 있어서 두 가지 방향이 있다. 하나는 선명(善名)이요, 하나는 악명(惡名)이다. 훌륭한 업적을 남긴 결과는 선명이요, 악독한 업적을 쌓은 결과는 악명이다. 그런데 특히 이 악명은 어느 무엇으로도 씻겨지지 않고 잊혀지지 않으며, 파내어지지 않고 묻혀지지 않는다.

우리들은 세상에 어떠한 이름이 남겨지게 될 것인가를 생각하며 살아야 한다. 오직 도에 바탕을 둔 이름, 덕을 성취한 이름, 일체 인류를 구원한 이름, 온 세상에 평화를 실현한 성명(聖名)이 남겨져야 인간의 가치를 다하였다고 할 수 있다.

第一章(제일 장)은 言道不可以無始(언도불가이무시)라.

제1장은 도란 가히 시작이 없을 수 없음을 말한 것이니라.

2

정도장(正道章) 제2

1

덕은 족히 먼 데까지 품으며,
신은 족히 다른 것을 하나로 하며,
의는 족히 무리를 얻으며,
재능은 족히 옛것을 거울삼으며,
밝음은 족히 아래를 비친다면
이는 사람에 준수함이니라.

德足以懷遠하며 信足以一異하며 義足以得衆하며
덕 족 이 회 원 　 신 족 이 일 이 　 의 족 이 득 중

才足以鑑古하며 明足以照下면 此는 人之俊也니라.
재 족 이 감 고 　 명 족 이 조 하 　 차 　 인 지 준 야

덕은 족히 먼 데까지 품으며, 신은 족히 다른 것을 하나로 하며, 의는 족히 무리를 얻으며, 재능은 족히 옛것을 거울삼으며, 밝음은 족히 아래를 비친다면 이는 사람에 준수함이니라.

주석(註釋)

1 懷 : 품을 회;생각을 품음. 품 회;가슴. 마음 회;생각. 편안히 하다.

2 遠 : 멀 원; 시간 또는 거리가 길거나 멂. 깊음. 고상함. 알기 어려움. 친하지 아니함. 먼데 원; 먼 곳.

3 信 : 1) 믿음 신; 신의. 미쁠 신; 믿음성이 있음. 믿을 신; 의심하지 않음. 진실로 신; 참으로.
2) 지킴을 거울삼아 말을 내고 따라서 그 약속을 끝까지 실천하는 것. 또한 타인으로부터 특별한 신임(信任)을 얻는 것. 또 신의(信義)가 밝게 드러나는 것.

4 異 : 다를 이; 같지 아니함. 한 사물이 아님. 달리함 이; 다르게 함. 따로따로 떨어짐. 이상히 여길 이; 기이하게 여김. 의심함.

5 衆 : 무리 중; 많은 사람. 많은 사람의 마음. 민심(民心). 많을 중; 수가 많음.

6 才 : 재주 재; 재능. 재능이 있는 사람. 바탕 재; 성질.

7 鑑 : 거울 감; 물체의 형상을 비추어 보는 물건. 본보기. 경계. 볼 감; 살펴봄. 고찰함. 거울삼을 감; 본보기로 함. 경계로 삼음.

8 明 : 밝을 명; 훤히 비침. 사리에 밝음. 현명한 사람. 어진 이. 밝힐 명; 밝게 함. 빛 명; 광채.

9 照 : 비칠 조; 빛남. 비출 조; 빛을 보냄. 비추어 봄. 비추어 인도함. 환히 앎. 빛 조; 광명. 거울 조; 형상을 비추어 보는 물건.

10 俊 : 뛰어날 준. 준걸 준; 재주와 슬기가 뛰어남. 걸출함, 또 그 사람.

장주(張註)

懷者는 中心悅而誠服之謂也니, 有行有爲하야 而衆人
회자 중심열이성복지위야 유행유위 이중인

宜之하면 則得乎衆人矣라.
의지 칙득호중인의

회는 가운데 마음이 기뻐서 진실로 감복함을 이르는 것이니, 행함이 있고 함이 있어서 여러 사람이 마땅하게 여기면 뭇 사람을 얻게 되느니라.

해의(解義)

덕이란 베푸는 데서 은혜로워진다. 은혜는 모두를 감싸 안을 수 있는 화용(和容)을 가지고 있다. 그러나 몸과 마음에 덕을 갖추지 않으면 은혜로운 화력(和力)이 나올 수가 없다. 지도자일수록 깊은 수양을 통하여 심덕(心德)을 길러야 한다. 심덕이 있어야 두루 포용하고, 화덕(和德)이 있어야 먼데 사람까지도 은혜롭게 할 수 있다.

믿음은 하나 되는 길이다. 신(神)을 믿으면 신과 하나 되고, 진리를 믿으면 진리와 사이가 메꿔진다. 그러나 이 믿음은 상대에게서 구하기 이전에 내가 먼저 믿음을 주어야 하나가 된다. 나와 다르다고 뒤로 하거나 꺼려하지 말고 이해하고 안아서 내가 나를 믿듯이 상대방을 믿어 주어야 배반이 없다.

의란 정의(正義)이다. 바르고 옳은 지표이다. 우리 모두가 함께 가야 할 길이며 같이 살아야할 집으로써 윗사람일수록 의로워야 한다. 의를 실현하는데 머뭇거려서는 안 된다. 대중의 눈은 밝으며, 귀는 맑으며, 입은 바르기 때문에 의를 행하는데 인심(人心)이 모이는 것이다.

재주란 선견지명(先見之明)을 말한다. 남보다 앞서서 내다볼 수 있는 안목이다. 그러나 세상일이란 하늘에서 떨어지고 땅에서 솟아나 전개되는 것이 아니다. 반드시 옛일에 근거하여 새롭게 펼쳐갈 뿐이다. 그러므로 우리가 온고지신(溫故知新)을 하는 역량을 갖추는 것이 중요하다.

밝음은 지혜이다. 지혜는 무엇이든지 걸리고 막힘이 없다. 또 밖으로 발현되는 빛이다. 이 빛 또한 무엇이든지 투시할 수 있는 힘을 가지고 있다. 이러한 힘을 가지고 아래를 살필 줄 알아야 한다. 가장 가까운 데서 세정을 알아주고 상황을 이해해 주어야 주위가 다가서고 대중이 따르려는 마음이 솟아나게 된다.

이렇게 덕을 갖추고 믿음을 주고 정의를 실천하고 재주를 갈무리고 밝음을 간직하였다면 이러한 사람을 일러 준재(俊才)라고 할 수 있다.

2

행동은 족히 의표(본보기)가 되며, 지혜는 족히 혐의를 해결하며, 믿음은 가히 약속을 지키며, 청렴은 가히 재물을 분배할 수 있다면, 이는 사람에 호걸이니라.

行足以爲儀表하며 智足以決嫌疑하며 信可以使守約하며 廉可以使分財면 此는 人之豪也니라.
행족이위의표 지족이결혐의 신가이사수약 염가이사분재 차 인지호야

행동은 족히 의표(본보기)가 되며, 지혜는 족히 혐의를 해결하며, 믿음은 가히 약속을 지키며, 청렴은 가히 재물을 분배할 수 있다면, 이는 사람에 호걸이니라.

주석(註釋)

1 儀 : 거동 의;기거 동작. 언행의 범절. 법 의;법도. 법칙. 본보기 의;모범. 예 의;예의 전례(典例). 예법. 본뜰 의;본받음.

2 表 : 법 표 ; 본보기. 의범(儀範). 모습 표 ; 용모. 태도. 겉 표 ; 겉면.

3 儀表 : 본보기. 귀감(龜鑑). 사표(師表).

4 智 : 슬기 지 ; 지혜. 슬기 있는 사람. 슬지로울 지.

5 決 : 판단할 결 ; 판별함. 결정할 결 ; 결단함.

6 嫌 : 의심할 혐 ; 의혹함. 혐의 혐 ; 의혹. 미움 혐 ; 증오. 불만.

7 疑 : 의심할 의 ; 알지 못하여 의혹함. 혐의를 둠. 싫어할 의 ; 미워함. 의심스러울 의 ; 확실하지 아니함.

8 嫌疑 : 의혹(疑惑)되어 사리(事理)에 밝기가 어려운 것.

9 守 : 지킬 수 ; 소중히 보존하거나 보호함. 보살핌. 관장함. 방비. 방어. 절개 수 ; 지조.

10 約 : 묶을 약 ; 동임. 결합함. 합침. 맺을 약 ; 약속함. 약속 약 ; 서약. 맹약.

11 廉 : 청렴할 렴 ; 청렴. 결백함. 곧을 렴 ; 바름.

12 財 : 재물 재. 재화 재 ; 물자 또는 금전.

13 豪 : 1) 뛰어날 호 ; 걸출함, 또 그 사람. 호협할 호 ; 기개가 좋고 의협심이 있음. 굳셀 호 ; 강맹(强猛)함.
2) 재지(才智)가 사람에 비하여 월등함.

장주(張註)

嫌疑之際는 非智면 不決이라.
혐의지제 비지 불결

협의를 받을 경우에는 지혜가 아니면 판결하지 못하니라.

해의(解義)

사람이 행동을 하는 것은 자기만의 행위가 아니라 항상 대상과 더불어 하게 된다. 그러므로 행동에는 반드시 시비(是非)와 이해(利害)가 따르기 마련이다. 나와 맞으면 옳고 이로우며, 나와 다르면 그르고 해롭다고 결단을 내리기 쉬운 법이다. 우리들의 행동 하나하나가 시간과 공간을 통하여 만대의 사표(師表)가 되고 지침(指針)이 될 수 있는가를 헤아려 보면서 발걸음을 내딛어야 한다. 윗사람일수록 언행일치(言行一致)가 되어 의무와 책임을 소홀히 하여서는 안 된다.

슬기, 즉 지혜란 인간에게만 주어진 밝은 빛이요, 내장된 거울과 같아서 쓰는 곳마다 빛이 나고 비치는 곳마다 밝아지게 된다. 혐오스러운 일이나 의혹되는 사건에 대하여 빛을 쪼이고 거울을 비치면 사건의 전모가 명약관화(明若觀火)해진다. 걸리고 막힘이 없이 바른 판단과 공정한 결단이 저절로 나오게 되니 윗사람일수록 명석한 지혜가 절실하게 필요하다.

우리들이 어떠한 경계를 대하여 가장 가볍게 할 수 있는 것이 말이다. 그런데 주의심을 갖지 않으면 마음에서 일어난 생각이 걸러지지 않고 바로 튀어나오기 쉬우니 조심해야 한다. 커다란 약속은 하기도 어렵지만 한 번 하게 되면 오히려 지켜가기 쉽다. 그러나 작은 약속이나 아랫사람과 한 약속은 잊기가 쉽고 소홀하기 쉬운데 그러지 말아야 한다. 아무리 작은 약속이라도 큰마음으로 지켜가면 말에 무게가 있어서 사람들이 가볍게 알지 않는다.

사람이 세상을 살아가는데 있어서 정해 놓은 자기 것은 아무 것도 없다. 자기가 가장 아끼고 사랑하는 육신까지도 때가 되면 내 곁을 떠나는 것이니 어디에도 영원한 내 것은 없다. 그래서 무소유(無所有)란 말이 우리의 가슴에 울림을 준다. 모든 것이 다만 무소유의 소유로 잠깐 맡아 가지고 있을 뿐이다. 미련을 갖지 말고 다 주어버릴 수 있는 심량이 있어야 한다. 영원한 내 것이 아닌데 붙잡고 있어 무슨 소용이 있겠는가.

그러므로 행동은 능히 세상의 사표가 될 수 있고 지혜는 의혹을 판별할 수 있어야 한다. 믿음은 약속을 소홀히 하지 않고 청렴은 자기 것을 주어버릴 수 있다면 이러한 사람을 호사(豪士)라 할 수 있다.

3

직분을 지켜서 중지하지 아니하며,
의로움에 머물러 회피하지 아니하며,
혐의를 당하여도 구차하게 면하려 아니하며,
이익을 보고 구차히 얻으려 아니하면
아는 사람에 걸출함이니라.

守職而不廢하며 處義而不回하며 見嫌而不苟免하며 見利而不苟得이면 此는 人之傑也니라.
수직이불폐 처의이불회 견혐이불구면 견이이불구득 차 인지걸야

직분을 지켜서 중지하지 아니하며, 의로움에 머물러 회피하지 아니하며, 혐의를 당하여도 구차하게 면하려 아니하며, 이익을 보고 구차히 얻으려 아니하면 아는 사람에 걸출함이니라.

주석(註釋)

1 職 : 맡을 직;주관함. 구실 직;직분. 임무. 일 직;정업(定業). 벼슬

직;직위. 관직.

2 廢 : 폐할 폐;중지함. 파기함. 내침. 폐하여질 폐;행하여지지 아니함. 또 없어짐. 쇠퇴함. 해이함.

3 處 : 머무를 처;정지함. 머물러 삶. 머물러 있음. 곳 처;장소 또는 지위.

4 回 : 간사할 회. 어길 회;배반함. 어그러질 회;상위함. 피할 회;회피함.

5 見 :당할 견;수동적임을 나타내는 말.

6 苟 :구차할 구;일시를 미봉함. 눈앞의 안전만 도모함. 겨우 구;조금. 간신히.

7 免 : 면할 면;면제함. 벗어날 면;피함. 헤어남.

8 利 : 이로울 리;유익함. 유리함. 탐할 리;이익을 탐냄. 이 리;이익. 이롭게 할 리;유익하게 함. 유리하게 함.

9 傑 : 1) 준걸 걸;슬기와 재주가 뛰어난 사람. 뛰어날 걸;출중함.
2) 재지(才智)가 사람에 비하여 뛰어남.

장주(張註)

孔子ㅡ爲委吏[1]와 乘田之職이 是也요, 迫於利害之際
공자 위위리 승전지직 시야 박어이해지제

而確然守義者는 此不回也요, 周公은 不嫌於居攝[2]하시
이확연수의자 차불회야 주공 불혐어거섭

나 召公[3]則有所嫌也요, 孔子는 不嫌於見南子[4]하시나 子
소공 즉유소혐야 공자 불혐어견남자 자

路則有所嫌也[5]니 居嫌而不苟免은 其惟至明乎인져. 俊
로즉유소혐야 거혐이불구면 기유지명호 준

者는 峻於人이요, 豪者는 高於人이요, 傑者는 傑於人이
자 준어인 호자 고어인 걸자 걸어인

니 有德有信有義有才有明者는 俊之事也요 有行有智
유덕유신유의유재유명자 준지사야 유행유지

有信有廉者는 豪之事也요, 至於傑則才行으로 不足以
유 신 유 렴 자 호 지 사 야 지 어 걸 즉 재 행 부 족 이

明之矣나 然이나 傑勝於豪하고 豪勝於俊也니라.
명 지 의 연 걸 승 어 호 호 승 어 준 야

공자가 위리(米倉을 맡아보는 벼슬)가 됨과 승전(가축의 사육을 맡은 벼슬)을 직책으로 함이 이것이요, 이롭고 해로울 경우에 급박할지라도 확연히 의리를 지켜서 이를 회피하지 않는 것이요, 주공은 섭정(攝政)에 있음에 혐의하지 않았으나 소공은 혐의하는 바가 있었음이요, 공자는 남자 보는 것을 혐의하지 않았으나 자로는 혐의하는 바가 있었으니 혐의에(혐의를 받을 만한 자리) 있으면서 구차하게 면하려 하지 않는 그것을 오직 지극히 밝다 하리라. 준수함은 사람들보다 솟은 것이요, 호걸스러움은 사람들보다 높은 것이요, 걸출함은 사람들보다 뛰어난 것이니, 덕이 있고 믿음이 있고 의리가 있고 재주가 있고 밝음이 있는 것은 준수한 일이요, 행이 있고 지혜가 있고 믿음이 있고 청렴이 있는 것은 호걸의 일이니라, 걸출함에 이르러서는 재주와 행동으로 충분히 밝힐 수 없는 것이지만 그러나 걸출한 것은 호걸보다 낫고 호걸스러운 것은 준수한 것보다 나은 것이니라.

주해(註解)

1 委吏 : 위리는 미창(米倉)을 맡은 관리요, 승전(乘田)은 목축(牧畜)을 맡

은 관리이다. 사기(史記) 공자세가(孔子世家)에 공자께서 조그마한 관리가 되어서 「저울질을 공평하게 하였고 가축들이 번식하였다(料量平畜蕃息).」 하였으니, 이는 직분에 충실한 것이다. 얼마 안 되어 사공(司空)이 되었다.

2 攝 : 섭은 섭정(攝政)으로 임금을 대리하여 정무를 처리하는 것이요, 거섭(居攝)은 섭정의 지위에 있는 것이며, 불혐(不嫌)은 혐의를 피하지 않는 것이다. 기원전 1063년, 주무왕(周武王)이 죽고, 아들인 희송(姬誦)이 그 뒤를 이었는데, 곧 성왕(成王)이다. 그러나 성왕이 어려서 주공이 7년간 섭정을 하였다. 이에 태공(太公), 소공(召公)의 도움이 컸다. 이때 관숙(管叔), 채숙(蔡叔), 곽숙(霍叔)이 은(殷)의 무경(武庚)과 결탁하여 반란을 일으켰는데 주공이 왕명을 받아 3년간에 걸쳐 진압하였다. 성왕이 장성하자 정사를 돌려주었다.

3 昭公(생몰연대 미상) : 소공은 주문왕(周文王)의 서자(庶子)로, 이름은 석(奭)이다. 성왕 때에 태보(太保)로 주공을 도와 정치를 잘하였다. 성왕 즉위 시에 주공은 태사(太師)가 되고, 소공은 태보가 되어 성왕을 돕는데 기쁜 기색이 아니었다. 이에 대한 여러 설이 있지만 한 가지는 성왕이 어리므로 주공이 섭정을 하였는데 어린 성왕을 밀어내고 주공이 천조(踐阼 : 임금의 자리에 오르는 것)할까 의심을 하였다. 이에 주공이 군필(君弼 : 서전의 편명으로 소공에게 힘을 합해 정치할 것을 바란 글)을 지어 힘을 합해 천하를 다스리자고 하였다.

4 南子(생몰연대 미상) : 남자는 춘추시대 위령공(衛靈公)의 부인으로 이부인(釐夫人)이라고도 하는데 음행(淫行)이 있었다. 태자인 괴외(蒯聵)와 불화하여 기원전 496년 괴외가 남자를 죽이려다가 이루지 못하고 진(晋)나라로 도망을 갔다. 기원전 495년 공자(孔子)는 위나라에 있었는데 남자가 사람을 시켜 공자에게 말하기를, 「사방의 군자들은 우리

군주와 형제처럼 지내려 하면 반드시 그 부인을 만납니다. 부인으로서 뵙기를 원합니다.」 하니, 공자는 사양하다가 부득이 만났다. 부인은 휘장 안에 있었는데 공자는 문에 들어가 북쪽을 향하여 절을 하자 부인도 휘장 안에서 답례하였는데 허리에 찬 구슬 장식이 맑고 아름다운 소리를 내었다. 돌아와서 공자는 말씀하시기를 「나는 지난번에 만나고 싶지 않았는데 만나게 되었으니 예로써 답하리라.」 하였다. 자로〔子路 : 공자의 제자로 정사에 뛰어남. 노나라 변(卞) 사람. 성은 중(仲). 이름은 유(由). 자로는 자〕가 기뻐하지 않거늘, 공자가 맹세코 말씀하기를 「내가 잘못하였다면 하늘이 싫어하리라. 하늘이 싫어하리라(予所不者天厭之 天厭之).」고 하였다. 위령공이 부인과 함께 외출할 때 공자도 따라오게 하면서 시내를 지나갔다. 공자가 말씀하기를 「나는 덕을 좋아하는 것이 색을 좋아하는 것같이 하는 자를 보지 못하였다(吾未見好德 如好色者也).」고 하였다.

5 기원전 492년 출공〔出公, ?~B.C. 456 : 위령공의 아들, 이름은 괴외(蒯聵)〕이 위령공의 뒤를 이어 위나라의 임금이 되었다. 공자는 초(楚)나라로부터 위나라에 도착하였다. 자로가 공자에게 묻기를 「위나라 임금이 스승님을 기다려서 정사를 하려 하는데, 스승님께서는 장차 무엇을 먼저 하시겠습니까?(衛君 得子而爲政 子將奚先)」 공자가 말씀하기를 「반드시 이름을 바르게 할 것이다(必也正名乎).」고 하였다. 이는 출공이 그 아비를 아비로 알지도 않고 사묘(祉廟)도 돌보지 않으므로 이름을 바르게 하겠다(正名) 하였지만 자로는 급하게 할 일도 많은데 하필 「정명(正名)인가」에 대하여 협의를 가졌었다.

해의(解義)

직(職)에는 천직(天職)과 인직(人職)이 있다. 천직이란 세상에 태어나면서 천부적으로 주어진 사람만의 도리로, 곧 효도하고 은혜를 갚으며 사랑을 나누고 자비를 베푸는 등을 말한다. 이러한 직분을 인간이 행하는 당연한 도리로 알고 실행하는 것이라면, 인직이란 세상을 살아가면서 갖게 되는 벼슬이나 여러 가지 직업, 직책을 말한다. 따라서 인간이 인간됨을 실현하는데 있어서는 인직과 천직이 필요하나 천직에 중점을 두어야 사람다워진다.

의를 생명보다 소중하게 여겨야 한다. 의란 권력에 아부하는 것이 아니요 시류에 영합하는 것이 아니며, 역사에 오점(汚點)되는 것이 아니요 시비(평가)의 대상이 되는 것이 아니며, 이법(理法)에 위배되는 것이 아닌 지당(至當)의 도리이다. 이러한 의를 간직하고 살며 생명과 바꾸어야 할 경우를 당하여 회피하지 아니하여야 참으로 장한 의인(義人)이다.

혐의란 떳떳한 도리(常道 · 常法)에서 벗어나서 타인의 눈에 보여지고 마음에서 생각하였을 때 의혹의 거리가 제공되는 것을 말한다. 자기의 입장에서는 천지에 비추어 보고, 인간에 비추어 보고, 신명에 비추어 보아도 떳떳하다고 하지만 남의 눈에는 색안경을 쓴 것처럼 비칠 수 있다. 이것을 구차하게 변명하고 합리화시켜서 면하려고 억지를 부릴 필요는 없다.

이익이란 사람이 살아가는데 있어서 조금은 자유로울 수 있는 힘이라 할 수 있다. 돈이 많으면 쓰는데 자유로운 힘이 되고, 권력이 있으면 쓰는데 자유로운 힘이 되며, 명예가 있으면 쓰는데 자유로운 힘이 될 것이다. 그러나 이렇게 자유로운 힘도 구차하게 얻으려 해서는 안 된다. 곧 자기를 굽히고 존재를 버리면서까지 얻으려는 마음이나 생각이나 행동은 하지 않아야 한다. 반드시 이익을 당하면 의를 생각하라(見利思義)는 말씀에 어긋나지 않음이 되어야 한다. 이러한 경지에 도달한 사람을 준수하다고 할 수 있다.

第二章(제이장)은 言道不可以非正(언도불가이비정)이라.

제2장은 도란 가히 바르지 않으면 안 됨을 말한 것이니라.

3

구인지지장(求人之志章) 제3

1

즐김을 끊고 욕심을 금함은 누를 제거하려는 까닭이니라.

絶嗜禁欲은 所以除累이라.
절 기 금 욕 　소 이 제 누

즐김을 끊고 욕심을 금함은 누(憂累)를 제거하려는 까닭이니라.

주석(註釋)

1 嗜 : 즐길 기 ; 즐기거나 좋아함.

2 禁 : 금할 금 ; 하지 못하게 함, 제지함.

3 欲 : 하고자할 욕 ; 하려 함. 욕 욕 ; 칠정(七情)의 하나. 욕심. "慾"자와 통용.

4 除 : 덜 제 ; 없애버림. 폐기함. 베거나 죽여 없앰.

5 累 : 누 끼칠 루. 누 루 ; 폐. 무고, 걱정. 우환을 끼침. 허물. 죄. 탈. 묶을 루 ; 결석함. 연할 루 ; 연결함. 관련함.

장주(張註)

人性이 清淨하야 本無係累나 嗜欲所牽에 捨己逐物이
인성 청정 본무계루 기욕소견 사기축물

니라.

사람의 성품이 맑고 고요하여 얽매이고 누됨이 없으나 즐김과 욕심에 끌려서 자기를 놓고 물을 쫓게 되는 것이니라.

해의(解義)

무엇인가를 즐기고 좋아하는 것은 사람이 살아가는데 있어서 당연하고 필요한 일이다. 그러나 너무 지나치게 몰입(沒入)을 하다보면 주착(住着)이 생겨서 끊고 빠져 나오기 어렵다. 예를 들자면, 마약 같이 한 번 빠져 중독되면 일생을 그르치게 된다.

사람이 사는데 의욕(意欲)이 있어야 한다. 의욕은 바로 희망이다. 희망이 끊어지면 몸은 살았지만 마음이 죽은 사람과 같다. 그러나 의욕도 지나치면 욕심(欲過慾)이 된다. 이 욕심은 이것저것 가리지 않고 취탐(取貪)하는 것으로 낚시에 고기의 입이 걸리듯이 코가 꿰어서 온갖 고초를 겪게 되는데 공인(公人)으로서의 비리(非理)가 대표적인 예이다.

그러므로 무엇이든지 과도하게 즐기거나 취하지 않아야 한다. 앞을 볼 줄 아는 사람은 상도(常道)를 넘는 기욕(嗜慾)을 끊고 금하기 때문에 항상 마음은 맑고 몸은 깨끗하며, 행동은 바르고 생각은 건전하다. 그런 사람은 조금의 근심이나 걱정이 없이 날마다 좋은 날(日日是好日)로 살아가게 된다.

2

그름을 억누르고 악을 덜어가는 것은 허물을 물리치려는 까닭이니라.

抑非損惡은 **所以禳過**니라.
억 비 손 악 　 소 이 양 과

그름을 억누르고 악을 덜어가는 것은 허물을 물리치려는 까닭이니라.

주석(註釋)

1 抑 : 누를 억 ; 힘으로 내리밂. 막음. 굽힐 억 ; 숙임.

2 非 : 그를 비 ; 옳지 아니함. 어긋날 비 ; 위배됨. 헐뜯을 비 ; 비방함. 아닐 비 ; 그렇지 아니함.

3 損 : 덜 손 ; 감소함. 삭감함. 잃을 손 ; 상실함. 상할 손 ; 잔상(殘傷)함.

4 禳 : 물리칠 양 ; 신에게 제사를 지내어 재앙을 물리침. 빌 양 ; 빎.

5 過 : 허물 과 ; 실수. 죄. 고의가 아닌 범죄. 잘못할 과 ; 과오를 범함. 부주의로 죄를 범함. 나무랄 과 ; 견책함.

6 禳過 : 신(神)을 향하여 빌어서 자기의 과실(過失)이 사라지고 제거되도

록 하는 것.

장주(張註)

禳은 猶祈禳而去之也니 非至於無抑하고 惡至於無損
양　유기양이거지야　비지어무억　악지어무손

하면 過可以無禳矣라.
과가이무양의

양은 빌어서 버리는 것과 같으니 그름을 억제할 수 없는 데까지 이르고 악을 덜 수 없는 데까지 이르면 허물을 가히 빌 데가 없나니라.

해의(解義)

우리나라 속담에 「세 살 버릇 여든까지 간다.」는 말이 있다. 이는 어렸을 때 길들여진 습관은 제2의 천성처럼 굳어져서 변화를 시키기가 대단히 어렵다는 뜻이다.

사람이란 선한 마음, 선한 행동, 선한 습관은 길러가야 한다. 그른 마음, 그른 행동, 그른 습관, 곧 악한 마음, 악한 행동, 악한 습관은 일어나거나 움직임이 있을 때마다 굳어지기 전에 끊고 버려야 한다. 그래야 뒷날 큰 그름, 큰 악을 미연에 방지할 수 있다.

만일 이렇게 미리 처리하지 않으면 더 큰 과오를 범하게 되어 가패신망(家敗身亡)이 된다. 지도인이라면 미리 보고 미리 알아서 싹이 자라고 가지가 뻗기 전에 뽑아버리고 끊어버릴 수 있는 형안(炯眼)을 가져서 하나하나 가꾸고 길러가야 한다.

공자(孔子)는 「죄를 하늘에 얻으면 빌 곳이 없다(獲罪於天 無所禱也).」고 하였다. 죄과(罪過)를 짓지 않는 것이 첫째요, 혹 부득이한 사정으로 지었던 잘못은 여러 사람에게 알려지기 전에 내면에서 뉘우침이 있어서 맑은 마음(淸心)을 가져야 한다.

3

술을 물리치고 색을 더는 것은 더럽혀짐이 없게 하려는 까닭이니라.

貶酒闕色은 所以無汚니라.
폄 주 궐 색 　 소 이 무 오

술을 물리치고 색을 더는 것은 더럽혀짐이 없게 하려는 까닭이니라.

주석(註釋)

1 貶 : 물리칠 폄 ; 배척함. 덜 폄 ; 감함. 폄할 폄 ; 깍아 말함.

2 酒 : 술 주 ; 누룩으로 빚어 만든 음료.

3 闕 : 1) "缺"과 통용함. 이지러질 궐. 이지러뜨릴 궐 ; 한 귀퉁이가 떨어짐.
2) 대궐문 궐 ; 궁성의 문. 대궐 궐 ; 궁성.

4 色 : 색 색 ; 여색. 낯 색 ; 용모. 빛 색 ; 색채. 꼴. 태.

5 汚 : 더럽힐 오 ; 더럽게 함. 더러울 오 ; 불결함. 마음이나 행실이 더러움. 오염(汚染).

장주(張註)

色敗精이니 精耗則害神하고 酒敗神이니 神傷則害精이니라.
색패정 정모칙해신 주패신 신상칙해정

색은 정기를 피폐하게 하나니 정기가 소모되면 정신을 해치고, 술은 정신을 무너뜨리나니 정신이 손상하면 정기를 해치게 되느니라.

해의(解義)

술이란 그 자체가 사람을 어지럽히는 것은 아니다. 사람이 너무 지나치게 마시기 때문에 그 술로 인하여 온갖 실수를 한다. 술이 지나쳐 모든 예의를 잃고 나아가서는 정신의 혼미와 황폐를 불러오게 된다.

색이라는 것도 인간의 삶에 있어서 남녀가 서로 의지하는 동반자의 관계로 볼 때 천지나 음양(陰陽)처럼 조화를 이룬 아름다운 모습이다. 그러나 과도(過度)하고 외도(外道)하면 정기와 정신이 손상을 입어 정상적인 인간으로 살 수 없는 폐인(廢人)이 되고 만다.

그러므로 술이나 색을 정도(正道)를 벗어나 과음(過飮)하고 남색(濫色)하면 육신은 추루(醜陋)하게 되고 아울러 정신은 혼탁(混濁)하게 된다. 주색이 지나쳐 인간성을 저버리고 금수와 다름없이 어리석고 어둠에 빠지는 일이 흔하다. 사람이 일생을 살면서 주색(酒色)에 매이게 되면 실진자(失眞者)를 면하지 못한다.

4

혐의스러움을 피하고 의혹스러움을 멀리함은 그릇되지 않으려는 까닭이니라.

避嫌遠疑는 所以不悞니라.
피혐원의 소이불오

혐의스러움을 피하고 의혹스러움을 멀리함은 그릇되지 않으려는 까닭이니라.

주석(註釋)

1 避 : 피할 피; 벗어남. 빠져감. 싫어하여 멀리함. 꺼림.

2 悞 : "誤"와 통용. 그릇할 오. 잘못할 오; 잘못을 저지름. 과오. 의혹할 오. 의혹을 받음.

장주(張註)

於跡에 無嫌하고 於心에 無疑면 事乃不悞爾라.
어적 무혐 어심 무의 사내불오이

행적에 혐의가 없고 마음에 의혹이 없으면 일이 이에 잘못되어지지 않나니라.

해의(解義)

사람은 두 종류가 있다. 바른 사람과 그른 사람, 선한 사람과 악한 사람, 이기적인 사람과 이타적인 사람 등이다. 근본적으로 지닌 품성이야 모두 성인이요 군자라고 할 수 있겠지만 인습(因習)이나 학습(學習)에 의하여 두 종류로 나누어지게 된다. 자기가 비록 바르고 선하다고 할지라도 주변이 바르고 선하지 아니하면 내가 하는 행동이나 일에 대하여 혐의와 의혹을 갖게 되고 이에 따라 나와 먼 사람도 자연 나를 의시(疑視)하게 된다.

물론 스스로 밝거나 맑거나 바르면 어떤 혐의도 따르지 않을 것이다. 그렇지 못할 경우 그림자처럼 혐의가 따라다님을 생각하여 가까운 주변에서부터 의심의 자료를 제공하지 말아야 먼 사람의 혐의를 미리 차단하는 결과를 가져온다.

원수를 다시 만날까 두려운 것처럼 혐의를 피하고 멀리하여야 과오도 범하지 않게 된다.

5

널리 배우고 간절하게 물음은 알음알이를 넓히려는 까닭이니라.

博學切問은 所以廣知니라.
박 학 절 문　소 이 광 지

널리 배우고 간절하게 물음은 알음알이를 넓히려는 까닭이니라.

주석(註釋)

1 博 : 넓을 박 ; 학식 견문 등이 많음.

2 學 : 배울 학 ; 학문을 배움, 연구함, 배워서 익힘, 모방하여 익힘. 사물의 이치를 연구하여 얻은 지식, 체계화한 지식.

3 切 : 간절히 절 ; 절실히. 중요로울 절 ; 중요함, 또 요점. 성스러울 절 ; 성실함. 온통 체 ; 전부.

4 問 : 물을 문. 물음 문 ; 질문함.

5 廣 : 넓을 광, 넓힐 광. 넓어질 광 ; 범위가 넓음. 넓게 함.

6 知 : 알 지. 앎 지 ; 깨달음. 감각함. 아는 일. 지식. 아는 작용.

7 廣知 : 지식을 확충하는 것. 자기의 지식과 견문을 추연(推衍)하고 보충(補充)하는 것.

장주(張註)

有聖賢之質하고 而不廣之以學問은 不勉故也니라.
유성현지질 이불광지이학문 불면고야

성현의 자질이 있으면서 배우고 물음을 넓게 하지 않는 것은 힘을 쓰지 않기 때문이니라.

해의(解義)

학문을 하는 것은 지식이나 기능을 풍부하게 갖춘다는 의미이다. 모르는 것, 부족한 것, 필요한 것을 스스로 연마하고 깨우치며, 때로 배우고 묻는 것이 지식을 갖추는 길이다.

배울 때에는 마음에 사량 계교를 비우고 정성스러운 자세를 갖추어 스승의 가르침을 받아야 그 가르침을 온전히 받을 수 있다. 받아들이려는 자세가 되어 있지 않을 경우 별스런 소득이 없게 된다.

묻는다는 것도 마음을 챙기고 간절한 자세로 물어야만 스승의 대답도 정답이 되어 깨우침을 받는다. 그렇지 않으면 넓은 해지(解知)를 얻기 어렵다.

그러므로 배우는 사람의 입장에서 불치하문(不恥下問)하고 불치하학(不恥下學)이다. 곧 아랫사람에게 묻기를 부끄러워하지 않고 배우기를 부끄러워하지 않아야 필요로 하는 지식이 저절로 넓혀지게 된다.

6

행동을 고상하게 갖고 말을 은미하게 하는 것은 몸을 닦으려는 까닭이니라.

高行微言은 所以修身이니라.
고행미언　소이수신

행동을 고상하게 갖고 말을 은미하게 하는 것은 몸을 닦으려는 까닭이니라.

주석(註釋)

1 高 : 높을 고;존귀함. 속되지 아니함. 무사함. 뛰어남. 존숭함.

2 行 : 행실 행;품행. 행위. 바른 행동.

3 微 : 은밀할 미;비밀. 숨길 미;은익함. 정묘할 미;아주 묘함.

4 修 : 닦을 수;깨끗이 함. 배워서 몸을 닦음. 다스릴 수;사물을 잘 가다듬음. 고침. 잘 처리함.

5 身 : 몸 신;자기. 자기 몸. 신체.

6 修身 : 자기 품덕수양(品德修養)의 제고를 위하여 노력하는 행위.

장주(張註)

行欲高而不屈하고 言欲微而不彰이라.
행 욕 고 이 불 굴　　　언 욕 미 이 불 창

행동을 고상하게 하여 굽히지 않고, 말을 은미하게 하여 드러나지 않아야 하나니라.

해의(解義)

몸과 마음을 닦는 것은 자기의 품덕(品德)을 잘 가꿈에 있다. 천부적으로 받아서 지니고 있는 본연의 품성을 물들거나 매이거나 섞이거나 미혹(迷惑)되지 않도록 늘 돌아보고 챙겨서 중력(重力)이 생기고 온화(溫和)가 풍겨 나오도록 해야 한다.

그러기로 하면 쉽게 나타나는 행동을 조심하고 말을 삼가야 한다. 행동을 하되 권세나 무력이나 부귀에 끌리고 굽힘이 있어서는 안된다. 정도를 밟아 나갈 때 경솔한 행동이나 오점이 남지 않는다.

말에 있어서도 허풍을 떨거나 거짓을 꾸미고 이간을 시키거나 한 입에 두 소리가 나와서는 안된다. 항상 음성을 낮추고 꼭 필요로 하는 말과 상황에 맞는 단어를 선택하여 구사해야 한다.

윗사람일수록 자기 말과 행동을 자기가 책임을 져서 주위 사람들에게 신뢰와 바람이 무너지지 않도록 해야 한다. 옛말에 「남아일언중천금(男兒一言重千金)」이라 하였으니, 말 한마디가 천금보다 값이 더 나가도록 해야 한다. 「일행분고락(一行分苦樂)」이라, 한 번의 행동에서 즐거움과 괴로움, 곧 극락과 지옥이 갈리게 됨을 알아서 처신해야 한다.

7

공경하고 검박하고 겸손하고 검속하는 것은 자신을 지키려는 까닭이니라.

恭儉謙約은 所以自守니라.
공검겸약　소이자수

공경하고 검박하고 겸손하고 검속(檢束)하는 것은 자신을 지키려는 까닭이니라.

주석(註釋)

1 恭 : 공손할 공 ; 공경하고 공손한 태도가 용모나 동작에 나타남. 삼감. 근신함. 조심함.

2 儉 : 검소할 검 ; 검약함. 넉넉지 못할 검. 적을 검.

3 謙 :겸손할 겸 . 사양할 겸 ; 제 몸을 낮춤. 남에게 양보함. 겸허(謙虛).

4 約 : 1) 묶을 약 ; 동임. 결합함. 합침. 단속함. 맺을 약 ; 약속함.
2) 전속(纏束), 검속(檢束). 검속이란 "구속(拘束)"하는 것이요, "약속(約束)"한다는 뜻이다.
3) 검소할 약. 검소 약 ; 질소(質素)함.

해의(解義)

공경이란 삼가고 조심한다는 뜻이다. 남을 대하여 공경하고 공손한 태도와 삼가고 조심하는 행동을 하면 스스로 하천하게 보이지 않는다.

검박이란 들어오는 것을 헤아려서 쓰는데 주의하는 것이다. 수입은 없이 지출만 하거나 일에 게으름을 피우면 수입이 감소되어 가난을 벗어날 수가 없다.

겸허란 겸양하고 비우자는 뜻이다. 《서경》에 보면 「가득하면 덞을 부르고 겸손하면 이익을 받는다(滿招損 謙受益).」 하였다. 겸양으로 한 발 물러서고 겸허로 속을 비워야 두 발 나아가고 속도 채워진다.

검약(儉約)이란, 곧 검속(檢束)한다는 뜻이다. 검속이란 자행자지할 수 없도록 행동을 스스로 단속하고 묶는다는 의미이다. 행동하기 이전을 잘 살피고 억제하여 방종으로 흐르지 않도록 하고 마음 또한 항상 챙기고 대중하여 청심(淸心)을 지니는 것이다.

이렇게 하면 불의(不義)와 부정(不正)과 불법(不法)과 불행(不幸)에 빠지지 않고 능히 자기를 잘 지킬 수 있다. 이 세상에 무엇보다도 자신을 잘 지키고 갈무리하는 것이 무엇보다 중요한 일이다.

8

계획을 깊게 하고 생각을 멀리함은 궁색하지 않도록 하려는 까닭이니라.

深計遠慮는 所以不窮이니라.
심 계 원 려 　 소 이 불 궁

계획을 깊게 하고 생각을 멀리함은 궁색하지 않도록 하려는 까닭이니라.

주석(註釋)

1 深 : 깊을 심 ; 깊숙함. 정미(精微)함. 중(重)함. 후함. 깊이 숨김. 감춤.

2 計 : 꾀 계 ; 책략. 계획. 경영. 꾀할 계 ; 책략과 계획을 세움.

3 慮 : 생각 려 ; 사유(思惟). 생각할 려 ; 사례함. 꾀할 려 ; 묘책을 세움.

4 窮 : 궁할 궁 ; 막힘. 처리할 도리가 없음. 곤란함. 궁지에 빠짐. 궁색함.

장주(張註)

管仲之計는 可謂能九合諸侯矣나 而窮於王道[1]하고 商
관 중 지 계 　 가 위 능 규 합 제 후 의 　 이 궁 어 왕 도 　 상

鞅之計는 可謂能强國矣나 而窮於仁義[2]하고 弘羊之計
앙 지 계 가 위 능 강 국 의 이 궁 어 인 의 홍 양 지 계

는 可謂能聚財矣나 而窮於養民[3]이니 凡有窮者는 俱非
가 위 능 취 재 의 이 궁 어 양 민 범 유 궁 자 구 비

計也니라.
계 야

관중의 계획은 능히 제후를 규합하였으나 왕도에는 궁색하였고, 상앙의 계획은 나라를 강성하게 하였으나 인의에는 궁색하였고, 홍양의 계획은 능히 재물을 모으게는 하였으나 백성을 기르는 데는 궁색하였으니, 무릇 궁색함이 있다는 것은 모두 그른 계획이니라.

주해(註解)

1 관중(管仲, ?~645)을 제환공(齊桓公)이 중부(仲父)로 삼았다. 이에 관중은 「임금께서는 패도를 하여야 임금노릇을 할 수 있고 사직도 안정이 된다(君霸王 社稷定).」고 하여 패도하기를 권장하였다. 또 제나라는 「땅덩어리가 크고 나라가 부유하며 사람이 많고 군대가 강력하다(地大國富 人衆兵强).」고 하여 나라를 한 계열로 다스리도록 하였다. 또 「제후들이 합하면 강해지고 외톨이가 되면 약하다(諸侯合則强 孤則弱).」 하여 규합을 주장하였다.

따라서 「제후를 규합하여 한 번에 천하를 바로 잡아야 한다(九合諸侯 一匡天下).」고 주장하였으니, 이를 보면 관중은 「패업은 이루었으나 왕도는 하지 못했다(可以霸而不可以王).」라고 할 수 있다.

2 상앙(商鞅, ?~B.C. 338)을 진효공(秦孝公)이 좌서장(左庶長)으로 삼으니 상앙이 변법(變法)을 제정하였다. 그리하여 경직(耕織)을 장려하고 생산을 많이 한 사람은 요역(傜役)을 면하게 하며 세습적인 특권을 제거하고 좌법(坐法)을 시행하며 정전제(井田制)를 폐지하고 부세법(賦稅法)을 고치며 토지를 매매할 수 있도록 하고 도량형(度量衡)을 통일하는 등 진나라가 부강할 수 있는 기틀을 10여 년에 걸쳐서 마련하였다. 그러나 나라의 기초를 물질적인 부강에만 두고 인정(仁政)을 베풀지 않았다. 즉 그는 법 우선 정책으로 나라는 부유하여졌지만 백성들 사이에서는 서로 경계하게 되고 원망하는 마음이 커졌으며 상앙 자신도 법과 힘에 의하여 권력을 유지하다가 효공이 죽은 뒤에 귀족들의 모함을 입어 사지가 찢겨지는 죽음, 곧 거열형(車裂刑)을 당하였다.

3 상홍양(桑弘羊, B.C. 152~B.C. 80)은 한나라 낙양(洛陽) 사람으로 성은 상(桑)이요, 이름은 홍양(弘羊)이다. 한무제(漢武帝)의 신임을 받아 치속도위(治粟都尉)가 되고 이어 영대사농(領大司農)이 되었다. 이에 소금과 쇠와 술 등을 관에서 전매토록 하며 평준법(平準法)을 만들어서 왕실을 부유하게 하였다. 또한 균수법(均輸法)을 써서 쌀 때 물건을 사들였다가 비쌀 때 팔고 또 무역업을 공제(控除)하여 재정적인 면에서는 부를 쌓았다. 그러나 관리들을 장사에 힘쓰도록 하다 보니 백성들을 위한 업무에 소홀히 하였고 잦은 이민족 침략과 왕실의 사치로 정작 백성들을 먹이고 입히고 기르는 데는 인색하였다.

해의(解義)

어떠한 계획을 세울 때에는 오랜 시간을 두고 깊이 생각하여 수립해야 한다. 그래야 만대의 법이 되고 표준이 될 수 있다. 만일 그 당시에만 맞거나 권력자 몇 사람을 위하여 법을 마련하면 한 시대가 바뀌어도 맞지 않는 법이 되고, 당시에 법을 주도하였던 사람은 곤욕을 치르고 재앙을 받게 된다.

관중, 상앙, 홍양은 그 당시에 임금의 신임을 받아 부귀와 권력을 한 손아귀에 쥐고 임금 이상으로 당대를 좌지우지하던 재상들이다. 그들이 법을 제정하고 시행할 당시에는 모든 백성들의 환영을 받는 듯하고 중앙정부도 튼튼하였지만 정말 백성들을 위하는 대경대법(大經大法)의 안목이 부족하였으므로 그들의 후원자인 임금이 죽게 되자 모두 어려움을 당하였다.

이렇게 보면 위정자들은 대법대계(大法大計)를 세우고 국민을 위한 제도를 마련할 때에 반드시 여러 방면으로 장고(長考)하여 결론을 내려야 한다. 그러지 않으면 뒷날 비난의 대상이 되고 곤궁에 처해 속수무책(束手無策)이 되며 역사의 출척(黜陟) 대상이 되고 말 것이다.

9

어진 이를 친히 하고 곧은 이를 벗하는 것은 넘어지는 것을 붙잡으려는 까닭이니라.

親仁友直은 所以扶顚이니라.
친인우직 소이부전

어진 이를 친히 하고 곧은 이를 벗하는 것은 넘어지는 것을 붙잡으려는 까닭이니라.

주석(註釋)

1 友 : 벗 우. 벗할 우 ; 친구. 교유함. 우애 있을 우.

2 直 : 곧을 직 ; 굽지 아니함. 바름. 바로잡을 직 ; 잘못된 것을 바르게 함. 곧게 할 직 ; 굽은 것을 폄.

3 扶 : 붙들 부 ; 넘어지지 않도록 붙듦. 부축함. 도울 부 ; 조력함. 구원함.

4 顚 : 넘어질 전. 넘어뜨릴 전 ; 걸리거나 헛디디어 넘어짐.

5 扶顚 : 부란 "붙잡는다" 또는 "지지(支持)한다"는 의미이고, 전은 "넘어진다, 거꾸러진다"는 뜻이다. 즉 넘어지려는 상황, 곧 위험(危險)하고

고난(苦難)스럽고 멸절(滅絕)의 상태에서 붙잡아 일으켜져 지탱이 된다는 의미이다.

장주(張註)

聞譽而喜者는 不可以友直이라.
문 예 이 희 자 　 불 가 이 우 직

기림을 듣고 기뻐하는 사람은 가히 정직한 이를 벗할 수 없나니라.

해의(解義)

평소에 어질고 지혜가 있는 사람을 친하고 가까이 하며 바르고 옳은 사람을 사귀는 것은 바람직한 일이다. 그 사람들이 현인(賢人)이요 군자(君子)이기도 하지만 자신의 처지가 어려울 때 도움이 되고 구제가 되기 때문이다.

사람이 세상을 살다 보면 즐겁고 기쁜 때도 많이 있지만 어렵고 옹색한 처지 또한 있게 마련이다. 어렵고 옹색한 처지에서 스스로 헤쳐나갈 힘이 있다면 좋겠지만 그렇지 못할 경우 무엇인가를 붙잡고 빠져 나와야 한다. 마치 물에 빠진 사람처럼 구제의 손길이 뻗히지 않으면 나락으로 떨어지고 만다.

평소에 어질고 지혜롭고 옳고 곧은 군자나 지사(志士)들을 친근히 하면 위난(危難)을 당할 경우에 건져 올림을 받게 되고 인생의 상담자가 된다. 그것이 세상을 살아가는 길목에 안식처를 마련하는 길이다.

10

가까이에 관대하고 돈독한 행실은 사람을 접대하는 까닭이니라.

近恕篤行은 所以接人이니라.
근 서 독 행 　 소 이 접 인

가까이에 관대하고 돈독한 행실은 사람을 접대하는 까닭이니라.

주석(註釋)

1 恕 : 어질 서 ; 남의 정상을 잘 살펴 동정함. 어진 마음. 동정심. 용서할 서 ; 관대히 보아 줌.

2 篤 : 도타울 독 ; 인정이 많음. 전일함. 열심임. 성의가 있음. 두터이 할 독 ; 견고하게 함.

3 接 : 사귈 접. 가까이할 접 ; 가까이 감. 대접할 접 ; 대우함.

4 接人 : 예의를 다하여 어진 하사(下士)를 접대하는 것.

장주(張註)

極高明[1]而道中庸[2]은 聖賢之所以接人也니 高明者는 聖賢之所獨이요, 中庸者는 衆人之所同也라.
극고명 이도중용 성현지소이접인야 고명자 성현지소독 중용자 중인지소동야

높고 밝음을 다하고 중용을 걸음은 성현들이 사람을 접대하는 방법이니 고명하다는 것은 성현들만이 홀로 하는 바이요, 중용이라는 것은 뭇 사람이 함께 하는 바이니라.

주해(註解)

1 고명(高明): 1) 높고 탁 트임.
2) 식견이 높고 명석함.
3) 뜻이 고상하고 사리에 밝음.

2 중용(中庸) : 과불급(過不及)이 없는 중정(中正)의 도.

해의(解義)

용서를 받기보다는 용서를 해주고, 관대를 받기보다는 관대를 베풀어야 한다. 사람이 피동적이기보다는 자발적으로 행동하여 항상 자기의 뒤를 돌아보며 걸어가야 한다.

자기 자신을 자기가 살펴서 어리석고 욕심내고 아부하고 이익이나 좇는 방향으로 마음이 나올 때 한번 멈추고 가다듬어 자신에게 채

찍을 가해야 한다.

이러한 마음가짐을 바탕하여 사람을 사귀고 대우하되 특히 나보다 못한 사람을 대우할 줄 아는 것이 참으로 대접을 받는 요건이 된다. 남을 대하여 어떠한 허물이 보일 때 용서하고 덮어 주며 은혜를 나누고 자비를 베풀어서 포용의 가슴을 펴야 사람들이 그 안으로 들어오게 된다.

밝은 슬기를 가져야만 중용의 도를 실현할 수 있는 것이다. 또한 지혜를 가진 현자라야 많은 사람을 인도하는 등불이 되고 길잡이가 된다. 그러므로 샘처럼 솟아나는 지혜의 천공(穿孔)을 뚫는데 투자를 해야 한다.

11

재주대로 맡기고 능력대로 부림은 업무를 이루려는 까닭이니라.

任材使能은 所以濟務니라.
임재사능 소이제무

재주대로 맡기고 능력대로 부림은 업무(業務)를 이루려는 까닭이니라.

주석(註釋)

1 任 : 맡길 임;일을 맡김. 관직을 수여함. 당할 임;당해냄.

2 材 : 재주 재;지능. 才와 같음. 자품 재;성질.

3 使 : 부릴 사;일을 시킴. 사신 사;임금의 명령을 받아 일에 당하는 사람. 심부름 보낼 사.

4 能 : 재능 능;일을 잘 하는 재주. 재능이 있는 사람. 능할 능;능히 함. 능히 능;일에 가당하게. 능력 능.

5 濟 : 이룰 제;성취함. 건질 제;구제함. 건널 제;물을 건냄. 도울 제;원조함. 힘쓸 제;힘써 함.

6 務 : 일 무;힘써 하는 일. 사업, 직책. 힘쓸 무;힘써 함.

7 濟務 : 제란 "유익(有益)" 또는 "유리(有利)"의 뜻이요, 무란 "입신행사(立身行事)의 근본(根本)"이라는 뜻이다. 종합하여 말하자면 "유익이 되는 큰일을 성취하는 근본"이라는 의미이다.

장주(張註)

應變之謂材요, 可用之謂能이니 材者는 任之而不可使요, 能者는 使之而不可任이니 此는 用人之術也라.
응변지위재 가용지위능 재자 임지이불가사 능자 사지이불가임 차 용인지술야

변화에 적응하는 것을 재주라 이르고, 쓰는데 좋은 것을 능력이라 이른다. 재주 있는 사람은 맡기기는 하지만 부릴 수는 없고, 능력 있는 사람은 부리기는 하지만 맡길 수는 없는 것이니 이것이 사람을 부려 쓰는 방법이다.

해의(解義)

맡겨야 할 사람과 부려야 할 사람이 있다. 맡겨야 할 사람은 특별한 재주는 가지지 않았더라도 덕망(德望)과 품격(稟格)을 갖추어 사람의 추앙을 받고 대중을 통솔할 능력이 있는 사람이요, 부려야 할 사람은 특출한 재주를 가져서 일가견을 이뤘거나 다재다예(多才多藝)하여 어떤 일이든지 소화하는데 무리가 없는 사람이다.

국가경영이나, 기업경영이나, 사람을 선발하는 것이 무엇보다 중

요하다. 또한 선발한 사람에게 재주와 능력을 따라 일을 주어서 갖춰진 실력을 발휘하게 해야 한다. 오직 사람만이 일을 할 수 있기 때문에 사람을 적재적소에 두고 일을 하도록 함으로써 보람과 이익을 얻도록 하고, 개인이나 집단에 장구한 발전이 되도록 해야 한다. 사람을 잘 쓰고 못씀에 따라서 승패(勝敗)가 갈린다. 기능과 지혜를 잘 구분하고 술수와 도의를 잘 구별하여 사람을 부리기도 하고 맡겨도 주어야 한다.

그러므로 「사람을 선발하였으면 의심하지 말고, 의심하였으면 선발하지 말며, 사람을 선발하였으면 일을 맡기고, 일을 맡겼으면 간섭하지 말라(選人莫疑 疑人莫選 擇人任事 任事勿干).」고 하였다.

12

악을 미워하고 참소를 물리침은 어지러움을 그치게 하려는 까닭이니라.

癉惡斥讒은 所以止亂이니라.
단악척참　소이지란

악을 미워하고 참소를 물리침은 어지러움을 그치게 하려는 까닭이니라.

주석(註釋)

1 癉 : 미워할 단. 괴롭힐 단;고통을 줌. 병들 단;앓음.

2 癉惡 : 악을 미워한다는 뜻으로, 악한 사람(惡人)이나 악한 행동(惡行)을 미워한다는 의미이다.

3 斥 : 물리칠 척;배척함.

4 讒 : 헐뜯을 참;헐뜯어 말함. 참소 참.

5 斥讒 : 참영(讒佞). 참언(讒言). 비방(誹謗). 이간(離間)을 물리친다.

장주(張註)

讒言惡行은 亂之根也니라.
참언악행　난지근야

참소하는 말과 악한 행동은 난리(亂離)의 뿌리가 되나니라.

해의(解義)

《서경》에 「창선단악(彰善癉惡)」이라는 말이 있다. 이는 「선은 드러내고 악을 미워해야 한다.」는 뜻이다. 선행을 하는 사람은 세상에다 밝혀서 그 공적이 드러나도록 하고, 악을 저지르는 사람은 미워하고 고통을 주어서 그 악행을 고치는 계기를 만들어 준다는 말이다.

참소라는 것도 죄를 지음이 없는데 죄를 만들어 씌우고 공연히 헐뜯어서 옭아매고 옥죄어 파멸로 몰아가는 것을 말한다. 악행이나 참소는 작든 크든 간에 난리를 일으키는 뿌리가 된다. 단체의 중심에 있는 사람은 귀를 기울이고 입을 막아서 중언(中言)과 중행(中行)을 밟아 난동을 미연에 방지할 수 있는 안목을 가져야 하고, 나아가 시비를 가리는 지혜를 갖추어야 한다.

13

옛날을 미루어 지금을 증험하는 것은 현혹되지 않으려는 까닭이니라.

推古驗今은 所以不惑이니라.
추고험금 소이불혹

옛날을 미루어 지금을 증험하는 것은 현혹되지 않으려는 까닭이니라.

주석(註釋)

1 推 : 밀 추 ; 밀어 올림. 밀어 올라가 캐어냄. 연유를 캐어냄. 궁구함. 옮을 추 ; 천이(遷移)함. 밀 퇴 ; 뒤에서 밂. 밀어서 줌.

2 推古 : 추란 "추상(推想)", "추구(推求)"의 뜻. 추고란 고인의 사적(事迹)에 근거하여 고인의 사상(思想)을 추구하고 고인의 득실(得失)을 유추(類推)하는 것을 말한다.

3 驗今 : 험이란 "증실(證實)", "검험(檢驗)"의 뜻. 험금이란 당대의 업적을 증실하여 당대의 득실(得失)과 성패(成敗)를 검험하는 것을 말한다.

4 惑 : 미혹할 혹; 의심이 나서 정신이 헷갈리고 어지러움. 현혹할 혹.

장주(張註)

因古人之跡하고 推古人之心하야 以驗方今之事면 豈有惑哉아.
인고인지적 추고인지심 이험방금지사 기 유혹재

옛사람의 행적에 기인하고 옛사람의 마음을 미루어 지금의 일을 증험한다면 어찌 현혹됨이 있겠는가.

해의(解義)

《논어》의 위정(爲政)에 「온고이지신(溫故而知新)」이라는 말이 있다. 「옛것을 익혀서 새 것을 안다」는 뜻이다. 오늘날의 사상이나 언사(言事)를 보면 새로운 사상이 전개되고 새로운 언사가 생긴다. 그런데 대부분은 이미 옛사람들이 부르짖었던 생각들을 현대에 맞게 각색하였고, 언사에 있어서도 옛날의 언사들이 현대에 맞게 변형 시켰을 뿐이다.

옛날에는 성자들이 많이 출현하여 사상을 넓고 깊게 펼쳤고 또 인륜의 제도를 마련하여 인생의 방향을 잡아 주었다. 그분들의 위대한 사상과 언행과 사항이 오늘날에도 그대로 표준이 되고 거울이 되고 있다.

그러므로 우리들의 생각과 말, 행동과 사상에 있어서 어긋남이 있을 경우 성현의 가르침에 비추고 증험하여 첨삭(添削)한다면 어떠한 곤혹(困惑)이나 몽폐(蒙蔽)를 받지 않고 올바르게 나아갈 수 있다.

예를 들면, 오늘날 문명(文明)이니 문화(文化)니 부르짖지만 석가모니 부처님이나 공자님의 말씀이나 사상을 넘어서지 못하고 행적을 따르지 못하고 있는 것이 불변의 사실이다.

14

먼저 헤아리고 뒤에 재는 것은 창졸함에 대응하려는 까닭이니라.

先揆後度은 所以應卒이니라.
선 규 후 탁 소 이 응 졸

먼저 헤아리고 뒤에 재는 것은 창졸함에 대응하려는 까닭이니라.

주석(註釋)

1 揆 : 헤아릴 규;상량(商量)함. 법도 규;법칙.

2 度 : 1) 잴 탁;길이를 잼. 땅을 잼. 측량함. 헤아릴 탁;촌탁함. 추측함.
2) 자 도;장단을 재는 기구. 법도 도;법칙.

3 應 : 당할 응;닥쳐오는 일을 감당함. 응당 응;생각하건대. 마땅히. 응할 응;대답함. 감통(感通)함. 따름.

4 卒 : 갑자기 졸;돌연히. 갑자기 일어나는 일. 군사 졸;병졸. 죽을 졸.

장주(張註)

執一尺之度而天下之長短이 盡在是矣니 倉卒事物之
집 일 척 지 탁 이 천 하 지 장 단 진 재 시 의 창 졸 사 물 지

來而應之無窮者는 揆度一有數也라.
내 이 응 지 무 궁 자 규 도 일 유 수 야

하나의 재는 잣대를 가지면 천하의 길고 짧음이 모두 여기에 있으니, 갑자기 사물이 올지라도 대응하여 궁색함이 없는 것은 헤아리고 재는데 법수(法數)가 있어서이니라.

해의(解義)

어떤 경우에도 실정(實情)을 먼저 헤아려 두는 것이 중요하다. 무엇이든지 그 시기와 형세, 성격과 행위를 헤아려 본 뒤에 시비이해(是非利害)를 계산해 두면 가히 어그러짐이 없이 옳고 이로움이 많고, 그르고 해로움은 적다.

세상은 어디에나 길고 짧음이 있고 옳고 그름이 있으며, 좋고 나쁨이 있고 선하고 악함이 있다. 따라서 상황의 변역(變易)을 헤아리지 못하고 있다가 어떤 경계가 갑자기 닥치면 마음이 불안하고 행동이 흔들려서 대처하기가 여간 어려운 것이 아니다.

그러므로 유비무환(有備無患)의 자세가 필요하다. 미리 준비하고 있지 않으면 돌변의 사태를 당하여 대처하기가 어려우므로 늘 연마

하고 생각하는 자세가 필요하다. 대처능력(對處能力)의 계발(啓發)이 중요하다는 것이다.

15

변법을 세우고 권도를 이루게 하는 것은 맺힘을 풀려는 까닭이니라.

設變致權은 所以解結이니라.
설변치권　소이해결

변법(變法)을 세우고 권도(權道)를 이루게 하는 것은 맺힘을 풀려는 까닭이니라.

주석(註釋)

1 設 : 베풀 설 ; 세움. 만듦. 제작함. 늘어놓음. 둠.

2 變 : 변할 변 ; 변화함. 변화 변 ; 전화(轉化). 꾀 변 ; 임시변통의 수단.

3 設變 : 변화(變化)의 변칙(變則)으로 정도(正道)의 정칙(正則)과 상대를 이루는 말이다. 즉 정칙을 쓸 수 없을 경우에 변칙을 쓰는 것을 말한다.

4 致 : 이를 치. 이룰 치 ; 성취함. 극진한 데까지 이름. 다할 치 ; 진력함.

5 權 : 1) 꾀 권 ; 묘책. 꾀할 권 ; 묘책을 씀. 권도 권 ; 수단은 정도(正道)에 맞지 아니하나 결과는 정도에 맞는 일. 임기응변의 방도(方途).

방편 권;목적을 위해 이용되는 일시적 수단.

2) 권의(權宜), 즉 시비(是非)의 경중(輕重)은 결국 형량(衡量)을 통해서 알듯이 어떤 일로 인하여 제의(制宜)하게 되는 것.

6 解結 : 그때마다 어떤 문제, 즉 사물의 변화가 맺혀 있을 경우 잘 푸는 것이 해결이다. 다시 말하면 정칙(正則)으로 풀리지 않으면 변칙(變則)을 쓰고, 경법(經法)으로 행해지지 않으면 권변(權變)을 써서 풀어내자는 것이다.

장주(張註)

有正有變하고 有權有經하니 方其正有所不能行하면
유정유변 유권유경 방기정유소불능행

則變而歸之於正也하고 方其經有所不能用이면 則權而
칙변이귀지어정야 방기경유소불능용 칙권이

歸之於經也라.
귀지어경야

정법(正法=正則)이 있고, 변법(變法=變則)이 있으며, 권도(權道=權宜)가 있고, 경도(經道=常道)가 있는 것이니 바야흐로 그 정법으로 능히 행하지 못할 바가 있으면 변법으로 해서 정법으로 돌아오게 하고, 바야흐로 그 권도로 능히 쓰지 못할 바가 있으면 권도로 해서 경도로 돌아가게 하는 것이니라.

해의(解義)

어떤 문제에 정법 · 정칙(正法正則)을 써서 그 상황을 도저히 해결할 수 없다면 부득이 변법 · 변칙(變法變則)을 써서 해결하지 않을 수 없다. 그 문제를 꼭 해결해야만 여러 사람을 이익주고 많은 사람을 살릴 경우, 정도로는 돌파하기가 어려울 때 어쩔 수 없이 변칙으로 처리하여 지선(至善)에 이르게 하는 것이다.

또 경도 · 상도(經道常道)를 써서 그 상황을 도저히 다스릴 수 없다면 부득이 권도 · 권의(權道權宜)를 써서 목적에 도달하지 않을 수 없다. 그 목적을 꼭 이루어야만 여러 사람에게 혜택을 입히고 많은 사람이 구제가 되어질 경우, 상법으로는 돌파가 어려울 때 어쩔 수 없이 권도로 처리하여 지화(至和)에 이르게 하는 것이다.

그러나 몇 사람의 구제를 위하고 집단만의 이익을 위하여 변칙을 쓰거나 권도를 쓰는 것은 문제를 해결하고 목적을 달성하는 방법으로 옳지 못하다. 그것은 문제와 목적을 옭아매고 얽히게 하여 더 큰 격랑을 야기(惹起)시키는 것이기 때문이다. 어디까지나 대중과 정의를 위하여 마지못해 한번쯤 써야지 자주 쓰면 독재가 되고 악법이 되어 지탄의 대상이 되고 마는 것임을 알아야 한다.

16

주머니의 끈을 묶고 모음에 순응하는 것은 허물을 없게 하려는 까닭이니라.

括囊順會는 所以無咎니라.
괄 낭 순 회 　소 이 무 구

주머니의 끈을 묶고 모음에 순응하는 것은 허물을 없게 하려는 까닭이니라.

주석(註釋)

1 括 : 묶을 괄;결속함. 단속함. 검속함. 담글 괄. 쌀 괄;속에 널고 두름.

2 囊 : 주머니 낭;자루 또는 지갑. 주머니에 넣을 낭.

3 括囊 : 괄낭이란 주머니[포대(包袋)]의 주둥이를 꽉 묶는다는 뜻으로, 신밀(愼密)함을 비유하여 말하는 것이다. 다시 말하면 가볍고 쉽게 발설(發說)하지 않는다는 의미이다.

4 順 : 좇을 순;들음. 청종(聽從)함. 도리에 따름. 복종함 또 따르는 사람.

5 會 : 만날 회;만남. 모일 회. 모을 회. 모임 회;회합. 모임.

6 咎 : 허물 구;죄과. 재앙 구;재화. 미워할 구. 미움 구;증오.

장주(張註)

君子一語默以時하고 出處以道하야 括囊而不見其美하고 順會而不發其機는 所以免咎라.

군자 어묵이시 출처이도 괄낭이불견기미 순회이불발기기 소이면구

군자는 말하고 침묵함을 때로써 하고, 나아가고 머물기를 도로써 하여 주머니의 끈을 묶어 그 아름다움(잘함)을 나타내지 아니하고, 순하게 모여서 그 기틀(機微)을 발동하지 않는 것은 허물을 면하려는 이유이니라.

해의(解義)

사람이 말을 하기보다는 침묵을 지키기가 더 어렵다. 어떤 사태를 당하여 쉽게 보는 것은 눈으로 하고, 바로 말하는 것은 입으로 한다. 입이란 항상 벌려지려고 하므로 주머니를 묶듯 꽉 다물어서 쉽게 말하고 가벼이 열려지지 않도록 해야 한다. 때에 어긋나지 않게 말을 할 수 있는 내면의 무게를 가져야 하고, 꼭 해야 할 말을 하되 자기 자랑이나 능력을 함부로 드러내서는 안 된다.

우리가 만나거나 모이는데 있어서 그 모임의 주장이 되는 사람의 마음에 순응할 줄 알아야 한다. 설령 자기의 뜻이 있다고 하더라도

그 사람의 뜻이 상도에 벗어나지 않는다면 자기의 의견을 감추고 순종한다.

아랫사람이 되고 또 주관자도 아닌 사람이 함부로 입을 열고 뜻을 개진하여 미움을 받게 되면 작은 허물이라도 제재를 면하기 어려운 것이다. 그 지혜를 숨기고 그 기미를 담아둘 줄 알아야 인물이다.

그러므로 군자의 심법(心法)을 가져서 때가 되어 말하고 상도가 익어 움직이며 자의(自意)를 숨기고 기미를 감추어야 허물됨으로부터 벗어나게 된다. 세상과도 충돌함이 없이 생을 엮어가는 것도 거기서 가능해진다.

17

요동하지 않고 정직한 것은 공적을 세우려는 까닭이니라.

> 橛橛梗梗은 所以立功이니라.
> 궐궐경경 소이입공

요동(搖動)하지 않고 정직(正直)한 것은 공적을 세우려는 까닭이니라.

주석(註釋)

1 橛 : 말뚝 궐;땅에 박은 말뚝. 등궐 궐;구루터기의 몸.

2 橛橛 : 서서 요동하지 않는 모양.

3 梗 : 곧을 경;정직함. 굳셀 경;강맹(强猛)함.

4 梗梗 : 정직한 모양.

5 功 : 공 공;공적. 힘을 들여 이룬 결과. 보람 공;효험. 일 공;직무, 사업.

장주(張註)

橛橛者는 有所恃而不可搖요, 梗梗者는 有所立而不
궐궐자 유소시이불가요 경경자 유소입이불

可撓라.
가 요

궐궐한 것은 믿는 바가 있어서 흔들리지 않는 것이요, 경경한 것은 세운 바가 있어서 구부러지지 않는 것이니라.

해의(解義)

개인과 단체는 분명히 다르다. 한 사람의 힘과 여러 사람인 단체의 힘도 다르며, 한 사람을 믿고 의지하는 것과 단체를 믿고 의지하는 것이 또한 다르다. 아무리 잘난 사람이라고 하더라도 혼자서는 모든 일을 할 수 없다. 반드시 대중 가운데 처하되 자기의 의지와 신념을 굽히거나 흔들림이 없이 지주(支柱)가 되어 있어야만 여러 사람이나 단체가 믿음을 갖고 따르며 의지하고 섬기는 것이다. 자기중심을 잡고 지키는 것이 중요하다.

정직한 사람은 그 뜻이 굳세고 발라서 불의(不義)와 부정(不正)한 방법으로는 그 뜻을 꺾고 굽힐 수 없다. 고상한 품성을 가진 사람은 누구와 야합을 하거나 아첨을 않기 때문에 비록 윗사람이라도 부당한 방법에는 맞서서 자기의 고풍(高風)과 절조(節操)를 끝까지 지켜내게 된다.

그러므로 공심(公心)을 가지고 흔들리거나 굽힘이 없는 사람은 그대로 세상을 이익 주고 세상을 고쳐 가는 공덕주가 되는 것이다.

18

부지런하고 착실함은 마침을 보전하려는 까닭이니라.

孜孜淑淑은 所以保終이니라.
자 자 숙 숙　소 이 보 종

부지런하고 착실함은 마침을 보전하려는 까닭이니라.

주석(註釋)

1 孜 : 부지런할 자. 힘쓸 자 ; 부지런히 힘쓰는 모양.

2 孜孜 : 1) 부지런한 모양. 쉬지 않고 힘쓰는 모양.
2) 노력하여 게으르지 않는 것, 즉 부지런하여 게으르지 않는 것.

3 淑 : 착할 숙 ; 선량함. 정숙함. 맑을 숙. 아름다울 숙.

4 淑淑 : 1) 착한 모양, 맑고 아름다운 모양.
2) 아름답고 좋고 착한 것, 즉 미지우미(美之又美)

5 保 : 보전할 보 ; 보호하여 안전하게 함. 지킬 보 ; 의지하여 수비함. 편안할 보 ; 편함.

6 終 : 끝 종 ; 마지막. 마칠 종 ; 성취함. 완료함. 죽음.

장주(張註)

孜孜者는 勤之又勤하고 淑淑者는 善之又善이니 立功은 莫如有守요, 保終은 莫如無過也라.
자자자 근지우근 숙숙자 선지우선 입공 막여유수 보종 막여무과야

자자란 부지런하고 또 부지런한 것이요, 숙숙은 착하고 또 착한 것이니 공을 세움은 지키는 것보다 더함이 없고 마침을 보전함은 허물없는 것보다 더함이 없는 것이니라.

해의(解義)

사람이 모든 면에서 아름답게 끝을 맺기는 어렵다. 이 끝이란 일시적으로 올 수도 있고 많은 시간을 두고 올 수도 있다. 이 가운데서 가장 중요한 끝은 이 세상을 하직하는 「죽음」이라고 할 때, 과연 어떻게 살아야 사람들의 손가락질이나 비웃음을 받지 않고 마칠 수 있을까?

옛 선인의 말씀을 들어보면, 「사람이 한 세상을 살고 갈 때에 의(義)가 유여(有餘)하여야 하며, 덕(德)이 유여하여야 하며, 원(願)이 유여하여야 한다.」고 하였다. 이렇게 볼 때 평소의 삶이 정의를 실천하고 덕을 베풀며 희망을 가지고 구김살 없이 살아야 보람 있는 삶을 엮는 것이라고 할 수 있다.

만일 부귀 · 권세 · 명예 등을 좇아서 살다보면 생(生)이 찢겨지고

잡된 물이 들어서 무엇으로도 꿰맬 수 없고 표백할 수 없는 지경에 도달하고 만다.

늘 부지런하고 순수하며 착하고 아름답게 살아서 여생을 보전하고 천년(天年)을 가꾸어가기에 힘써야 한다.

第三章(제삼장)은 言志不可以妄求(언지불가이망주)라.

제3장은 뜻이란 망령되게 구해서는 안 됨을 말한 것이니라.

4

본덕종도장(本德宗道章) 제4

1

무릇 마음에 뜻을 세우고 행실을 돈독히 하는 방법이란?

夫志心篤行之術은
부 지 심 독 행 지 술

무릇 마음에 뜻을 세우고 행실을 돈독히 하는 방법이란?

주석(註釋)

1 志 : 뜻 지 ; 본심. 본의. 의향(意向). 감정. 희망. 절개.

2 術 : 길 술 ; 방법. 수단. 꾀 술 ; 계략. 업 술 ; 일. 방법. 사업. 학문. 기예. 도리. 모략(謀略).

해의(解義)

이 장에서는 주로 굳센 의지를 세우고 두텁게 행동하는 방법에 대해 말하였다.

사람이 올바른 뜻을 세우는 것은 매우 중요하다. 뜻이 굳고 중심이 서야 결과도 크고 완전하게 이루어지기 때문이다. 작고 보잘 것 없는 희망이면 쉽게 이루어 자족(自足)하므로 안주하여 진취와 발전이 없는 것이다.

행동하는 것도 무겁고 믿음직하며 정직하고 단아한 모습을 지내야 한다. 가볍고 촐랑대고 굽고 천박하게 움직이면 결국 하품(下品)의 인생이 되어 전시와 멸시를 받게 된다.

만물의 영장으로 이 세상에 온 인간이라면 원대한 희망과 굳센 의지로 맑고 밝고 바름을 지니고 행동해야 한다. 그래야 세상에 나약하고 유약한 사람들의 표준이 되고 동반자가 될 수 있다.

2

우수하다는 것은 널리 꾀하는 것보다 더 나음이 없음이니라.

長莫長於博謀니라.
장 막 장 어 박 모

우수하다는 것은 널리 꾀하는 것보다 더 나음이 없음이니라.

주석(註釋)

1 長 : 나을 장;우수함. 맏 장;첫째. 우두머리 장;수령. 클 장;거대함. 나아갈 장;전진함. 더할 장;늚.

2 莫 : 말 막;해서는 안 된다, 하지 말라는 금지의 말. 하지 않는다. 없을 막;있지 아니함.

2 謀 : 물을 모;상의함. 꾀 모;계략. 술책. 계략을 세움. 생각함. 계획.

4 博謀 : 박이란 크다 또는 풍부하다는 뜻이요, 모란 계모책략(計謀策略)이라는 뜻이다. 즉 광범하게 의견을 묻고 정미(精微)하게 계모(計謀)를 결정하는 것을 말한다.

장주(張註)

謀之欲博이라.
모 지 욕 박

꾀는 넓게 하려 함이라.

해의(解義)

세상을 살면서 어떤 일에 대하여 계획을 세워 실현하고자 할 때에는 여러 사람에게 의견을 묻고 방법을 상의하여 제일로 정미(精微)한 의견을 취택해야 한다. 만일 자기의 알음알이나 경험이 풍부하지도 않는데 정치하지 못한 계획을 세워 자기의 고집대로 감행한다면 실패할 확률이 높아진다. 묻고 배우고 의견을 수렴하여 제일 좋은 계책을 뽑아 실현하는 것이 으뜸가는 방도라는 말이다.

그러므로 묻고 배우는데 부끄럼이 없이 나의 지견과 역량을 키워서 세상을 위하여 활용해야 한다. 선병자의(先病者醫)라는 옛말처럼 늘 지도를 받아서 계책을 세워서 실천해야 후회함이 줄어든다.

3

편안하다는 것은 욕됨을 참는 것보다 더 편안함이 없음이라.

安莫安於忍辱이라.
안 막 안 어 인 욕

편안하다는 것은 욕됨을 참는 것보다 더 편안함이 없음이라.

주석(註釋)

1 安 : 편안할 안; 마음 편함. 위태롭지 않음. 잘 다스려짐. 안존할 안; 침착하고 조용함.

2 忍 : 참을 인; 견딤. 용서함. 어려운 것을 참고 힘씀. 차마 못할 인; 딱하여 차마 못함.

3 辱 : 욕보일 욕; 수치를 당하게 함. 욕볼 욕; 수치를 당함. 욕 욕; 수치. 불명예. 모멸.

4 忍辱 : 욕됨을 참다. 일시에 굴욕(屈辱)을 받더라도 먼 훗날을 기약하고 그 굴욕을 참아내는 것을 말한다.

장주(張註)

至道曠夷하니 何辱之有리요.
지 도 광 이　　하 욕 지 유

지극한 도는 넓고 평이하니 어찌 욕됨이 있으리요.

해의(解義)

인욕(忍辱)이란 굴욕을 받으면서도 참아낸다(忍受屈辱)는 뜻이다. 사람이 안분(安分)한다는 것은 주어지는 여건에 의하여 저절로 안분이 되는 수도 있겠지만 어찌 사람이 사는데 좋은 조건만 있을 수 있겠는가. 여러 가지 악조건이 밀어 닥쳐 굴욕과 수치를 당하게 되는 수가 허다하지만 여기에 동요되거나 굽히지 않는 것이 안분이다.

작은 굴욕, 작은 수치는 일시적인 인내로 이겨낼 수가 있지만 특히 생사(生死)와 관계가 되고 명리(名利)와 관계가 될 때는 이겨내기 쉽지 않다. 이러한 극한상황의 모욕을 이겨낼 수 있는 길은 큰 도를 깨우쳐서 힘을 가진 대인(大人)이 아니면 어려울 것이다. 현실의 조그마한 경계나 이욕(利慾)에 의해 주어지는 수치를 잘 참았다 하여 편안하게 생각해서는 안된다. 큰 이치를 알아서 영원히 편안할 수 있는 길을 찾아야 대안분(大安分), 대안정(大安定)을 얻게 된다.

4

먼저 해야 할 것은 덕을 닦는 것보다 더 먼저 할 것이 없음이라.

先莫先於修德이라.
선 막 선 어 수 덕

먼저 해야 할 것은 덕을 닦는 것보다 더 먼저 할 것이 없음이라.

주석(註釋)

1 先 : 먼저 선 ; 최초로. 첫째로. 앞서서. 우선. 앞 선 ; 시초. 수위. 첫째. 옛날. 고석(古昔).

2 修德 : 수란 잘 정리(整理)한다는 뜻이요, 덕이란 덕정(德政)과 덕치(德治)를 말한다. 다시 말하면 밝은 정치를 닦고 정리하여 피폐한 공업(功業)을 세우고 팔짱을 끼고 있어도 천하가 잘 다스려지도록 하자는 것이다.

장주(張註)

外而成物하고 內而成己는 修德也라.
외 이 성 물　　내 이 성 기　수 덕 야

밖으로 사물을 이루고 안으로 자기를 이룸이 덕을 닦는 것이라.

해의(解義)

덕이란 사람에게서 풍기는 훈훈한 정감(情感)이다. 이 정감은 억지로 나오는 것이 아니라, 만들어서 풍겨지는 것이 아니라 봄바람에 따스함이 실려와 대지에 퍼지듯 인격이 갖추어져 어느 곳, 어느 때나 풍겨져 나오는 아름다운 향기이다. 이는 오랜 시간을 두고 고뇌(苦惱)와 갈등을 넘어서서 터진 결과로, 곧 도(道)에 의하여 발로되어 풍겨 나오는 것이다.

그러므로 덕신(德身)을 이루고 덕향(德香)을 풍기기 위해서는 자기를 닦는데 우선 순위를 두고 끊임없는 수련을 쌓아야 한다. 항상 인심(仁心) · 선심(善心) · 애심(愛心) · 자심(慈心) · 혜심(惠心)을 가지고 살아야 한다. 이러한 마음이 담긴 인품을 지니고 정치를 하면 정치가 저절로 되어지고 계도(啓導)를 하면 계도가 스스로 이루어진다.

5

즐겁다는 것은 선을 좋아하는 것보다 더 즐거움이 없음이라.

樂莫樂於好善이라.
낙 막 요 어 호 선

즐겁다는 것은 선을 좋아하는 것보다 더 즐거움이 없음이라.

주석(註釋)

1 樂 : 1) 즐거운 락;쾌락. 좋아할 요;마음에 들어 바람, 또 좋아하는 바. 바라는 바.
2) 애호(愛好)라는 의미로 사람마다 애호가 다르지만 마음과 정서가 펴이고 통창(通暢)함 언기를 좋아할 것이다.
3) 풍류 악;음악.

2 好 : 긴밀할 호;가까이 함. 사랑할 호. 좋을 호;훌륭함. 마음에 듦. 바름. 화목함. 사이가 좋음. 아름다울 호;미려함.

3 好善 : 선이란 선량(善良) 미호(美好)의 뜻, 즉 선에서 시작하여 선에서 마감하는(善始善終)의 진선진미(眞善眞美)를 추구하는 것을 말한다.

해의(解義)

사람의 행실 가운데 여러 가지 형태로 나타내야 할 것이 많다. 그 중에서 선(善)을 행하는 것이 가장 중요하다. 선이란 착하고 올바르고 어질고 좋다는 의미와 아울러 도덕적인 이상이요, 가치요, 덕목이다. 그러므로 사람이라면 남녀노소 상하귀천을 막론하고 마땅히 행해야 할 당연지로(當然之路)이다.

그러나 선을 행하는 것이 현실에만 그쳐 버리면 어떨까. 진선(盡善)의 진미(盡美)를 나타내지 못하면 진선진미(眞善眞美)라고 할 수 없다. 선에서 시작하여 선으로 끝나는(善始善終) 일생, 그리고 영생이 되어야 한다.

좋아하는 것도 선을 좋아하고 가까이 하는 것도 선을 가까이하여 항상 선심(善心)을 가지고 선덕(善德)을 베풀어야 한다. 선교(善教)를 펴고 선업(善業)을 쌓아 선행의 자국이 없는 데까지(善行無轍迹) 이르러야 지선(至善)이라 할 것이다.

6

신령하다는 것은 지극히 정성스러운 것보다 더 신령함이 없음이라.

神莫神於至誠이라.
신 막 신 어 지 성

신령하다는 것은 지극히 정성스러운 것보다 더 신령함이 없음이라.

주석(註釋)

1 神 : 1) 영묘할 신 ; 신비스러움. 변화무쌍함. 헤아릴 수 없음. 정기 신 ; 정수(精粹)한 기운.
2) 혼 신 ; 영혼. 신령함. 마음.
3) 기이(奇異)하여 헤아릴 수 없는 것. 보통으로는 가늠할 수 없는 것.

2 誠 : 정성 성 ; 적심(赤心). 진심. 참 성 ; 언어 행위에 거짓이 없음. 공평무사하고 순일함.

3 至誠 : 1) 도덕 수양의 최고 경계. 말이나 행동이나 도리(道理) 등등 모두가 최고의 경지에 오른 것.
2) 성심성의(誠心誠意)의 의미도 있다.

장주(張註)

無所不通之謂神이니 人之神이 與天地參이로대 而不能神於天地者는 以其不至誠也라.
무소불통지위신 인지신 여천지참 이불능신어천지자 이기불지성야

통달하지 않음이 없음을 신령하다고 말하나니, 사람의 신령함이 하늘땅과 더불어 동참(同參)이지만 능히 천지보다 신령하지 못하는 것은 그것이 지극히 정성스럽지 못하기 때문이라.

해의(解義)

신(神)이란 궁극적인 존재자(存在者)를 가리킨다. 볼 수도 없고 잡을 수도 없으며 알 수도 없지만 온갖 묘술(妙術)과 조화(造化)를 부려서 인간으로서는 도저히 미칠 수 없는 것으로 묘사된다.

이 우주, 즉 천지의 사물은 봄에는 싹이 트고, 여름에는 꽃이 피며, 가을에는 열매를 맺고, 겨울에는 갈무리하여 두는 것이 질서 정연하게 운행되고 있다. 이렇게 정연하게 운행되는 것을 신의 묘술이

나 조회로 보기도 하고 자연의 섭리라고도 한다.

장미가 싹이 트고, 잎이 피고, 줄기가 뻗고, 꽃이 피는 것이 자연의 섭리이며, 이를 도(道)라고도 부르고, 그 주체를 신으로 보기도 한다. 그것을 지극한 정성이라고도 한다.

천하의 모든 사람이 정성이 있으면 제 몫을 다 이루고 정성이 없으면 파멸되고 만다. 항상 「성(誠)」을 마음에 간직하고 살아야 할 것이니 성은 위대한 것이다.

밝다는 것은
사물을 체득하는 것보다
더 밝음이 없음이라.

明莫明於體物이라.
명 막 명 어 체 물

밝다는 것은 사물을 체득하는 것보다 더 밝음이 없음이라.

주석(註釋)

1 體 : 본받을 체 ; 본뜸. 체득함. 바탕 체 ; 사물의 토대. 자체 체 ; 물건 그 자체. 본체. 본연. 알 체 ; 아는 것.

2 體物 : 몸이 만사만물 가운데에 즉입(卽入)되어 있는 것. 내가 만사만물과 하나 된 상태.

장주(張註)

記에 云「淸明在躬에 志氣如神이라.」하니 如是則萬物
기 운 청명재궁 지기여신 여시즉만물

之來에 豈能逃吾之照乎아.
지 래 기 능 도 오 지 조 호

《예기》 중니한거장(仲尼閑居章)에 말하기를, 「맑고 밝음이 몸에 있으면 뜻과 기운이 신과 같다.」 하였으니, 이와 같다면 만물이 오더라도 어찌 능히 나의 비침에서 도망할 수 있겠는가.

해의(解義)

밝다는 것은 슬기로움이 있다는 것이다. 슬기가 나타나는데 있어서 어떠한 사리(事理)를 연구하고 또 체득하여 밝음을 갖출 수도 있고, 슬기로움 그 자체로 연구나 체득을 거치지 않고 바로 발현되는 고도의 경지도 있을 것이다.

어떤 사물이든지 생멸(生滅)하는데 있어서 주관하는 존재가 분명히 있다. 그 존재는 형상도 볼 수 없고 소리도 들을 수 없지만 분명 시종(始終;生滅)을 주관하고 있으니 그 주관자를 체득하는 것이 밝음이다.

밝음은 멀리 있는 것이 아니라 바로 나에게 있고 몸에 있으니, 내가 바로 신이요 밝음이다. 다시 말하면 신과 나는 불가분리(不可分離)의 일체화(一體化)이다. 이러한 이치를 명백하게 알아서 행동거지(行動擧止)에 법도를 어기지 않음으로써 맑고 밝게 살아가야 군자요 대인이며, 세상에 환영받는 존재가 된다.

8

길하다는 것은 만족할 줄 아는 것보다 더 길함이 없음이라.

吉莫吉於知足이라.
길 막 길 어 지 족

길하다는 것은 만족할 줄 아는 것보다 더 길함이 없음이라.

주석(註釋)

1 吉 : 길할 길;상서로움. 착할 길;선량함. 복 길;길한 일. 행복.

2 知足 : 이미 만족하는 경지에 도달해 있는 상태, 또는 그러한 경지를 완전히 아는 것.

장주(張註)

知足之吉은 吉之又吉이라.
지 족 지 길 　 길 지 우 길

만족할 줄을 안다는 길은 길하고 또 길함이다.

해의(解義)

지족(知足), 곧 만족할 줄을 알아야 한다. 그러기로 하면 탐욕(貪慾)을 버려야 한다. 이 탐욕, 곧 욕심이란 분수(分數)를 벗어나고 상도(常道)를 벗어나서 지나치게 취축(取蓄)하는 것을 말한다. 자기 자신을 모르고 비하(卑下)하며 남을 부러워하고 동경해서 자신을 보잘 것 없는 것으로 취급한다면 모든 일에 의욕을 잃고 소심하게 될 것이니, 어찌 안분하여 만족할 수 있겠는가.

그러므로 자기 자신에 대한 절대가치(絕代價値)의 신념(信念)을 갖는다면 만족이 나오고 그 만족에서 길상(吉祥)이 나오게 된다. 이 길상은 어느 누구도 가져다주지 않는다. 스스로 상도를 행하고 분수를 지킴으로써 바르고 밝은 생활로 만족을 느끼고 사는 것이 바로 길상인 것이다.

사람의 욕심이란 끝이 없다. 욕심에 젖은 생활은 천하를 삼키고도 오히려 부족을 느끼는 것이다. 만족에 바탕한 생활은 오늘로서 어제를 잊을 것이다. 부나비는 불을 탐(貪)하다가 소신(燒身)의 끝을 맞이한다.

9

괴롭다는 것은 소원이 많은 것보다 더 괴로움이 없음이라.

苦莫苦於多願이라.
고 막 고 어 다 원

괴롭다는 것은 소원이 많은 것보다 더 괴로움이 없음이라.

주석(註釋)

1 苦 : 괴로울 고 ; 근심함. 걱정함. 가난을 겪음. 아파함. 괴롭할 고. 괴로움 고. 거칠 고.

2 願 : 바랄 원 ; 하고자 함. 남이 해주기를 원함. 소망 원 ; 소원. 빌 원 ; 기원함. 부러워할 원. 사모할 원.

3 多願 : 많은 원망(願望), 즉 실현하고자 하는 갖가지 소원, 또는 희구(希求).

장주(張註)

聖人之道는 泊然無欲하야 其於物也에 來則應之하고
성인지도 박연무욕 기어물야 내즉응지

去則已之하니, 未嘗有願也라. 古之多願者가 莫如秦皇[1]漢
거즉이지 미상유원야 고지다원자 막여진황 한

武[2]하니 國則願富하고 兵則願强하고 功則願高하고 名則
무 국즉원부 병즉원강 공즉원고 명즉

願貴하고 宮室則願華麗하고 姬嬪則願美艶하고 四夷則
원귀 궁실즉원화려 희빈즉원미염 사이즉

願服하고 神仙則願致나 然而國愈貧兵愈弱하고 功愈卑
원복 신선즉원치 연이국유빈병유약 공유비

名愈鈍하야 卒至於所求不獲而遺狼狽[3]者는 多願之所
명유둔 졸지어소구불획이유랑패 자 다원지소

苦也라. 夫治國者는 固不可多願이요, 至於聖人養身之
고야 부치국자 고불가다원 지어성인양신지

方하야는 所守를 豈可以不約乎아.
방 소수 기가이불약호

성인의 도는 담박하여 욕심이 없어서 오면은 호응하고 가면은 그쳐서 일찍이 소원을 가지지 않았다. 옛날에 소원이 많은 사람으로 진나라 시황(始皇)과 한나라 무제(武帝)보다 더한 사람은 없으리니 나라는 부유하기를 원하고 군사는 강하기를 원하며, 공은 높기를 원하고 이름은 귀하기를 원하며, 왕궁은 화려하기를 원하고 희빈은 아름답고 요염하기를 원하며, 사방 오랑캐(東夷, 西戎, 南蠻, 北狄)는 복종하기를 원하고 신선을 이루기를 원하였으나, 그러나 나라는 더욱 가난하며 군사는 더욱 약하고 공은 더욱 낮으며, 이름은 더욱 무디어서 마침내 구하는 바를 얻지 못하고 낭패를 남기는데 이름은 소원이 많아서 괴롭게 됨이다. 무릇 나라를 다스리는 사람은 진실로 가히 소원이 많으면 안 되는 것이요, 성인이 몸을 기르는 방도(方途)에 이르러서 지키는 바를 어찌 가히 간략하게 하지 아니 하겠는가.

주해(註解)

1 秦始皇(B.C. 259~B.C. 210) : 진시황은 진나라 장양왕(莊襄王)의 아들로서, 이름은 정(政)이다. 사람됨이 강직하면서도 사나운 면이 있었다. 부왕을 이어서 즉위한 지 26년에 6國(齊, 楚, 燕, 趙, 韓, 魏)을 멸하고 천하를 통일시켜 스스로 황제가 되었다는 의미로 시황(始皇)이라고 하였다. 수덕(水德)으로써 왕이 되었다 하고 검은색을 숭상하며 천하의 병기를 함양에 모아 녹여서 종을 만들었다. 만리장성을 쌓고 흉노(匈奴)를 쳤으며 영토를 확장하였다.

그러나 폭렴(暴斂)을 하고 형법(刑法)을 엄하게 적용하였으며, 궁실을 화려하게 짓고 지극히 사치하였으며, 우민정책(愚民政策)을 펴고 분서갱유(焚書坑儒)하였으며, 시서(詩書)를 잘 하는 사람을 시장바닥에다 버리고 신선(神仙)을 좋아하였으며, 사방을 순행(巡行)하여 송덕비를 세우고 다니다가 즉위한 지 37년에 사구(沙丘)에서 죽었다.

2 漢武帝(B.C. 156~B.C. 87) : 한무제는 경제(景帝)의 중자(中子)로 이름이 철(徹)이다. 문제(文帝)와 경제의 왕업을 이어 태학(太學)을 일으키고 유술(儒術)을 숭상하며 남월(南越), 동월(東越) 등 흉노들을 쳐서 영토를 확장하니 모두 웅주(雄主)라고 칭송하였다.

그러나 신선을 믿고 토목공사를 일으키며 세금을 많이 거두고 형벌을 엄중하게 하였다.
그러하니 사방에서 도적이 일어나고 무고한 일이 터지며 황후 위(衛)씨와 태자가 자살하는 지경까지 이르렀다. 재위한 지 54년에 죽었다.

3 狼狽 : 랑이란 앞다리가 길고 뒷다리가 짧은 이리이고, 패는 앞다리가 짧고 뒷다리가 긴 이리이다. 이 두 마리의 짐승이 같이 걷다가 서로 떨어지면 넘어지게 되므로 일이 마음먹은 대로 되지 않아서 갈팡질팡하는 딱한 형편을 말한다.

해의(解義)

원이란 바람, 곧 희망이다. 사람이 희망이 없으면 세상을 잘 살아갈 수 없다. 오늘은 비록 이러하나 내일은 좋아지리라, 금년은 비록 이러하지만 내년은 나아지리라는 바람 속에서 속을지언정 꿈을 안고 살아가는 것이 인생의 항로(航路)가 아니겠는가.

그러나 이루어질 수 없는 원은 갖지도 세우지도 말자. 곧 현실적으로 가능성이 없는 헛된 꿈은 꾸지 않아야 한다. 현실에서 벗어나고 인도정의(人道正義)를 져버린 채 이상만을 추구하는 꿈은 여기에 투자하는 사람의 정력과 시간을 빼앗아가서 초췌한 몰골을 만들어 줄 뿐이다.

따라서 많은 소원을 세우지 말자. 자기의 힘에 맞게, 자기의 처지에 맞게 한두 가지의 희망을 가져야지 이것저것 바람만 많으면 모두

가 이룰 수도 없고 이루어지지도 않는다. 결국 이루지 못할 꿈은 실망과 괴로움을 남기고 마는 것이다. 정당한 원, 정당한 희망을 가지고 일로매진(一路邁進)해야 그 소원을 이룰 수 있다.

옛 성인은「희망이 끊어진 사람은 육신은 살아 있으나 마음은 죽은 사람이다.」라고 하였다. 항상 정당한 희망을 가질 때 마음과 몸이 죽지 않는 싱싱한 사람이 되어야 한다.

10

슬픔이란 정기가 흩어지는 것보다 더 슬픔이 없음이라.

悲莫悲於精散이라.
비 막 비 어 정 산

슬픔이란 정기가 흩어지는 것보다 더 슬픔이 없음이라.

주석(註釋)

1 悲 : 슬퍼할 비. 슬픔 비. 슬플 비;상심함, 가련하게 여김. 서러움. 비애.

2 精 : 정기 정;원기. 원질(原質). 마음 정;정신. 심신(心身). 신령 정;신(神). 순일할 정;순수함. 섞인 것이 없음. 묘할 정;오묘함. 미묘함. 생명의 근원. 만물을 생성하는 음양의 기운. 의식. 사유(思惟).

3 散 : 헤칠 산;흩뜨림. 헤어질 산; 흩어짐. 이산함.

4 精散 : 정(精)은 곧 정신(精神). 사람의 의식(意識)이나 사유(思惟) 활동이나 일반 심리상태를 가리키기도 한다. 또는 인체의 정기(正氣)를 가리키기도 한다. 소문(素問) 통평허실론(通評虛實論)에 보면 「사기가 왕성하면 실하다 하고, 정기가 탈진되면 허하다 한다(邪氣盛則實 正氣奪則

虛).」 하였다. 즉 정산이란 정신이 소모(消耗)되는 것을 말하고 무형(無形)의 기가 흩어지는 것을 말한다.

장주(張註)

道之所生之謂一이요, 純一之謂精이요, 精之所發之謂
도지소생지위일 순일지위정 정지소발지위
神이니 其潛於無也則無生無死하며 無先無後하며 無陰
신 기잠어무야즉무생무사 무선무후 무음
無陽하며 無動無靜하고 其舍於神也則爲明爲哲하며 爲
무양 무동무정 기사어신야즉위명위철 위
知爲識하야 血氣之品이 無不稟受하나니 正用之則聚而
지위식 혈기지품 무불품수 정용지즉취이
不散하고 邪用之則散而不聚라. 牧淫於色則精散於色矣
불산 사용지즉산이불취 목음어색즉정산어색의
요 耳淫於聲則精散於聲矣요 口淫於味則精散於味矣요
이음어성즉정산어성의 구음어미즉정산어미의
鼻淫於臭則精散於臭矣니 散之不已면 其能久乎아.
비음어취즉정산어취의 산지불이 기능구호

도가 낳는 것을 하나라 이르고, 순수하고 한결 됨을 정이라 이르며, 정이 발현하는 것을 신이라 이름이니, 그 없음에 잠기면 남도 없고 죽음도 없으며, 먼저도 없고 뒤도 없으며, 음도 없고 양도 없으며, 움직임도 없고 고요함도 없고, 거기에 신이 살면 밝음이 되고 슬기로움이 되며, 지혜가 되고 알음알이가 되어서 혈기를 가진 품물(品物)들이 품부(稟賦)를 받지 않음이 없나니, 바르게 쓰면 모여져 흩어지지 아니하고, 삿되게 쓰면 흩어져 모이지 않음이라. 눈이 색에 빠지면 정기가 색에서 흩어지고, 귀가 소리에 빠지면 정기가 소리에서 흩어지며, 입이 맛에 빠지면 정기가 맛에서 흩어지고, 코가 냄새에 빠지면 정기가 냄새에서 흩어지나니, 흩어버리기를 그치지 않으면 그것이 능히 오래 하겠는가.

해의(解義)

정(精)은 원기(元氣), 원질(原質), 생명의 근원, 만물을 생성하는 음양의 기운 등 무엇이라 불러도 상관이 없다. 오직 이 정이 육체와 생명을 지탱하는 힘이 되고 만물을 생성화육(生成化育)하는 원기가 되며 만물이 뿌리를 내리는 바탕, 곧 원질로써의 근원이 된다. 또한 이 정은 정신(精神)이요 심신(心神)이며 신령(神靈)으로, 생명의 뿌리며 인간의 마음이요 혈기의 자품(資品)이기도 하다.

그런데 이렇게 귀중한 정을 우리들은 흩어버리며 산다. 곧 오관(五官:눈, 귀, 코, 입, 몸)의 욕구에 빠져서 헤어 나오지 못하고 정을 흩어버리고 살고 있으니, 이 세상에서 이 보다 더 슬픈 일이 어디에 있겠는가.

이 정을 정당한 일에 사용하면 모여져 흩어지지 아니하고, 삿된 일에 사용하면 흩어져 모이지 않는다. 정을 흩어버리기만 하고 모으지 않는다면 어떻게 오랠 수가 있겠는가. 그러므로 훗날에 슬픔을 겪지 않으려면 정기를 모으기는 할지언정 흩어버리지 않도록 노력해야 한다.

11

병이란 무상한 것보다 더 병 됨은 없음이라.

病莫病於無常이라.
병 막 병 어 무 상

병이란 무상한 것보다 더 병 됨은 없음이라.

주석(註釋)

1 病 : 병 병 ; 질환. 성벽. 나쁜 버릇. 흠. 병통. 근심 병 ; 걱정 또는 고통. 괴로워할 병 ; 고통을 느낌. 원망할 병 ; 원한을 품음.

2 常 : 항상 상 ; 항구. 영구. 불변. 불변의 도. 늘 행하여야 할 도. 당연. 정당.

3 無常 : 변화가 고정되어 있지 않음을 말한다. 주로 불교(佛教)에서 사용하는 말로써 세간의 모든 사물은 생겨났다가 변화가 되고 나중에는 괴멸(壞滅)되는 과정을 말하는 것이다.
즉 세상의 만물들은 찰나 간에 멈춤이 없이 생주이멸(生住異滅)의 역정을 통하여 흐르고 있는 것이다. 찰나무상(刹那無常)이든 상속무상(相續無常)이든 변화가 되는 것은 마찬가지이다.

장주(張註)

天地所以能長久者는 以其有常也니 人而無常이면 不
천 지 소 이 능 장 구 자 이 기 유 상 야 인 이 무 상 불

其病乎아.
기 병 호

하늘과 땅이 오래 할 수 있는 까닭은 떳떳함이 있기 때문이니 사람으로서 떳떳함이 없다면 그것이 병이 되지 않겠는가.

해의(解義)

우주는 변 · 불변(變 · 不變)으로 형성되어 있고, 또한 발전의 노선을 가고 있다. 즉 변화하는 이치와 불변하는 이치가 서로 바탕이 되어 이끌고 밀어주며 멈추고 운행하기 때문에 만물이 이 도를 따라서 생성을 하게 된다. 토마토를 놓고 생각해 볼 때, 싹이 트고 잎이 피고 가지가 뻗으며, 꽃이 피고 열매를 맺는데 있어서 변화과정을 주관하는 불변자(不變者)가 반드시 이면에 존재하여 작용하기 때문에 가능한 것이다. 이렇게 변화하는 과정이 바로 무상(無常)이며, 변의 이면인 불변하는 존재가 곧 유상(有常)이다.

예를 들자면, 한 기업이나 국가에 있어서 시대는 변화하고 인심은 달라지고 있는데, 한 정책이나 품목만을 고집하여 변할 줄 모른다면 따르는 사람들은 얼마나 고통스럽고 원망을 하겠는가. 그렇다고

정책을 자주 바꾸어 조령모개(朝令暮改)가 된다면, 이 또한 괴롭고 걱정될 일이다. 지도자는 변과 불변, 유상과 무상의 이치를 알아서 진지(進止)의 계획을 잘 세워 나아가야 성공하게 될 것이다.

12

짧다(모자라다)는 것은 구차히 얻으려는 것보다 더 짧음이 없음이라.

短莫短於苟得이라.
단 막 단 어 구 득

짧다(모자라다)는 것은 구차히 얻으려는 것보다 더 짧음이 없음이라.

주석(註釋)

1 短 : 짧을 단;모자람. 천박함. 흉볼 단;결점을 지적함. 흉단. 허물 단;결점. 과실.

2 苟得 : 정당하지 못하게 취하려 하고 비의(非義)로 취하는 것을 말한다.

장주(張註)

以不義得之면 必以不義失之니 未有苟得而能長也라.
이 불 의 득 지 필 이 불 의 실 지 미 유 구 득 이 능 장 야

의롭지 못하게 얻으면 반드시 의롭지 못하게 잃나니, 구차하게 얻음이 있다면 능히 오래하지 못하리라.

해의(解義)

구차한 얻음이란, 부당하게 취하는 것이요 불의하게 취하는 것이다. 천박(淺薄)한 식견이나 어설픈 행동으로 예의나 염치나 법질서를 무시하여 재물이나 권리나 명예나 지위를 얻게 되면, 누리는 기간은 좋을지 몰라도 반드시 불의한 방법이나 비법(非法)으로 빼앗기게 된다. 「칼로서 얻은 자는 칼로서 잃는다.」는 속담과 같은 의미이다.

그러므로 사람이 욕심이나 이기심을 버리고 정당한 것이면 취하고 부당한 것이면 버리며, 옳은 것이면 취하고 그른 것이면 버리며, 순리적이면 취하고 역리적이면 버리며, 도리에 맞으면 취하고 도리에 어긋나면 버리며, 사람을 살리면 취하고 죽이면 버리며, 복락의 재료가 되면 취하고 죄악의 씨앗이 되면 버리며, 지혜의 종자가 되면 취하고 미혹(迷惑)의 조건이 되면 버리며, 발전의 넓은 길이 되면 취하고 퇴보의 골목길이 되면 버리며, 희망이 되면 취하고 낙망이 되면 버려야 한다. 구차한 취물(取物), 취정(取政), 취권(取權), 취명(取名), 취리(取利) 등은 아니해야 오래도록 사람 노릇 하면서 살 수 있다.

13

어두움이란 탐내고 비루한 것보다 더 어두움은 없음이라.

幽莫幽於貪鄙이라.
유 막 유 어 탐 비

어두움이란 탐내고 비루한 것보다 더 어두움은 없음이라.

주석(註釋)

1 幽 : 어두울 유 ; 밝지 않음. 사곡(私曲)함. 은미(隱微)함. 은비(隱秘)함.

2 貪 : 탐할 탐 ; 과도히 욕심을 냄. 탐냄.

3 鄙 : 더러울 비 ; 마음이 비루함. 천하게 여길 비 ; 얕봄. 천대함. 비천하다고 생각함. 수치로 여김.

4 貪鄙 : 탐람(貪婪)과 비비(卑鄙), 즉 욕심을 내어 무엇을 탐하고 낮추어 비루하게 여기는 것이다.

장주(張註)

以身徇物이면 闇莫甚焉이라.
이 신 순 물　　암 막 심 언

몸으로써 물질을 따르면 어둡기가 이보다 더 심할 수가 없는 것이라.

해의(解義)

탐비(貪鄙)란 탐람비비(貪婪卑鄙)의 뜻으로, 탐람이란 「욕심이 몹시 탐내는 것」을 말하고, 비비란 「신분이 낮아서 미천한 것」을 말한다. 곧 「욕심이 많고 비루함」을 탐비라고 한다.

탐비하면 왜 은미(隱微)해지는가. 탐비한 사람은 부귀와 영화와 권세를 구할 때 정당한 도리와 방법으로 구하지 않고 사곡(私曲)되고 암모리(暗謨裏)에 구한다. 그 때문에 그 단체나 그 나라를 어둡고 희미하게 만들고 만다.

따라서 윗사람이 탐비하면 자연 그러한 유(類)의 사람들이 모여들어 작당을 하게 되고, 아랫사람이 탐비하면 또한 자연 그런 유가 모여 무리를 짓게 된다. 상하 좌우가 이(利)와 욕(慾)과 탐(貪)과 비(鄙)로 맺어진 그 단체의 전정은 어둠으로 가리고, 개인에 있어서도 먹구름이 가리운 어둔 길을 걷는 것과 같다. 어찌 실패가 없으며 죄악이 없겠는가.

우리의 행로를 어둡게 하는 것은 물욕(物慾)보다 더 큼이 없다. 물질에 욕심을 부려서는 인생을 참답게 살 수 없을 뿐만 아니라 물질의 노예(奴隷)가 됨을 면할 수 없게 된다.

14

외롭다는 것은 자기를 믿는 것보다 더 외로움이 없음이라.

孤莫孤於自恃이라.
고 막 고 어 자 시

외롭다는 것은 자기를 믿는 것보다 더 외로움이 없음이라.

주석(註釋)

1 孤 : 외로울 고;도움이 없음. 홀로 고;단독. 저버릴 고;배반함. 고아 고;부모가 모두 없는 아이.

2 恃 : 믿을 시;믿어 의뢰함.

3 自恃 : 자부(自負) 또는 자허(自許), 또 자신(自信)으로 자기만을 믿는 것. 자신이 무엇이라도 된 것처럼 믿어서 교만하고 자만하여 안하무인(眼下無人)이 되는 것.

장주(張註)

桀紂는 自恃其才[1]하고 智伯은 自恃其强[2]하고 項羽는 自恃其勇[3]하고 高莽은 自恃其智[4]하고 元載盧杞는 自恃其狡[5]하니 自恃其氣면 驕於外而善不入하고 耳不聞善則孤而無助니 及其敗에 天下一爭從而亡之라.
걸주 자시기재 지백 자시기강 항우 자시기용 고망 자시기지 원재노기 자시기교 자시기기 교어외이선불입 이불문선 즉고이무조 급기패 천하 쟁종이망지

걸왕과 주왕은 자기의 그 재주만을 믿었고, 지백은 자기의 강함만을 믿었고, 항우는 자기의 그 용맹함을 믿었고, 고망은 자기의 그 지능을 믿었고, 원재와 노기는 자기의 그 교활함만을 믿었으니, 자기의 그 기질을 믿으면 밖으로 교만하여 선이 들어오지 아니하고, 귀로 선을 듣지 아니하면 외로워져도 도움이 없을 것이니, 그 패망에 이르면 천하가 다투어 좇아 망하게 할 것이니라.

주해(註解)

1 桀(B.C. 1818~B.C. 1766) : 걸은 하왕(夏王)으로 공갑(孔甲)의 증손이니, 이름이 계(癸)이다. 사람됨이 포악무도(暴惡無道)하고 비매(妃妹)인 희(喜)를 좋아하였으며, 주지육림(酒池肉林)을 일삼고 산골에서 술 마시며 밤을 낮 삼아 놀았다. 이렇게 되자 관용봉(關龍逢)이라는 신하가 간언(諫言)하니 걸이 말하기를, 「나는 하늘에 해가 있는 것과 같아서 해가

없어져야 나도 없어진다(吾如天之有日 日亡我則亡).」고 하였다.

한때 탕(湯:商[殷]나라를 세운 임금)을 하대(夏臺)에 가두었는데 뒤에 풀어 주었다. 따라서 천하의 제후들이 걸을 배반하고 탕에게 돌아가니 하대에서 탕을 죽이지 않았음을 후회하였다. 그 뒤에 탕이 걸을 치니 명조(鳴條)의 싸움에 패하고 남소(南巢)에까지 달아나다 죽었다. 재위한 지 53년 만에 결국 하나라가 망하였다. 그는 중국 역사상 첫째가는 폭군으로 불리고 있다.

주(紂)는 상왕(商王)으로 제을(帝乙)의 아들이니, 이름이 신(辛)이다. 재주와 힘이 다른 사람들보다 뛰어나고 맨손으로 사나운 짐승도 잡을 정도로 용맹하였다. 사람됨이 술을 좋아하고 음일(淫逸)에 빠져 달기(妲己)를 총애하며 세금을 많이 거두고 무도(無道)한 짓을 하니 사방의 제후들이 배반하였다.

이에 무왕(武王:紂를 치고 周나라를 세운 임금)이 군사를 거느리고 주를 치니 주의 군사가 패하여 녹대(鹿臺)까지 달아나다가 불에 타 죽었다. 재위 33년 만에 나라가 멸망하였다. 그도 또한 중국 역사상 폭군으로 불린다.

2 기원전 403년 지양자〔智襄子, 곧 智伯(?~B.C. 453)〕와 한강자(韓康子, ?~B.C. 424)와 위환자(魏桓子, ?~B.C. 446)가 난대(蘭臺)에서 서로 만나서 연회를 하였다. 강자와 단규(段規)가 장난삼아 지국(智國)에 권하기를 「임금으로서 난리에 대비하지 않으면 난리가 반드시 이를 것이다(主不備難 難必至矣).」 하니, 지백이 말하기를, 「난리가 장차 나로 말미암을 것이니, 내가 난리를 하지 않으면 누가 감히 일으키리요(難將由我 我不爲難 誰敢興之).」 하였다.

그 후 지백이 한강자에게 땅을 달라고 하니, 일만 호나 되는 땅을 주었다. 또 위환자에게도 땅을 요구하니, 역시 일만 호나 되는 땅을 주었다. 또 지백은 채(蔡)에 있는 고랑(皐狼)의 땅을 조양자(趙襄子)에게 청하니 조양자가 주지 않았다. 이에 지백이 성내어 한위(韓魏)의 군사를 거느리고 조나라를 진양(晉陽)에서 치는데 성을 둘러싸고 물을 끌어대니 성이 물에 잠겨 침수되지 않은 부분은 겨우 여섯 자밖에 안되고 부엌에서 개구리가 나올 정도였지만 진양의 백성들은 조금도 배반하지 않았다.

조양자는 장맹(張孟)을 몰래 강자와 환자에게 보내어 말하기를, 「신이 들으니 입술이 없어지면 이빨이 시립니다. 지금 지백은 한위의 군사를 거느리고 조를 치고 있지만, 조가 망하면 한나라와 위나라가 다음이 될 것입니다(臣聞脣亡則齒寒 今智伯帥韓魏而攻趙 趙亡則韓魏爲之次矣).」 하니, 거사의 날짜를 약속하고 장맹을 돌려보냈다. 이에 양자는 밤에 둑을 끊어서 물길을 지백군대 쪽으로 돌리고 한위의 군사는 좌우에서 협공을 하고 양자의 군대는 정면에서 진격하여 지백군을 대파시키고 지백을 죽여 지씨족을 소멸시킨 뒤에 지나라를 한 · 위 · 조가 삼분으로 나누어 가졌다.

3 項羽(B.C. 232~B.C. 202) : 항우는 진(秦)나라 복상(卜相) 사람으로, 이름은 적(籍)이며 눈동자가 둘(重瞳)이었다. 일찍이 숙부인 양(梁)과 오중(吳中)에 있다가 진시황(秦始皇)이 회계(會稽)에서 노는 것을 숙질(叔姪)이 구경하였다. 이윽고 항우가 말하기를, 「저 사람 진시황(秦始皇)을 취하여 대신하리라.」 하니, 숙부가 입을 가리면서 말하기를, 「망녕된 말을 하지 말아라, 삼족이 멸망한다.」 하면서도 내심으로는 기특하게 여겼다.

진승(陳勝:秦나라 陽城 사람으로 자는 涉)이 반진(反秦)의 기병(起兵)을 하니 항우도 삼촌인 항량과 함께 오중에서 기병하였다. 숙부인 항량이 싸우다 죽으니 그의 군사를 거느리고 진군(秦軍)을 맞아 아홉 번을 싸워서 아홉 번을 이기고 스스로 초패왕(楚覇王)이 되어 한군(漢軍)과 싸워서 모두 이겼다. 뒤에 한군 및 제후군(諸侯軍)이 해하(垓下)를 둘러싸고 밤에 사방에서 초가를 부르니[사면초가(四面楚歌)] 포위망을 풀고 나가려다 오강(烏江)에 이르러 스스로 죽었다.

4 장주(張註)에는 고망(高莽)으로 되었으나 왕망(王莽, B.C. 45~23)의 잘못이다. 왕망은 한나라 왕금(王禁)의 손자로, 자는 거군(巨君)이며 부친은 일찍이 죽었다. 아버지의 형제는 모두 봉후(封侯)가 되었으나 왕망만은 외롭고 가난하였다. 글을 열심히 읽고 어머니와 형수를 잘 섬기며 아이들을 잘 기르며 안으로 잘 닦고 밖으로 영준(英俊)과 잘 사귀었다.

그 뒤 38세에 대사마(大司馬)가 되고 뒤이어서 계속 벼슬이 높아져서 한의 성제(成帝), 애제(哀帝), 평제(平帝)를 섬겼으나 평제를 독살하고 유영(劉嬰)을 세워 전권을 장악하고 아부하면 발탁하여 쓰고 반항하면 처단하였다.

이렇게 하기를 3년, 뒤에 가황제(假皇帝)라 하다가 왕위를 찬탈하여 진황제(眞皇帝)가 되었으며 한을 신(新)으로 고치고 법령을 가혹하게 제정하였다. 이에 사방에서 도적들이 일어나고 농민들이 봉기하여 군사들이 장안(長安)까지 몰려오니 말하기를, 「하늘이 나에게 덕을 주어 낳게 하였으니 한병인들 나를 어찌 하리요(天生德於予 漢兵其柰我何).」 하였으나, 곧 피살되었다. 재위기간은 15년이었다.

5 元載(?~777) : 원재는 당(唐)나라 기산(岐山) 사람으로, 자는 공보(公輔)이다. 천보(天寶, 唐肅宗年號) 초에 노장열문(老子, 莊子, 列子, 文子)을 배웠다.

처음에 신평위(新平尉)가 되고 뒤에 이보국(李輔國)과 부화(附和)하였으며, 대종(代宗) 때는 중서시랑(中書侍郎)이 되고 이어 판천하원수행군

사마(判天下元帥行軍司馬)가 되었다. 그 뒤에 이보국을 음살(陰殺)하고 탐관오리(貪官汚吏)가 되었으며 뇌물을 공공연히 취하고 임금 곁에는 충량(忠良)한 사람은 물리치고 탐외(貪猥)한 사람들만 가까이 하도록 하니 임금은 이러한 정황을 알고 밀지(密旨)를 내려 잡아 죽였다.

노기(盧杞)는 당나라 혁(奕)의 아들로 자를 자량(子良)이라 하였으며, 구변과 재주가 있었으나 몸은 몹시 추루하고 얼굴색은 푸르렀다. 그러나 덕종(德宗)은 그의 재주를 기특하게 여겨 문하시랑(門下侍郎)에 발탁하고 이어 동중서문하평장사(同中書門下平章事)에 제수하니 이때부터 뜻을 얻어 음험하고 여러 명목의 세금을 거두며 아부하지 않으면 사지(死地)로 내어 몰았다.

뒤에 노기를 비방하는 소리가 사방에서 일어나니 이회광(李懷光) 등이 그의 죄악을 폭로하여 결국 예주(禮州)에서 죽임을 당하였다.

해의(解義)

외로운 사람은 주위에서 도와주는 사람이 없다. 인연이 없다는 것은 두 가지이다. 하나는 스스로 능함을 믿고 재주를 믿으며 용맹을 믿고 힘을 믿어서 상의 없이 혼자 일을 하기 때문에 사람이 가까이 하지 않는 것이요, 또 하나는 그 사람의 자질(資質)이 부족하여 배우고 본받을 점이 없기 때문에 사람들이 따르지 않는 것이다.

후자는 차치하고 전자에 있어서 걸주 · 지백 · 항우 · 원재 · 노기는 근본적으로 훌륭한 인품과 재주를 가진 사람들이다. 어쩌다가 권력을 쥐고 보니 마음이 어두워지고 눈과 귀가 멀며, 욕심이 나오고 교안이 생겨 포악무도(暴惡無道)한 짓을 저질렀다. 결국 망국(亡國), 망가(亡家), 망신(亡身), 망족(亡族)의 지경에 이른 것이다.

권력이란 아편과 같아서 한번 빠져들면 좀처럼 나오기 힘든 것이다. 그러므로 처음부터 항상 삼가며 겸손하고 사양하여 알지만 모르는 듯이 하고, 높지만 낮은 듯이 하며, 있지만 없는 듯이 하고, 크지만 작은 듯이 해야 한다. 주위에 부러움을 주지 않고 남에게 위세를 부리지 않아서 미연에 방지함이 최선의 방도이다.

15

위태로움이란 의심하면서 맡기는 것보다 더 위태로움이 없음이라.

危莫危於任疑이라.
위 막 위 어 임 의

위태로움이란 의심하면서 맡기는 것보다 더 위태로움이 없음이라.

주석(註釋)

1 危 : 위태할 위;위험함. 보전하기 어려움. 거의 망하게 됨. 거의 죽게 됨. 바르지 아니함. 믿기 어려움. 위기(危機). 화기(禍機).

2 任疑 : 임은 임명한다는 뜻이고, 의는 믿지 못하는, 즉 의심하는, 반신반의(半信半疑)하는 것으로 반신반의하면서도 임명한다는 뜻이다.

장주(張註)

漢疑韓信[1]而任之하야 而信이 幾叛하고 唐疑李懷光[2]而任之하야 而懷光이 遂逆이라.
한의한신 이임지 이신 기반 당의이회광 이임지 이회광 수역

한〔한나라 고조(高祖)인 유방(劉邦)〕은 한신을 의심하면서도 그에게 맡기니 한신이 배반하려 하였고, 당〔당나라 덕종(德宗)〕은 이회광을 의심하면서도 맡기니 회광이 마침내 반역하니라.

주해(註解)

1 韓信(B.C. 230~B.C. 196) : 한신은 한나라 회음(淮陰) 사람이다. 처음에 매우 가난하여 성 아래서 낚시를 하며 표모(漂母)에게 밥을 얻어먹었고 회음 소년들의 다리 밑으로 기어들어가는 수모를 당하기도 하였다. 뒤에 항량(項梁)의 군대에 있다가 전전하여 한에 이르러 대장군(大將軍)이 되어 서하(西河)를 건너 위왕(魏王)을 사로잡고 정형(井陘)을 항복받았으며 조(趙)와 제(齊)를 평정하고 제왕(齊王)이 되었다.

다시 군사를 해하(垓下)에 모아 항우를 토멸하고 초왕(楚王)이 되려고 하였으나 이루지 못하였다. 한신은 장량(張良)과 소하(蕭何)와 더불어 한나라를 일으킨 삼걸(三傑)이다.

뒤에 모반의 고변을 당하고 한고조가 거짓으로 운몽(雲夢)에 노닌다 하면서 한신을 잡았다가 낙양에 이르러 놓아주고 회음후(淮陰後)로 삼았다. 진희(陳豨)가 모반을 일으키니 한고조가 친히 치러 가는데 한신

은 병이 들었다 핑계하고 따르지 않았다. 후에 사인(舍人)의 고변(告變)으로 인하여 여후(呂侯)가 한신을 잡아 장락궁(長樂宮)에서 처형하고 삼족이 멸함을 당하였다.

2 李懷光(729~785) : 이회광은 당나라 말갈(靺鞨) 사람으로 본성은 여(茹)씨인데, 아버지가 유주(幽州)로 이사하여 부장(部將)이 되어 이(李)씨 성을 얻었다. 덕종 때 회광이 전공으로 도우후(都虞侯)가 되고 용감하고 날랬으며 친속들이라도 불의한 일은 보아 주지 않았다.

뒤에 영경(寧慶), 진강(晉絳), 자습(慈隰) 등의 절도사가 되었다. 때에 황제가 봉천(奉天)에서 주차(朱泚)의 포위를 당하니 회광이 급히 달려와 구해준 공덕으로 부원수(副元帥)가 되었다.

회광의 사람됨이 트였으면서도 성질이 괴팍하여 재상(宰相)이나 경조윤(京兆尹)의 허물을 말하며 천하의 난리가 이들로부터 나온다 하면서 임금을 만나면 반드시 죽이라고 하리라 하였다.

이에 재상인 노기(盧杞)가 덕종의 칙령으로 회광을 편교(便橋)에서 쉬게 하고 성문 안으로 들어오지 못하게 하니 더욱 분개하고 한탄하였다. 회광이 혹 배반을 꾀하는 것이 아닌가 의심하니 군신들도 따라서 의심하고 두려워하였다. 회광이 결국 하동(河東)에서 모반을 하다 피살되었다.

해의(解義)

옛말에 「의인막용하고, 용인물의하라(疑人莫用 用人勿疑).」 하였다. 곧 「사람이 의심스러우면 쓰지를 말고, 사람을 썼으면 의심하지 말라.」는 뜻이다.

세상에서 사람으로서 사람을 의심하는 것같이 비도의적(非道義的)

이 없을 것이다. 사람마다 원래 천부지성(天賦之性)을 받아 세상에 나왔으므로 인품(仁稟)과 성선(性善)을 다 지니고 있다. 그런데 근본은 추구해 보지 않고 겉만 보고서 누구는 의심을 하고, 누구는 의심을 받을 수는 없는 것이다.

사람이 상호관계 속에서 혹 시불시(是不是)가 있을 수 있고, 혹불혹(惑不惑) 역시 있을 수 있다. 이러한 상황을 보고 또 보인다 하여 그대로 여과(濾過)없이 뱉어내면 원만한 관계가 지속되기 어렵다. 따라서 상대되는 입장에서는 아닌 반발을 일으키기도 하게 되니 아무튼 있는 그대로를 봐줄지언정 색깔을 집어넣지는 말아야 한다.

사안에 따라 상하가 있고 주종(主從)이 있을 수도 있지만, 의심을 받아야 할 사람은 없는 것이다. 의심을 하면 선인도 악인으로 보이고 군자도 도적으로 보이며, 의심을 하지 않으면 허물은 자연 용서가 되고 정의(情誼)는 자연 건너지게 되는 것이다.

그러기 때문에 인간의 원초(原初)에 돌아가 서로 안고 감싸며 아름다운 삶을 엮어가도록 힘쓸 일이다.

16

깨뜨려짐〔패망〕은 사사로움이 많은 것보다 더 깨뜨려짐이 없음이라.

敗莫敗於多私니라.
패 막 패 어 다 사

깨뜨려짐〔패망〕은 사사로움이 많은 것보다 더 깨뜨려짐이 없음이라.

주석(註釋)

1 敗 : 깨뜨릴 패;무너지다. 부수다. 부서지다. 해치다. 손상시키다.

2 多私 : 사(私)란 사사로움. 불공평함. 사곡(私曲)된 일을 함. 자기 소유로 함. 자기 마음대로 함. 개인의 사사로운 비밀, 간사함, 사욕, 사사로움, 또 자사자리(自私自利)를 말한다. 즉 다사란 권모(權謀)로써 사사를 도모하고, 또 자기의 영달을 꾀하는 것이다.

장주(張註)

賞不以功하고 罰不以罪하며 喜佞惡直하고 黨親遠疎면 小則結匹夫之怨하고 大則激天下之怒니 此는 私之所敗也라.

상 주되 공로로써 아니하고 벌주되 죄로써 아니하며, 아첨함을 기뻐하고 곧음을 싫어하며, 친근한 사람만 무리짓고 성긴 사람을 멀리 한다면 작게는 필부의 원망을 맺고, 크게는 천하의 노여움을 격발하리니 이는 사사로움 때문에 깨뜨려지는(패망) 것이니라.

해의(解義)

《서전(書傳)》 대우모(大禹謨)에 「반도패덕(反道敗德)」이라는 말이 있다. 이는 「도를 거슬리고 덕을 그르치는 것」을 뜻한다. 곧 윤리에 반대하고 도덕을 파괴하여 낙엽이 떨어지듯 강상(綱常)이 땅에 떨어지면 인도(人道)가 묵어져 금수(禽獸)의 세상처럼 될 것이다. 어찌 사람들이 모여 정의(情誼)를 나누며 사는 세상이라 하겠는가.

이러한 현상은 왜 오는가. 한마디로 말하자면 「사사로움」 때문이라고 할 수 있다. 사사란 자기가 우선이요 남이 뒤며, 사영(私營)이 먼저요 공중(公衆)이 멀며, 자리(自利)뿐이요 이타(利他)가 있지 않으며,

자기만의 삶이요 더불어 삶이 아니며, 자기의 공명(功名)이 중요하고 국가 사회의 안녕질서는 생각하지 않는 것이다. 이 어찌 올바른 마음, 올바른 처사, 올바른 삶, 올바른 행동이라 하겠는가.

그러므로 이공멸사(以公滅私)가 되어야 공사(公私)가 함께 번영하고 선공후사(先公後私)가 되어야 공사가 함께 발전하게 된다. 만일에 이사해공(以私害公)이 되거나 빙공영사(憑公營私)가 되거나 이권멸사(以權滅私)가 되면 공사가 함께 퇴보하고 더불어 파멸의 길로 나가지 않을 수 없는 것이다.

第四章(제사장)은 言本宗(언본종)을 不可以離道德(불가이리도덕)이라.

제4장은 근본과 조종이 도덕을 여의면 안 되는 것임을 말하였다.

5

준의장(遵義章) 제5

밝음으로써 아래를 살피는 사람은 어두움이라.

以明示下者는 闇이라.
이 명 시 하 자 　 암

밝음으로써 아래를 살피는 사람은 어두움이라.

주석(註釋)

1 示 : 볼 시. 시(視)와 통용. 살필 시. 보일 시 ; 보게 함. 나타냄. 알림.

2 闇 : 어두울 암 ; 밝지 아니함. 우매함. 어둡게 할 암.

장주(張註)

聖賢之道는 內明外晦니 惟不足於明者는 以明示下하
성현지도 　 내명외회 　 유부족어명자 　 이명시하

나니 乃其所以闇也라.
내기소이암야

성현의 도는 안으로 밝고 밖으로 어둡나니, 오직 밝음이 넉넉하지 못한 사람은 밝음만을 가지고 아래를 살피나니, 이에 그것이 어둡게 되는 까닭이라.

해의(解義)

등하불명(燈下不明)이라 한다. 등잔 밑이 어둡다. 등은 분명 밝음을 몸에 지니고 있으면서도 자기 아래를 비치는 데는 미치지 못한다. 왜냐하면 그 불빛이 위로 발산되고 아래로는 비쳐지지 않기 때문이요, 또 자체의 몸통에 가리기 때문이다.

사람이 사리(事理)에 다 밝을 수는 없다. 또 모든 것을 알 수도 없다. 진리를 깨달은 성현이면 모르지만, 학식 있고 영리한 사람이라고 하여 다 알고 다 밝다 할 수는 없는 것이다.

그런데 사람들은 자기가 밝다는 것만 알고 어두운 면은 모르기 때문에 오히려 밝음이라는 관념상(觀念相)과 자체상(自體相)에 가리고 덮여서 그 밝음을 참된 밝음으로 나타내지 못한다. 자기의 밝음만을 보고 남의 밝음은 보지 못하며, 자기 아는 것만 세우고 남의 앎은 인정하지 않기 때문에 소통을 가로막아 결국 어두워질 수밖에 없는 것이다.

자신이 참으로 밝아야 남의 밝음을 비출 수 있는 것이요, 어설프게 밝으면 오히려 밝음에 가려서 저 편이 어두워진다. 그러므로 성인은 밝음을 가지고 있으면서도 그 밝음을 드러내지 않고 어리석은 듯이 시의(時宜)를 따라 내명외암(內明外闇)하기도 하고, 내암외명(內闇外明)하기도 한다. 노자가 「화광동진(和光同塵)」이 이것이니, 빛을 감추고 민중과 함께 하는 것이 성자정신이다.

2

허물이 있는데 알지 못하는 사람은 가려짐이라.

有過不知者는 蔽하고
유 과 부 지 자 　 폐

허물이 있는데 알지 못하는 사람은 가려짐이라.

주석(註釋)

1 蔽 : 가릴 폐 ; 보이지 않도록 사이에 가로 막음. 숨김. 비밀로 함. 사리에 통하지 않는 일. 이치에 어두운 일. 덮을 폐 ; 덮어서 쌈.

장주(張註)

聖人은 無過可知하고 賢人之過는 微形而悟하나니 有過不知면 其愚蔽甚矣라.
성인 　 무 과 가 지 　 현 인 지 과 　 미 형 이 오 　 유 과 부 지 　 기 우 폐 심 의 성인의 허물은 가히 알 수 없고, 현인의 허물은 조금 나타나면 깨닫나니, 허물이 있어도 알지 못하면 그것이 어리석고 가림이 심한 것이니라.

解義

「인수무과 개지위선(人誰無過 改之爲善)」이라 하였으니, 곧 「사람이 누가 허물이 없으리오 고치면 선이 된다.」는 말이다. 또 「무심지실위지과 유심지과위지악(無心之失謂之過 有心之過謂之惡)」이라 하였으니, 「무심으로 저지른 잘못은 허물이라 이르지만, 유심으로 저지른 허물은 악이라고 이른다.」는 뜻이다. 조그만 잘못이 허물이 되고 그 작은 허물을 고치지 않는다면 악이 되며, 악을 고치지 않으면 죄고(罪苦)를 부르게 된다. 그러나 당장 알았을 때 고치기만 하면 잘못도, 허물도, 악도, 죄고도 바로 없어져 참선(眞善)이 되는 것이다.

성인은 허물이 없다. 성인에게 허물을 찾기란 소금에서 곰팡이를 찾는 것처럼 어렵다. 현인이란 허물의 기미(幾微)가 나타나면 빨리 찾아내어 남들이 알기 전에 고친다. 그런데 허물이 분명히 있는데 모르는 사람이 있다. 남들은 다 아는데 자기만이 모르고 있는 것이다. 이는 어리석고 어두운 사람이다. 자기의 조그만 장점은 알면서도 자기의 큰 허물을 모르는 것은 자기를 보는 눈이 가려서 어둡기 때문이다. 그 어둠을 스스로 걷을 줄 모른다면 일생을 허물 속에서 살 것이요, 뒤까지 허물을 남기고 갈 것이다.

3

침미(沈迷)하여 돌이키지 못하는 사람은 미혹해지니라.

迷而不返者는 惑하고
미이불반자 혹

침미(沈迷)하여 돌이키지 못하는 사람은 미혹해지니라.

주석(註釋)

1 迷 : 침미할 미 ; 탐닉함. 헤맬 미 ; 길을 잃어 헤맴. 바른길에 들어서지 못하고 방황함. 정신이 혼란함. 헤매게 할 미 ; 미혹하게 함.

2 返 : 돌아올 반 ; 갔다가 옴. 복귀함. 돌려보낼 반 ; 돌려줌, 복귀시킴.

장주(張註)

迷於酒者는 不知其伐吾性也요 迷於色者는 不知其伐
미어주자 부지기벌오성야 미어색자 부지기벌

吾命也요 迷於利者는 不知其伐吾志也니 人本無迷로대
오명야 미어이자 부지기벌오지야 인본무미

惑者－自迷之라.
혹자　자미지

술에 침미한 사람은 그것이 나의 본성을 베이는 것임을 알지 못하고, 색에 침미한 사람은 그것이 나의 생명을 베이는 것임을 알지 못하며, 이익에 침미한 사람은 그것이 나의 뜻(마음)을 베이는 것임을 알지 못하나니, 사람은 본래 침미됨이 없는 것이지만 미혹한 사람 스스로 침미하는 것이니라.

해의(解義)

「재색지화 심어독사(財色之禍 甚於毒蛇)」라 하였다. 곧 「재물과 색의 재앙은 독 있는 뱀보다 더 심하다.」는 뜻이다. 다시 말하자면, 사람이 독사에게 물릴 경우 반드시 죽는 것으로 알려져 있다.

이와 같이 사람이 술에 침미되어 탐닉하고, 여색에 침미되어 탐닉하고, 이익에 침미되어 탐닉하고, 명예에 침미되어 탐닉하고, 안일에 침미되어 탐닉하는 등 신경을 자극하여 즐거움을 찾는 길에 들어선다면 거기에서 빠져 나오거나 돌이키는 것은 죽기보다도 어렵다는 사실을 알아야 한다. 마치 아편(阿片)과 같아서 탐닉하면 할수록 더욱 빠져들어 헤어날 길이 없고, 천길만길의 낭떠러지와 같아서 올라올 기약이 없으며, 진흙 구덩이와 같아서 움직이면 움직일수록 더 빠져드는 것이다.

그러므로 당초에 발을 들여놓지 않는 것이 상책이요, 만일에 발을 들여놓았으면 더 빠지고 물들고 매이기 이전에 발을 돌이키는 것이 또한 상책이다. 그렇지 않으면 본성이 파괴되고 마음이 사곡(邪曲)되며 생명이 꺼져 가고 뜻이 꺾이게 되는 것이다.

4

말로서 원망을 취하는 사람은 재앙이 됨이라.

以言取怨者는 禍이라.
이언취원자 화

말로서 원망을 취하는 사람은 재앙이 됨이라.

주석(註釋)

1 取 : 취할 취;함. 행함. 찾음. 요구함. 거둠. 거두어들임. 씀. 사용함. 부림.

2 怨 : 원망할 원;불평을 품고 미워함. 적대시함. 무정(無情)함을 슬퍼함. 원수 원. 원할 원.

2 禍 : 재화 화;재앙. 재난. 재화 내릴 화;재앙을 내림.

장주(張註)

行而言之면 則機在我而禍在人하고 言而不行이면 則
행이언지 즉기재아이화재인 언이불행 즉

機在人而禍在我也니라.
기 재 인 이 화 재 아 야

실행하고 말하면, 곧 기틀은 나에게 있고 재앙은 남에게 있으며, 말만 하고 실행하지 않으면 기틀은 남에게 있고 재앙은 나에게 있는 것이니라.

해의(解義)

사람의 육근(六根:눈, 귀, 코, 입, 몸, 뜻[마음])에 있어서 제일 쉽게 움직이는 것이 눈이요 입이다. 그러나 눈의 움직임은 소리가 나지 않기 때문에 스스로 숨기면 남들이 알 수가 없지만, 입은 소리를 내어 나팔을 불어 모두가 알게 된다. 말이 쉬우면 자주하고, 자주하면 자연 실언(失言)이나 교언(巧言)이나 광언(狂言)이나 공언(空言)을 하기 마련이다. 이러한 말들에 대하여 상대는 이(利)와 해(害), 시(是)와 비(非)를 마음에 새겨 두었다가 어떤 기회가 오면 그때의 상황을 따라 말꼬리를 잡아 원망을 하게 된다.

한 마디의 잘못된 말로 인해서 원망이 쌓이고 그 원망이 쌓이면 바로 화근이 되어 곤욕을 겪게 된다. 그러므로 말을 하는 사람은 사려(思慮)를 깊게 해야 할 것이요 듣는 사람도 이해심을 가지고 포용해야 한다. 그러면 자연 원망이 없고, 원망을 취하지 않으면 재앙의 뿌리는 길어지지 않을 것이다.

5

명령과 마음이 어긋나는 사람은 폐하게 됨이라.

令與心乖者는 廢이라.
영 여 심 괴 자 폐

명령과 마음이 어긋나는 사람은 폐하게 됨이라.

주석(註釋)

1 令 : 영 령;명령. 교훈. 경계. 포고. 지휘. 호령. 영내릴 령. 법 령;법률.

2 心 : 마음 심;지정의(知情意)의 본체. 의식. 정선. 생각. 마음씨. 근본 심;근원. 본성. 가운데 심;중앙. 중심.

2 乖 : 어그러질 괴;빗나가서 틀어짐. 생각과는 달라짐. 맞지 아니함. 달라짐. 거스릴 괴;거역함. 배반함.

장주(張註)

心以出令이요 令以行心이라.
심 이 출 령 영 이 행 심

마음으로써 명령을 내고 명령으로써 마음을 행함이라.

해의(解義)

모든 행동은 마음에서 나온다. 곧 마음의 움직임이 바로 행동이다. 어떠한 일에 마음이 바르게 움직이면 바른 명령, 곧 정령(正令)이 나오고 마음이 바르지 않으면 삿된 명령, 곧 사령(邪令)이 나오게 된다. 명령할 수 있는 위치에 있는 사람일수록 마음을 한결같이 유지해야 하고 내리는 명령도 일률적이어야 한다. 만일에 마음 따로, 명령 따로 하여 마음과 명령이 어긋나면 아랫사람들이 그 명령을 따르지 않기 때문에 그 일은 중도이폐(中道而廢)가 되고 마는 수가 있다.

그러므로 정책이나 전략이나 입법(立法)이나 입안(立案) 등 무엇을 만들어 내는 위치에 있는 사람은 만들어낸 영(令)을 먼저 실천하고 또 순응하여 추호도 어긋남이 없어야 한다. 그래야 사람들이 따르고, 또 그 명령이 오래도록 지켜져 나가서 어떤 전통이 세워지고 만대의 준법(準法)이 되는 것이다.

6

뒤의 명령이 앞의 명령에 어긋나는 사람은 무너지게 됨이라.

後令謬前者는 毁이라.
후 령 류 전 자 　 훼

뒤의 명령이 앞의 명령에 어긋나는 사람은 무너지게 됨이라.

주석(註釋)

1 謬 : 어긋날 류;상위(相違)함. 그릇될 류;잘못됨. 잘못 류.

2 毁 : 무너질 훼;헐어짐. 헐 훼;무너뜨림.

장주(張註)

號令不一이면 心無信而自毁棄矣라.
호 령 불 일 　 심 무 신 이 자 훼 기 의

호령이 한결같지 않으면 마음에 믿음이 없어져서 저절로 무너지고 버려지게 되니라.

해의(解義)

「조령모개(朝令暮改)」라는 말이 있다. 이는 「아침에 명령을 하고 저녁에 고친다.」는 뜻이다. 곧 법령을 자주 바꾸고 고쳐서 결정하기 어렵다는 것이다. 전조(前朝)나 전임자의 법령이 악법(惡法)이요, 악령(惡令)이었을 경우에는 바로 고치고 수정하여 좋은 법령으로 만들어 내어야 한다.

그러나 자기 주장이 받아들여지지 않고, 또 권력자 집단의 유지에 방해가 된다 하여 실현할 수 있는 법이나 명령을 권력(權力)을 빌려서 유리하게 고치면 어떻게 될까. 일시적으로는 좋을지 몰라도 흘러가는 역사에 오점을 찍는 꼴이 되어 언젠가는 거짓이 드러나 곤경에 처하게 되고 만다.

호령이나 법령이 한결 되지 않으면 우선 자기의 마음에 믿음이 생기지 않을 뿐만 아니라 대중도 또한 믿으려 하지 않을 것이다. 이렇게 되면 스스로 그 명령을 훼멸시키고 버리지 않아도 대중이 따르지 않기 때문에 자연 훼멸되고 버려지지 않을 수 없다. 법령의 제정은 공명정대(公明正大)를 표준으로 하여 제정해야 만고의 정령(正令)이 된다.

7

성을 내도 위엄이 없는 사람은 범하게 되니라.

怒而無威者는 犯이라.
노 이 무 위 자 　범

성을 내도 위엄이 없는 사람은 범하게 되니라.

주석(註釋)

1 怒 : 성낼 로;화냄. 분기함. 곤두설 로;꼿꼿이 거꾸로 섬. 성 로;화. 촉범(觸犯)할 로.

2 威 : 위엄 위;권위. 존엄. 힘 위;세력. 권병(權柄). 으를 위;위협함.

3 犯 : 저촉함. 거역함. 거스름. 무시함. 짓밟음. 침범할 범;침노함. 범죄. 죄를 범하는 일. 범한 죄.

장주(張註)

文王이 不大聲以色하사대 四國이 畏之[1]하고 孔子曰
문왕 　부대성이색 　사국 　외지 　공자왈

「不怒而民威於鈇鉞[2]이라」 하니라
불 노 이 민 위 어 부 월

문왕이 큰 소리와 얼굴빛으로 아니하였어도 사방의 나라가 두려워하였고, 공자께서 말씀하기를 "성내지 아니하여도 백성들이 도끼보다 위엄 있게 여겼다." 하니라.

주해(註解)

1 《시전》의 대아(大雅) 황의지편(皇矣之篇)에 "나는 밝은 덕 안았으니 풍류와 여색 크게 여기지 않네(予懷明德 不大聲以色)."라고 하였다.
시전의 대아가 문왕(文王)을 기리는 시로 구성되어 있다. 즉 문왕 자신이 마음속에 원래 갖추어 있는 밝은 덕을 발견하여 그 덕으로 백성들을 교화하니 백성들이 잘 따를 것이요, 굳이 소리(聲:풍류 즉 음악, 또는 큰 말씀)와 색(色:화한 얼굴 빛 또는 여색)으로 아니하여도 사방의 나라들이 명덕에 감복하고 또 두려워하여 자연화합이 되었던 것이다.
그러므로 공자는 "풍류와 여색은 백성을 교화하는 말단이다(聲色之於化民 末也)."고 하였으니, 덕으로 하는 교화라야 자연 두려움을 갖게 되는 것이다.

2 《중용》에 "군자는 상을 주지 않아도 백성들이 권장하며 성내지 않아도 백성들이 도끼보다 두려워한다(君子 不賞而民勸 不怒而民威於鈇鉞)."고 하였다. 사실 사람들은 두렵게 하는 데는 무력(武力)이 제일이다. 강력한 무력 앞에는 누구도 대항할 수가 없다. 그러나 이보다 더 두려운 것은 덕이다. 무력은 사람의 껍질을 굴복시키는 것이라면 덕은 사람의 내면, 곧 마음을 열복(悅服)시키기 때문에 한 번 덕화가 입

혀지면 그 여운은 무궁무진한 것이다.

解義

사람이 때와 장소를 따라 성을 내야 한다. 성을 내는 것이 자신의 내면을 억제하지 못하고 내는가, 아니면 자신의 내면을 능히 억제하면서 상황을 따라 가르치고 경계하기 위하여 내는가를 살필 줄 알아야 한다. 또는 자기의 권위를 세우기 위함인가, 아니면 여러 사람을 살리기 위한 것인가를 안으로 살펴서 성을 낼 줄 알아야 위엄이 서져서 촉범(觸犯)이 안 된다.

《맹자》의 양혜왕하(梁惠王下)에 보면 「문왕은 한 번 성내어 천하의 백성들을 편안케 하였다(文王一怒 而安天下之民).」고 하였다. 이는 만용(蠻勇)이나 객용(客勇)을 부리는 소인배의 자제할 줄 모르는 성냄이 아니라 천하의 안녕과 백성들의 삶을 위해서 얼굴의 빛깔을 변하여 으름장을 놓았을 뿐이다. 병기(兵器)를 움직이지 않았는데도 그 위엄이 사방으로 미쳐 이것이 바로 의용(義勇)이요 정용(正勇)이라고 할 수 있다.

그러므로 내면에 문왕처럼 위덕(威德)이 갖춰지지 않았는데 큰 소리를 지르고 무력을 동원한다 해서 천하가 두려워하겠는가. 만일에 이러한 사람이 있다면 천하가 나서서 그를 가만히 두지 않을 것이니, 결국 위덕으로 천하를 감복시켜야 촉범됨이 없게 된다.

8

곧음을 좋아하여 남을 욕되게 하는 사람은 재앙이 됨이라.

好直辱人者는 殃이라.
호 직 욕 인 자 　 앙

곧음을 좋아하여 남을 욕되게 하는 사람은 재앙이 됨이라.

주석(註釋)

1 好直 : 특의(特意), 즉 자기만이 가진 특별한 뜻을 말한다. 고의적으로 잘 추스르는 공정(公正)을 말한다.

2 殃 : 재앙 앙 ; 주로 하늘이나 신명이 내리는 재화. 해칠 앙 ; 해를 끼침.

장주(張註)

己欲沽直名而置人於有過之地는 取殃之道也라.
기 욕 고 직 명 이 치 인 어 유 과 지 지 　 취 앙 지 도 야 자기의 곧은 이름을 팔고자 하여 남을 허물이 있는 자리에 두는 것은 재앙을 취하는 길이니라.

해의(解義)

곧음은 곧 바른(正也) 것이다. 굽지 않은(不曲也) 것이며, 사사가 없는(無私邪也) 것이며, 강하고 굳세어 굽히고 흔들림이 없는(剛毅不屈撓也) 것이요, 아당함이 없는(無阿曲也) 것이며, 기울지 않는(不傾也) 것이요, 순응하는(順應也) 것 등 여러 가지 의미를 가지고 있다. 이러한 직(直)의 의미를 잘 살려 활용하면 자기는 물론 여러 사람에게 이익을 줄뿐 아니라. 바르고 사가 없고 균형이 잡힌 평화로운 세상을 건설할 수 있을 것이다.

그러나 곧음을 좋아하는 사람은 자기만 곧음을 간직하고 있다고 생각하여 다른 사람을 인정하지 않고 오히려 왜곡시킨다. 또 굴욕되게 하거나 옭아매어 나올 수 없는 구렁으로 몰아넣는다면, 결국 곳곳마다 재앙을 심어놓는 꼴이 된다.

그러므로 참으로 곧은 사람은 자기의 곧은 모습을 함부로 드러내거나 자랑하지 않는다. 곧지 못한 사람이라도 이끌고 포용하여 곧은 방향으로 나아가게 하며, 또는 자기 자신이 곧음의 거울이 되어 비춰주며 더 나아가서는 자기를 발판삼아 도약의 길을 모색할 수 있도록 배려하여 준다. 어찌 재앙이 따르겠는가.

9

맡겨 놓고 죽이려 하고 욕되게 하면 위태로움이라.

戮辱所任者는 危이라.
육 욕 소 임 자 위

맡겨 놓고 죽이려 하고 욕되게 하면 위태로움이라.

주석(註釋)

1 戮 : 욕보일 륙;치욕을 당하게 함. 욕 륙;치욕. 죽일 륙;살해함. 죄줄 륙;벌에 처함.

장주(張註)

人之云亡에 危亦隨之라.
인 지 운 망 위 역 수 지

사람이 망한다고 이르면 위태로움 또한 따르니라.

해의(解義)

어떠한 일을 맡긴 뒤에는 간섭하지 말아야 한다. 또 어떤 일을 잘 하였다 하여 지나친 칭찬을 주어서도 안 된다. 왜냐하면 사람은 실수가 있기 때문에 잘못할 경우를 대비하여 칭찬을 아껴 두어야 한다. 그리하여 일하는 사람이 너무 넘치거나 너무 처지지 않도록 조절하는 책임이 윗사람에게 있다.

우리 속담에 「지렁이도 밟으면 꿈틀거린다」 하였다. 아무리 휘하의 사람이라 하더라도 몰아세우거나 지나치게 부리거나 치욕을 주면 반드시 반격이 온다. 반격이 오면 위태로움은 따르게 마련이다.

그러므로 현명한 사람은 먼저 사람을 고르고, 고른 뒤에 기르며, 기른 뒤에 맡기고, 맡긴 뒤에는 간여하지 않는다. 이에서 더 큰 믿음이 형성되어 위태로움이 따르지 않게 된다는 사실을 알아야 한다.

10

그 공경해야 할 바를 업신여기는 사람은 흉하게 됨이라.

慢其所敬者는 凶이라.
만 기 소 경 자 흉

그 공경해야 할 바를 업신여기는 사람은 흉하게 됨이라.

주석(註釋)

1 慢 : 업신여길 만;모멸함. 거만할 만;오만함. 게으를 만;나태함. 소홀히 함.

2 敬 : 공경 경. 공경할 경;존경함. 삼갈 경;경계하여 조심함.

2 凶 : 흉악할 흉;포악함. 흉할 흉;길하지 아니함. 흉악한 사람. 악한. 재앙 흉;재화.

장주(張註)

以長幼而言則齒也요, 以朝廷而言則爵也요, 以賢愚
이 장 유 이 언 즉 치 야 　 이 조 정 이 언 즉 작 야 　 이 현 우

而言則德也니 三者를 皆可敬호대 而外敬則齒也爵也요,
이언즉덕야 삼자 개가경 이외경즉치야작야

內敬則德也라.
내경즉덕야

어른과 어린이로 말하자면 나이요, 조정으로 말하자면 벼슬이요, 어질고 어리석음으로 말하자면 덕이니, 세 가지를 다 공경하되 밖으로 공경함은 나이이며 벼슬이요, 안으로 공경함은 덕이니라.

해의(解義)

공경한다는 것은 곧 존숭(尊崇)하는 것이다. 세상에는 공경하여야 할 대상이 많이 있지만 우선 세 가지로 요약해 볼 수 있을 것이다. 나이 많은 사람, 벼슬이 있는 사람, 덕망이 있는 사람이 그것이다. 이렇게 마땅히 존경하여야 할 대상을 업신여기고 가볍게 여기면 반드시 흉악(凶惡)한 사람이라 할 것이다. 따라서 직접 혹은 간접으로 큰 재앙을 받게 된다.

존경하는데 있어서 안으로 존경할 대상은 덕망이 있는 사람이요, 밖으로 존경할 대상은 나이 많은 어른과 벼슬이 높은 공경(公卿)을 말한다. 이들을 함부로 대하거나 업신여겨서는 안된다. 특히 덕망이 있는 어른을 항상 가까이 하여 말씀을 받들고 배워서 인격완성의 기본을 삼아야 한다.

11

겉모습은 영합하면서 마음으로 떠나는 사람은 외로워짐이라.

貌合心離者는 孤이라.
모 합 심 이 자 고

겉모습은 영합하면서 마음으로 떠나는 사람은 외로워짐이라.

주석(註釋)

1 貌 : 얼굴 모;안면. 안색. 모양 모;자재. 모습. 외모. 행동거지. 외관. 표면. 겉. 형상. 상태.

2 合 : 합할 합;하나로 됨. 마음이 맞음. 일치함. 짝지음. 섞임. 맞을 합;적합함. 모을 합;모음.

3 離 : 떠날 리;다른 곳으로 옮김. 갈라짐. 배반함. 흩어질 리;분산함. 가를 리;분할함.

해의(解義)

모합심리(貌合心離)란 표면상으로는 밀절(密切)한 관계를 가지고 있으면서 실제에 있어서는 이중의 마음을 갖는 것을 말한다. 겉모습은 하나로 있지만 마음은 갈라지고 떠나 있으니, 이러한 처지를 당한 사람은 고립(孤立)될 수밖에 없다.

또 이는 「외형상으로는 합해 있지만 행동은 떠나 있다(貌合行離).」 또는 「겉모습은 합해 있지만 정신은 떠나 있다(貌合神離).」는 뜻과 같다. 면전에서는 굴복하고 따르는 듯하면서 속으로는 배반하고 멀어진다는 말이다.

그러므로 외적인 모양과 마음이 하나가 되고 겉과 속이 합해진(貌心同而表裏合), 곧 진실한 사람을 상사로 모시거나 부하로 두어 가까이 하는 사람은 고립되지 않는다. 상하가 함께 어울려 삶을 엮어가면 절장보단(絕長補短)의 이득을 얻게 될 것이다.

12

아첨을 친히 하고 충성을 멀리 하는 사람은 망함이라.

親讒遠忠者는 亡이라.
친 참 원 충 자 　 망

아첨을 친히 하고 충성을 멀리하는 사람은 망함이라.

주석(註釋)

1 忠 : 충성할 충. 충성 충 ; 군국(君國)을 위하여 정성을 다함. 정성스러울 충. 정성 충 ; 성실함. 공변될 충. 공평 충 ; 사(私)가 없음.

2 亡 : 멸망 망 ; 멸망함. 멸망시킴. 잃을 망 ; 없어짐. 분실함. 없을 망 ; 존재하지 아니함. 부재(不在)함.

장주(張註)

讒者는 善揣摩人主之意而中之하고 忠者는 惟逆人主
참 자 　 선 췌 마 인 주 지 의 이 중 지 　 충 자 　 유 역 인 주

之過而諫之하니 合意者는 多悅하고 逆意者는 多怒라 此
지 과 이 간 지　　합 의 자　다 열　　역 의 자　다 노　차

子胥殺而吳亡[1]하고 屈原放而楚亡也[2]니라.
자 서 살 이 오 망　　굴 원 방 이 초 망 야

아첨하는 사람은 임금의 뜻을 잘 헤아려 맞게 하고, 충성스런 사람은 오직 임금의 허물을 거슬려 간하는 것이니, 뜻에 합당하면 많이 기뻐하고, 뜻에 거슬리면 훨씬 성내게 되는 것이라. 이는 오자서가 죽음으로 오나라가 망하고, 굴원을 내침으로써 초나라가 망한 것이니라.

주해(註解)

1 기원전 494년, 오왕(吳王)인 부차(夫差, ?~B.C. 473)는 월(越)나라와 싸워 부초(夫椒)에서 패배시켰다. 이에 월왕(越王)인 구천(句踐, B.C. 496~B.C. 464)은 대부인 문종(文種)을 보내어 화친(和親)을 구하는데 오나라의 참신(讒臣)인 백비(伯嚭)는 오왕에게 화친하라고 권하였으나 오자서(伍子胥)는 반대하였다. 기원전 484년, 오왕 부차가 북상(北上)에서 쟁패(爭覇)하기 위하여 전쟁을 일으켜 제(濟)나라를 치려 할 때 오자서가 말렸으나 부차는 듣지 않았다. 기원전 482년, 부차는 제나라를 애능(艾陵)에서 패배시킨 뒤에 북상의 황지(黃池)에서 회맹(會盟)하려 할 때 오자서가 또한 저지하였지만 부차는 듣지 않았다.
이에 백비가 참소하여 말하기를, "자서의 사람됨이 강폭(剛暴)하고 또 생각에 적을 시기하고 있으니 그 원망이 화근이 될까 두렵습니다. 원하건대, 왕께서는 잘 도모하여 보소서" 하니, 오왕은 자서에게

자살하라고 명을 내렸다. 그 뒤에 월나라는 오나라의 빈틈을 타 공격하여 결국 기원전 473년에 나라가 망하게 되었다.

2 굴원(B.C. 340~B.C. 278)의 이름은 평(平)이니, 초나라 회왕(懷王)의 좌도(左徒)이다. 근상(靳尙)은 굴원이 기초(起草)하고 창제(創制)한 헌령(憲令: 국가의 법령)을 빼앗으려다가 뜻을 이루지 못하고 그를 참소하여 말하기를, "왕께서 굴평에게 헌령을 만들라고 하였다는 사실은 대중들은 모두 알고 있는데 날마다 헌령을 발표하면서 자기의 공을 자랑하여 '내가 아니면 능히 할 수 없다(非我莫能爲也).' 고 합니다." 하니, 회왕은 성을 내면서 굴원을 멀리하였다.
그 후 회왕이 죽고 경양왕(頃襄王)이 등극하여 자란(子蘭)을 영윤(令尹)으로 삼아 굴원을 유방(流放)하였는데 다시 근상이 경양왕에게 참소하여 굴원을 강남(江南)으로 옮기도록 하였다. 그 후 기원전 278년에 굴원은 골라강(汨羅江)에 스스로 투신하여 죽었다. 이로부터 초나라는 참신(讒臣)들이 주가 되어 정치를 하므로 날마다 삭약(削弱)하여 가다가 기원전 223년에 진(秦)나라에 멸망을 당하였다.

해의(解義)

아첨(阿諂), 곧 참소(讒訴)란 무엇인가. 《장자》의 어부(漁父)편에 보면 「사람들의 악함 말하기를 좋아하는 것을 일러서 참이라 한다(好言人之惡 謂之讒).」고 하였다. 또 《정자통(正字通)》에는 「꾸밈을 높이고 말을 악하게 하며 선을 헐뜯고 능함을 해치는 것이다(崇飾惡言 毁善害能也).」고 하였다.

이러한 옛 말씀들을 상고해 보면 내가 아닌 타인, 내 집단이 아닌 타 집단에 대하여 없는 사실을 있는 것처럼 둘러대고 작은 허물, 작은 악에 대하여 불리고 꾸며서 주관자에게 고해바치며 착한 사람, 능한 사람, 충성스런 사람, 또는 이러한 사람들이 모여 있는 단체를 구렁텅이로 몰아넣는 것을 말한다.

이러면 자기와 더불어 자기 집단이 잘 되어 갈 것 같지만 자중지란(自中之亂)이 일어나고 서로 헐뜯게 된다. 또한 서로 시기하고 질투하여 결국 자기와 아울러 집단의 멸망을 초래하고 마는 것이다.

그러므로 윗사람은 눈을 떠서 의인(義人)과 불의인(不義人)을 볼 줄 알고, 귀를 열어서 충성(忠聲)과 참성(讒聲)을 구별해 들을 줄 알아야 한다.

13

여색을 가까이 하고 어진 이를 멀리하는 사람은 흐려짐이라.

近色遠賢者는 惛이라.
근 색 원 현 자 혼

여색을 가까이 하고 어진 이를 멀리하는 사람은 흐려짐이라.

주석(註釋)

1 近 : 가까이할 근;가까이 감, 또는 가까이 당김. 친히 지낸. 가까이 근;가까운 데서. 가까울 근;시간 또는 거리가 멀지 아니함.

2 惛 : 흐릴 혼;마음이 흐림, 어리석음. 혼모할 혼;늙어서 정신이 흐리고 잘 잊음. 호도(糊塗)함.

해의(解義)

여기서 말하는 색이란 주로 여색(女色)을 말한다. 여자라 하여 한 나라의 군주나 통치자, 주체자를 다 흐리고 어리석게 만드는 것은 아니다. 얼마든지 훌륭한 여장부가 많이 있다. 다만 부귀나 권력을 누리는 사람이 스스로 가까이 하고 스스로 빨려들어 헤어 나올 수 없을 때 문제가 생긴다.

예를 들면, 주(紂)는 상(商:殷)나라의 천자이다. 그가 달기(妲己)라는 여자를 좋아하여 주지육림(酒池肉林)으로 음란(淫亂)을 그치지 않으니 삼촌인 비간(比干)이 3일을 간(諫)하고 가지 않았다. 주왕이 노기를 띠고 말하기를, 「내가 들으니 성인은 심장에 일곱 구멍이 있다(吾聞聖人心有七竅).」 하고 삼촌인 비간을 헤쳐 그 구멍을 찾았다고 한다.

어진 이를 멀리하는 사람일수록 여색에 빠져 자기의 직무를 멀리하기 쉽다. 그것은 필경은 자신과 아울러 그 단체, 그 나라도 패망의 길에 들게 하고 마는 것이다.

14

여자로 알현을 공공연히 행하는 사람은 어지러워짐이라.

女謁公行者는 **亂**이라.
여 알 공 행 자 　난

여자로 알현을 공공연히 행하는 사람은 어지러워짐이라.

주석(註釋)

1 女謁 : 알은 "간청하여 뵌다(謁見)."는 뜻이다. 특히 알이란 관명(官名)으로 춘추전국시대에 임금의 명령을 전달하는 중요한 직책으로 얼마든지 농간(弄奸)을 부릴 수 있는 위치였다. 여알이란 "여성의 알자(謁者)"라는 말로, 여자가 농권(弄權)하는 것을 말한다.

2 謁 : 뵐 알 ; 높은 이에게 면회함. 참배함. 아뢸 알 ; 사룀.

3 公行 : 춘추시대의 관명으로서 임금이 출행할 때 병거(兵車)의 행렬을 관장하였다. 이도 또한 조정에서 농권(弄權)할만한 중요한 위치이다. 또는 뇌물을 공공연히 행사한다는 뜻도 있다.

장주(張註)

太平公主[1]와 韋庶人[2]之禍가 是也라.
태평공주 위서인 지화 시야

태평공주와 위서인의 재앙이 이것이니라.

주해(註解)

1 太平公主(665~713) : 태평공주는 당고종(唐高宗)의 딸로 측천무후(則天武后)의 소생이다. 710년 이융기(李隆基:玄宗)의 궁정정변(宮庭政變)에 참예하여 위후(韋后)와 안락공주(安樂公主)를 죽이고 예종(睿宗)을 옹립하여 국권을 마음대로 휘둘렀다. 그리하여 그의 말 한마디에 따라 벼슬이 오르기도 하고 내리기도 하니 항상 그 문앞이 시장과 같았다. 현종이 즉위한 뒤에 정변을 음모(陰謀)하다 누설되어 피살되었다.

2 韋庶人(?~710) : 위서인은 당중종(唐中宗)의 황후로 측천무후가 중종을 방릉(房陵)으로 옮기면서 위씨도 함께 유폐시켰는데 어려운 가운데서도 정애(情愛)가 매우 돈독하였다. 중종이 사적으로 맹서하여 말하기를, "다른 때에 다행히 다시 하늘의 해를 보게 된다면 마땅히 하고 싶은 대로 하여도 금지하거나 제재하지 않으리라(異時幸復見天日當惟所欲 不相禁制)." 하였다.

중종이 복위된 뒤에 다시 황후가 되고 무삼사(武三思) 등과 결탁하여 국권을 장악하고 그의 소생인 안락공주(安樂公主)도 매관매직하여 전권을 행사하였다. 710년 중종을 독사(毒死)하고 중무(重茂)를 세워 상제(殤帝)를 삼고 조정에서 칭제(稱帝)하였다. 얼마 안 되어 이융기(李隆

基：玄宗)의 궁정정변(宮庭政變)에 궁중에서 피살되었다.

해의(解義)

여자로서 세상에 앞장서서 정의를 실현하는 훌륭한 인격의 소유자들이 많다. 하지만 어느 면에서 단순하기도 하고 한편만을 보는 이도 없지 않다. 정(情)이나 어떤 일에 매달려 생명도 불고하는 수가 있으며, 더욱 부귀와 권력에 혹독한 면도 없지 않다. 이것이 억눌림에 대한 반발인지도 모른다.

그 대표적인 사람으로 태평공주와 위서인의 행위에서 능히 볼 수 있다. 이 두 사람은 임금의 딸이요, 임금의 부인으로 천하에 부러울 것이 없이 살지만, 어떤 기회에 권력이 주어지니까 조정을 뒤흔들었고 벼슬하려는 뭇 남자들을 울렸다. 나아가서는 혹독하게 부렸으니 무엇이나 오르면 내리는 이치가 있어서 결국 궁중의 정변을 일으키는 계기가 되어 명대로 살지 못하고 모두 피살되고 말았다.

그러므로 권력을 좋아할 것도 없고 어쩌다 주어지는 권력이라도 정의롭게 써야 한다. 권력의 10분의 5만 누리고 5는 저장해 놓아야 그 권력이 길어지고 만인을 이롭게 하고 천하를 살리는 인권(仁權)이 되고 의권(義權)이 된다.

15

사사로이 사람에게 벼슬을 주면은 부침(浮沈)함이라.

私人以官者는 浮이라.
사 인 이 관 자 　 부

사사로이 사람에게 벼슬을 주면은 부침(浮沈)함이라.

주석(註釋)

1 私人 : 사적으로 교분을 맺은 사람. 사리(私利)에 의하여 이루어진 자기 사람. 공경(公卿)의 가신(家臣)이나 대리인(代理人)을 말한다.

2 官 : 벼슬 줄 관; 임관함. 벼슬아치 관; 관원. 벼슬 관; 관직. 벼슬살이할 관; 벼슬에 나아가 봉사함.

2 浮 : 띄울 부; 뜨게 함. 부침(浮沈)함. 넘칠 부; 넘쳐 흐름. 뜰 부; 물 위에 뜸. 근거가 없음. 들뜸. 침착하지 아니함. 경솔함.

장주(張註)

淺浮者는 不足以勝名器니 如牛仙客이 爲宰相之類[1]가
천 부 자 　 부 족 이 승 명 기 　 여 우 선 객 　 위 재 상 지 류

是也라.
시 야

얕고 들뜬 사람은 명기(重責, 즉 큰 벼슬)를 이기지 못하나니 우선객이 재상이 된 경우가 이것이니라.

주해(註解)

1 우선객(牛仙客, 675~742)은 당현종(唐玄宗) 때 사람으로 처음에는 조그마한 고을의 관리였는데 732년에 숙숭(肅嵩)의 천거를 받아 하서(河西)와 삭방(朔方)의 절도사가 되었다. 736년에 현종이 상서(尙書)를 삼으려 하였으나 재상인 장구령(張九齡)이 반대하였다. 또 현종이 빈국공(豳國公)에 봉하려 하니 역시 반대를 하였다. 그 후에 다시 이임보(李林甫)가 우선객을 임금에게 천거하면서 말하기를, 「우선객은 재상의 재목입니다. 어찌 상서이겠습니까. 장구령은 서생으로 대체를 통달하지 못 하였습니다(仙客宰相才也 何有於尙書 九齡書生 不達大體).」 하였다. 그래도 현종이 반국공으로 봉하고자 말을 하니 장구령이 또 반대를 하였다. 결국 임금이 노기(怒氣)를 나타내니 이임보가 물러 나와서 장구령에게 말하기를, 「진실로 재식이 있다면서 어찌 말만 배웠는가, 천자가 사람을 쓰려는데 어찌 불가함이 있다고 하는가(苟有才識 何必辭學 天子用人 何有不可).」 그 후에도 여러 벼슬이 주어졌을 때마다 장구령은 반대를 하다가 자신의 벼슬이 낮추어지기도 하였다. 결국 738년에 우선객을 시중(侍中)으로 삼았고, 739년에 병부상서겸시중(兵部尙書兼侍中)을 삼았다. 742년에 우선객이 죽었다. 그러나 그는 생전에 상서(尙書)도 되었고 빈국공에 봉해졌다. 당시 사람들이 말하기를, 「우선객은 몸을 삼가 하여 다른 일은 하지 않고 시류(時流)와 더

불어 침부(沈浮:榮枯盛衰)하였을 뿐이다(牛仙客謹身無他 與時沈浮而已).」고 하였다. 실제로 우선객은 하나의 유유락락(唯唯諾諾)한 대반통(大飯桶)으로 이임보의 가신 노릇을 하였으며, 또한 현종의 수중물(袖中物) 노릇을 하는데 지나지 않았다.

해의(解義)

세상을 살아가는데 있어서 어지러운 세상을 만나든, 평화로운 세상을 만나든, 아무런 탈이 없이 잘 지내는 사람을 볼 수 있다. 이러한 사람 중에는 아부하는 근성과 무조건 교언영색(巧言令色)을 즐겨하는 사람이 없지 않다. 권력을 가진 사람은 결국 이러한 사람을 이용하여 자기 권력의 유지를 꾀한다. 사람은 세상을 살면서 정당하게 자기의 일을 하고, 정당한 자기의 권리를 누리며, 정당한 자기의 길을 가야 한다. 자기를 놓고 아닌 것을 찾는다면 결국은 이용당할 뿐만 아니라 시대의 부침(浮沈)을 따라서 본의 아닌 꼭두각시 춤을 추는 비열하고 용렬한 사람이 되기 쉽다.

16

아래를 업신여기는 것으로 승리를 취하는 사람은 침범을 당함이라.

凌下取勝者는 侵이라.
능 하 취 승 자 　 침

아래를 업신여기는 것으로 승리를 취하는 사람은 침범을 당함이라.

주석(註釋)

1 凌 : 업신여길 릉;모멸함. 범할 릉;거스름. 거역함. 무시함.

2 凌下 : 속이고 업신여기는 것, 즉 자기보다 못한 사람을 경멸하고 무시하여 안중에 두지 않고 함부로 대하는 것, 또는 자기의 뜻대로 부려 쓰는 것을 말한다.

3 勝 : 이길 승;상대를 지게 함. 억제함. 억누름. 능가함. 나을 승;딴 것보다 나음. 뛰어남.

4 侵 : 침범할 침;능멸함. 침해함. 법을 어김. 침노할 침;침략함.

해의(解義)

사람을 속이거나 업신여기는 것은 우월(優越)함과 지능(知能)을 드러내는 것이 아니다. 어디엔가 자기의 모자람, 곧 부족함을 남을 통해서 채워보려는 수단이요 졸렬한 방법이다. 남에게 고통을 안겨 줌으로써 만족감을 얻으려는 것이므로, 이는 비루한 짓이요 치악(恥惡)한 모습이다.

더욱이 아랫사람, 곧 자기보다 권력이나 재산이나 명예가 부족한 사람을 능멸하고 무시하여 어떠한 소득을 취하고 쾌감을 갖는다는 것은 열등의 행위이다. 이는 결국 사방으로부터 공격과 침해를 당하게 된다.

대인(大人)은 무엇이나 부족한 사람에 대하여 더욱 사랑하고 보호한다. 약자에게 힘과 용기를 북돋아 강자가 되고 승자가 되도록 이끄는 노력을 게을리하지 않다.

17

이름남이 실상보다 낫지 않은 사람은 영락(零落)하게 됨이라.

名不勝實者는 耗이라.
명불승실자 모

이름남이 실상보다 낫지 않은 사람은 영락(零落)하게 됨이라.

주석(註釋)

1 名 : 이름날 명;유명함. 명예. 공적. 이름 명;사물의 칭호.

2 耗 : 덜 모. 덜릴 모;영락(零落)됨. 감손함. 소모됨. 어지러울 모;너무 많이 난잡함.

장주(張註)

陸贄[1] 曰「名近於虛나 於敎에 爲重하고 利近於實이나
육지 왈 명근어허 어교 위중 이근어실

於義에 爲輕이라」하니 然則實者는 所以致名이요 名者
어의 위경 연즉실자 소이치명 명자

는 所以符實이니 名實相副則不耗匱矣라.
소이부실　　명실상부즉불모궤의

육지가 말하기를, 「명성은 허망에 가깝지만 가르침에는 중요함이 되고, 이익은 실질에 가깝지만 의에는 가벼움이 된다.」 하였으니, 그렇다면 실질은 명성에 이르게 하고 명성은 실질에 부합하는 것이니, 명성과 실질이 서로 맞으면 영락(零落)되거나 없어지지 않을 것이니라.

주해(註解)

1 육지(陸贄, 754~805) : 당(唐)나라 가흥(嘉興)사람. 자는 경여(敬與), 시호는 선(宣). 18세에 진사에 급제하였고 덕종(德宗) 때는 한림학사가 되었으며 특히 주차(朱泚)의 난리 때 황제가 심양으로 몽진함에 따라가서 신임을 얻었다. 특히 안에 있으면서 재사의 일에 가부(可否)를 말하므로 안의 재상이라 불렀다. 「육선공한원집(陸宣公翰苑集)」은 후세 사람들이 보아야 할 정도로 좋은 글이다.

해의(解義)

옛글에 「명성만 크고 실질이 작으면 뒤에 가히 볼 만한 것이 없는 것이니 최후의 승리는 실력이 으뜸이 된다(名大實小 後無可觀 最後勝利 實力爲上).」 하였다. 또 《장자》의 소요유(逍遙遊)에 「명성이란 실질의 손님(客觀的)이다(名者 實之賓也).」 하였는데, 그 주석(註釋)에 「실질에서 명성이 나오고, 명성은 실질을 따라 일어난다. 실질인 이것이 안이요 주인이며, 명성인 이것은 바깥이요 손님이다(實以生名 名從實起 實則是內是主 名便是外是賓).」 하였다.

이런 글에서 보면 실질이 있으면 반드시 그 명성은 드러나게 되고, 명성은 실질을 따라서 주어지게 되는 것이다. 명성이 드러남에 맞추려면 실질을 갖추어야 하고, 실질이 쌓여지면 명성이 퍼지게 되어 있다. 만일에 실질은 별것이 아닌데 명성만 크게 드러내려고 하면 반드시 영락(零落)을 맞게 된다. 정치를 하든지 기업을 하든지 학문을 하든지 간에 명과 실이 균등하여 허전(虛傳)이나 허문(虛聞)이 되지 않도록 해야 한다.

한 번의 헛된 명성은 이전에 쌓았던 실질도 묻어 버리고 공적도 감춰 버리게 된다. 깊이 감추어진 금옥(金玉)같은 실질은 항상 빛을 발현할 수 있는 요소가 내부에 충만해 있으니 내면의 실질을 갖추기에 많은 시간을 투자해야 한다.

18

자기에게는 간략하면서 남을 책망하는 사람은 다스리지 못함이라.

略己而責人者는 **不治**이라.
약 기 이 책 인 자　　불 치

자기에게는 간략하면서 남을 책망하는 사람은 다스리지 못함이라.

주석(註釋)

1 略 : 간략할 략 ; 자세하지 아니함. 약함. 대강 략 ; 대략. 대충대충.

2 略己而責人 : 자기 자신은 권력이나 귀부(貴富)를 좋아함을 관대하게 여기면서도 남에 대해서는 지적하고 비난하는 것.

3 責 : 꾸짖을 책 ; 책망함. 헐뜯을 책 ; 헐어 말함. 책망할 책 ; 힐책.

4 不治 : 치란 다스리는 것, 또는 국가를 다스리는 권력을 말한다. 불치란 국가를 다스리는 권력, 즉 치권(治權)이 제대로 행해지지 않음을 말한다.

해의(解義)

사람이 자기 자신에 대하여는 소승적(小乘的)으로 살필 필요가 있다. 자신의 마음가짐, 입놀림, 몸동작 등 어떤 허물이나 불미(不美)가 보이거나 나타나면 용서하거나 감추려 하지 말고 철저하게 고치고 다듬어야 한다. 반면에 남에 대하는 어떠한 잘못을 꾸짖을 때에는 대승적(大乘的)으로 이해와 관용(寬容)을 베풀 줄 알아야 한다. 상대편의 입장이 되어 지나치게 책망을 하거나 하시(下視)해서는 안 되니, 역지사지(易地思之)의 자세가 필요하다.

자기가 부귀나 권세를 가졌다 하여 언행(言行)을 함부로 하면서 남들을 엄하게 대한다면 그들이 반드시 원망을 품고 해독을 가져 앞길에 장애(障礙)가 될 것이다. 더구나 어떤 처지가 뒤바뀔 때는 더 많은 곤경을 당하게 된다. 이러한 사람은 부귀나 권력을 쥘 수 없겠지만 만약 잡는다면 어느 누구도 그 다스림에 들려고 아니할 것이다.

그러므로 우리는 자기 자신을 다스리든, 가정을 다스리든, 국가를 다스리든 간에 소승적인 면과 대승적인 면을 잘 조화(調和)하여 실현시켜야 한다. 그래야 원망과 보복이 없이 안치(安治)가 이루어진다.

19

자신에게는 관후(寬厚)하면서 남에게 박하게 하는 사람은 버리게 됨이라.

自厚而薄人者는 棄이라.
자 후 이 박 인 자 기

자신에게는 관후(寬厚)하면서 남에게 박하게 하는 사람은 버리게 됨이라.

주석(註釋)

1 自厚 : 스스로 자만(自滿)하는 것, 즉 스스로 만족하게 여기는 것.

2 厚 : 두터울 후 ; 두꺼움. 많음. 진함. 큼. 무거움. 정성스러움. 침착함. 천박하지 않음.

3 薄 : 얇을 박 ; 두껍지 아니함. 경박함. 박할 박 ; 인정이 없음. 박하게 할 박 ; 적게 함. 가벼히 여길 박 ; 경시함.

4 薄人 : 사람을 관대(寬待)하게 대하지 아니하고 경시(輕視)하는 것.

5 棄 : 버릴 기 ; 돌보지 아니함. 잊어버림. 물리침. 배척함.

장주(張註)

聖人은 常善救人而無棄人하고 常善救物而無棄物이
성인 상선구인이무기인 상선구물이무기물

라. 自厚者는 自滿也요, 非仲尼所謂躬自厚[1]之厚也니
자후자 자만야 비중니소위궁자후 지후야

自厚而薄人則人將棄廢矣라.
자후이박인즉인장기폐의

성인은 항상 잘 사람을 구원할지언정 사람을 버리지 아니하고, 항상 잘 만물을 구원할지언정 만물을 버리지 않는다. 자신에게 후하다는 것은 자기만 만족하는 것이요, 공자께서 말씀하신 「몸을 스스로 두텁게 한다.」는 두터움이 아니니, 자신에게 후하고 남에게 박하게 하면 사람들이 장차 버리고 폐하게 되니라.

주해(註解)

1 《논어》 위령공(衛靈公)에 공자가 말하기를, 「몸을 스스로 두텁게 하고 사람 꾸짖기를 엷게 하면 곧 원망을 멀리할 것이다.(躬自厚而薄責於人이면 則遠怨矣니라)」는 의미이다. 여기서는 "자기 자신 꾸짖기를 두텁게 하면 몸이 닦아지고, 남을 꾸짖기를 엷게 하면 사람들이 따르는 것이니 비록 사람을 부려 쓸지라도 원망하지 않는다."는 뜻이다.

해의(解義)

세상에서 가장 소중한 것은 자기 자신이다. 권리와 돈과 재물로 사거나 만들 수 없는 것이 자신이다. 그러기 때문에 자기에 대해서는 항상 용서하고 관대하여 잘못을 저질러 놓고도 거리낌이 없이 오히려 떳떳하기 쉽다. 반면에 남을 대하는 데는 모질고 박할 수가 있다. 남의 허물에는 용서와 관대가 통하지 않고 책망하며 미워하기 쉬운 것이 인간이다.

반대로 자신의 잘못을 책망함에 있어서는 "그럴 수가 있나"라는 신념으로 용서하거나 관대하려 말고 엄하게 꾸짖고 반성하여 다시는 잘못을 저지르지 않겠다고 각성해야 한다. 반대로 남에 대하여는 "그럴 수도 있겠지" 하는 생각으로 용서하고 관대하여야 한다.

성인은 사람을 구원하고 만물을 항상 살린다. 곧 스스로 먼저 버리지 않는다. 사람들이 성인을 버릴지언정 성인이 먼저 버리지 않는다. 만물도 성인을 곤란스럽게 할지언정 성인이 만물을 옭아매거나 사용(私用)으로 삼지를 않는다. 그러므로 결국은 모두 성인에게로 머리를 돌리고 돌아오게 되는 것이다.

우리는 세상을 살면서 항상 외면만을 비치는 거울이 아니라 내면을 비쳐보는 거울 하나씩을 달고 다니면서 몸과 마음을 비추어 자신을 다스려 나아가야 한다.

20

허물로써 공을 버리는 사람은 손해됨이라.

以過棄功者는 損이라.
이 과 기 공 자 　 손

허물로써 공을 버리는 사람은 손해됨이라.

주석(註釋)

1 損 : 잃을 손;상실함. 손해를 봄. 덜 손;감소함. 삭감함. 상실(喪失). 손실(損失).

해의(解義)

공(功)은 공이요, 허물은 허물(過)이다. 허물과 공이 섞이고 희석되어서는 안 된다. 큰 공이든 작은 공이든 허물이 있다 하여 그 공이 묻히고 나타나지 않게 되어서는 안 된다. 세상이 모두 큰 공을 가진 사람들만 살아간다면 누가 그들을 받들며 칭송할 것인가. 그 반대로 작은 공만 가진 사람들이 산다면 누가 그들을 큰 공을 가진 사람들로 이끌어 갈 것인가. 그러니 세상을 그들 나름대로 최선을 다하여 쌓은 공덕을 버리거나 묻히지 않도록 감싸서 품어 주어야 한다. 그리고 한 때의 잘못을 들어 그 공덕까지 모두 없애고 잘못한 허물만 드러내어 사람을 구렁텅이로 몰아넣는다면 어찌 인의(人誼)라 하겠는가.

그러므로 윗사람은 부하의 작은 공과 큰 공을 감추거나 누락됨이 없이 드러내어 칭찬할 줄 알아야 한다. 작은 허물이 있다 하여 그 허물만을 들쳐 보인다면 결국 인심을 잃어서 자신의 공이나 앞으로 공을 이루어 가는데 있어서 마장이 될 것이다. 자기가 거느린 사람이 덕인(德人)의 자품(資品)을 잃어서 중인(衆人)의 배척자가 되도록 해서 될 일인가.

21

뭇 부하(部下 : 臣下)들이 외향(外向)하고 이심(異心)되면 침륜(沈淪)함이라.

群下外異者는 淪이라.
군하외이자 륜

뭇 부하(部下:臣下)들이 외향(外向)하고 이심(異心)되면 침륜(沈淪)함이라.

주석(註釋)

1 群 : 무리 군;여러 사람. 떼. 같은 부류. 많을 군;많은. 여럿의. 떼질 군;한데 모임.

2 群下 : 뭇 천하의 영웅호걸 및 조야(朝野)의 대소 관리와 백성들을 말한다.

3 外異 : 외란 버린다는 뜻으로, 안을 버리고 밖으로 향한다(棄內向外)는 뜻이요, 이란 이심(異心) 이화(異化)의 의미로 어떤 주체(主體)가 발전되어 가는 단계를 말한다. 다시 말하면 시비(是非)나 이해(利害)나 근목(根

木) 등이 대립과 충돌을 통해서 발전되어가는 것을 말하고, 또한 전제적(專制的) 제도(制度)와 전제적(專制的) 군주(君主)를 말하기도 한다.

4 淪 : 빠질 륜;침몰함. 윤망(淪亡)함. 침륜(沈淪)함.

장주(張註)

措置失宜하야 群情隔塞하고 阿諛並進하며 私徇並行하야 人人異心이면 求不淪亡이니 不可得也니라.
조치실의 군정격색 아유병진 사순병행 인인이심 구불륜망 불가득야

조치하는 것이 마땅함을 잃어서 여러 삶의 뜻이 막히고 아첨이 아울러 나아가고, 사사로 따름만 함께 행하여 사람마다 마음을 달리하면, 침륜하고 패망하지 않기를 구하여도 가히 얻지 못할 것이다.

해의(解義)

군하(群下)란 천하에 영걸(英傑)한 조야(朝野)의 관리와 국민들을 말한다. 외이(外異)의 외는 기내향외(棄內向外), 곧 안을 버려두고 밖으로 치달음을 말하며, 이는 이심(異心), 이화(異化)의 뜻이다.

외이는 조정의 관리나 나라의 국민들이 내적인 생산이나 국방이나 경제 등 자주권(自主權)을 버리고 외부의 문물(文物)을 따르고 수입(輸入)을 일삼으며 외세(外勢)의 영향을 받아 움직임으로 생긴다. 그리

하여 관리나 국민들 각자가 각각의 마음을 가지고 각각의 소리를 내며 각각의 사리(私利)만을 채운다. 또 사대심(事大心)을 가져서 아첨하고 군림하여 국민의 정서를 격색(隔塞)하면 모두 이질화(異質化)가 되고 이심화(異心化)가 되어 국가나 국민이 망하기 싫어도 망하게 되고, 떠나기 싫어도 떠날 수밖에 없어진다.

그러므로 정치를 하거나 기업을 하거나 지도자는 관리와 국민의 의지(意志)와 구성원의 의지를 한데 모을 줄 알아야 한다. 일원화(一元化)시키는 작업에 노력해야 국가와 국민, 또 기업에 불행한 일이 생기지 않는다.

22

이미 쓰기는 하고 맡기지 아니하는 사람은 소원(疎遠)해 짐이라.

既用不任者는 疎이라.
기 용 불 임 자 　 소

이미 쓰기는 하고 맡기지 아니하는 사람은 소원(疎遠)해 짐이라.

주석(註釋)

1 用 : 쓸 용;부림. 인물을 끌어 씀. 행함. 행동함.

2 疎 : 疏와 같은 글자. 멀리할 소. 멀어질 소. 멀 소;소원하여짐. 가까이 하지 아니함. 가깝지 않음. 친하지 않음.

장주(張註)

用賢不任則失士心이니 此는 管仲所謂害霸[1]也라.
용 현 불 임 즉 실 사 심 　 차 　 관 중 소 위 해 패 　 야

어진 이를 써놓고 임무를 주지 않으면 선비들의 마음을 잃게 되는 것이니, 이는 관중이 말한 패업에 해로움이 되는 것이라.

주해(註解)

1 害覇 : 해패란 "패업을 이루는데 방해가 되는 것"의 의미이다. 이 이야기를 관자〔管子:춘추시대 제나라의 관중(管仲)을 말함, 또는 관중이 쓴 책 이름〕의 패형(覇形)에 나오는데, 그 대강은 다음과 같다.

초(楚)나라가 정(鄭)나라와 송(宋)나라를 침공하였다. 정나라에서는 온 국토를 불살라 버렸고, 송나라에서는 농토를 황폐하게 만들고 반면에 강물을 막아 동쪽으로 흐르지 못하게 하였다.(중국의 물은 모두 동쪽으로 흘러 바다로 빠지도록 되어 있는데 동쪽을 막으면 온 나라에 물이 들어오게 됨)

이렇듯 초나라는 정나라, 송나라를 아주 삼키려 하지만 백성이 많고 무력이 강한 제(濟)나라를 두려워하여 예물을 갖추어 외교적으로 제나라를 가만히 있도록 하고 무력을 다시 써서 정나라, 송나라를 집어 삼키려 하였다. 이렇게 되면 제나라의 입장에서는 정나라, 송나라의 두 나라를 잃고, 또 초군(楚軍)을 막을 경우 초나라에 원망을 사게 되어 있었는데 이러한 사안에 대하여 제환공(齊桓公)은 관중에게 계책을 물었다.

관중이 이에 대하여 말하기를, 「즉시 군대를 동원하여 정나라, 송나라 두 나라를 회복해 주고 초나라 군대는 공격하지 말며, 따라서 초왕과 회견을 제의하여 그 회견장에서 정나라의 국토정비에 방해하지 말 것과 송나라의 강물을 막는 것도 중지하도록 하십시요, 만일이 제의를 초왕이 들어주면 우리 외교의 승리요, 그렇지 않으면 무력을 행사하여 우리의 뜻을 관철시켜야 합니다.」 하였다.

이러한 조건을 초왕이 수락하여 정나라, 송나라 두 나라도 잃지 않고 초나라와도 원망을 사지 않았다.

이는 모두가 관중의 현명한 계책을 임금인 제환공이 잘 받아서 실현하였기 때문이요, 만일 관중 같은 현명한 사람을 쓰지 않고 설사 썼더라도 멀리하여 그 마음(모든 선비들의 마음)을 잃어 버렸다면 제후들을 규합(九合諸侯)하여 천하에 패업을 이루지 못하였을 것이다.

해의(解義)

사람에게는 부려야 할 사람이 있고, 맡겨야 할 사람이 있다. 부려야 할 사람은 어떻게든 코가 꿰어져서 조종을 받는 사람이거나 아니면 자립의 능력이 모자라서 시키는 일 외에는 처리할 실력이 없는 사람이다. 반면에 맡겨야 할 사람은 능력(能力)과 지력(智力)과 행력(行力)을 갖추어 어떤 경우, 어떤 일도 능히 처리할 수 있는 사람이다.

전자는 보통 사람으로 어디서나 얻을 수 있다면, 후자는 특별한 사람으로 어디나 있는 것이 아니라 숨어서 관망하기 때문에 좀처럼 만나기 어려운 것이다. 용인(用人)의 입장에 있는 사람은 후자를 발굴하고 찾는데 힘써서 첫째, 그 마음을 얻고 다음으로 일을 주어야 한다. 만일에 데려다 놓고 책임을 주지 않으면 그 마음도 잃고 사람도 잃어서 큰일을 하는데 좋은 결과를 얻을 수 없게 된다.

제환공은 관중 한 사람을 쓰고 또 책임을 주어서 제후들을 규합하여 패업을 달성하였다. 국가나 기업의 책임자들은 인재 제일주의를 세워 사람을 얻고 사람을 얻었으면 책임을 맡겨서 끝까지 일을 하도록 해야 성공의 열매를 거둘 수 있는 것이다.

23

상을 행할 때에 아끼는 표정(얼굴)을 하는 사람은 막히게 됨이라.

行賞悋色者는 沮이라.
행 상 린 색 자 　 저

상을 행할 때에 아끼는 표정(얼굴)을 하는 사람은 막히게 됨이라.

주석(註釋)

1 悋 : 아낄 린 ; 인색함. 주저함. 吝과 동자.

2 沮 : 막을 저 ; 저지함. 방해를 함. 꺾일 저 ; 기가 꺾임.

장주(張註)

色有靳吝이면 有功者가 沮하리니 項羽之刓印[1]이 是也라.
색 유 근 린 　 유 공 자 　 저 　 항 우 지 완 인 　 시 야 얼굴 표정에 아까워함이 있으면 공이 있는 사람의 (사기가) 꺾이게 되나니 항우의 인장 끈 해짐이 이것이라.

주해(註解)

1 기원전 206년, 유방(劉邦, B.C. 258~B.C. 195)이 한신(韓信, B.C. 230~B.C. 196)을 대장으로 임명하고 계책을 물었을 때 한신이 항우의 사람됨을 분석하여 말하기를, 「항왕은 공이 있는 사람에게 당연히 봉작(封爵)을 해야 하지만 인장 끈이 해지도록 망설였으니, 이것은 부인(婦人)의 인(仁)이다.」 하였다.

이것은 항우가 공이 있는 문신(文臣)과 무장(武將)들에게 봉작할 때에 큰 인장을 잡고 얼굴에 찍기 싫은 표정을 나타내며 심지어는 인장의 모서리가 모질어졌다고까지 하였으니 이는 부인의 좁은 인이다. 부인의 인이란 어린이를 어루만지는 것으로써 장상(將相)을 임명할 수 없는 것이다.

그러므로 항우는 부인의 인만을 가졌기에 공신과 제후들이 회심상기(灰心喪氣)하여 막히게 되었던 것이다.

해의(解義)

상을 많이 주어야 사기가 살아난다. 상을 주되 꼭 주어야 할 사람에게만 주자. 주지 않아도 될 사람이나 주어서는 안 될 사람을 잘 구별하여 상을 주어야 한다. 가령 공적이 없는 사람이나 친분을 따라서 상을 주면 중인의 비웃음거리가 되기 쉽고, 의식을 가진 사람은 자연 멀리하고 낮추어 보게 된다.

상을 줄 때는 마음에서부터 아낌이 없어야 한다. 싫은 표정이나 마지못해 내키지 않는 표정으로 상을 주어서는 안된다. 이왕에 주는 상이라면 마음과 아울러 기쁨도 함께 해야 한다.

그러므로 윗사람이 되어 공적이 있는 사람에게 상을 베풀 때는 일상백치(一賞百治)의 효과를 얻게 되어야 한다. 곧 한 사람에게 상을 주어 여러 사람을 다스리게 되는 것이다.

24

많이 허락하고 적게 주는 사람은 원망하게 됨이라.

多許少與者는 怨이라.
다 허 소 여 자　원

많이 허락하고 적게 주는 사람은 원망하게 됨이라.

주석(註釋)

1 許 : 허락할 허;승인함. 인가함. 들어줌.

2 與 : 줄 여;급여함. 허락할 여;허여함.

장주(張註)

失其本望이라.
실 기 본 망

그 본래의 바람을 잃게 되는 것이라.

해의(解義)

사람이 무엇이나 남에게 베푸는 것은 좋은 일이다. 이는 원악(怨惡)의 뿌리가 되지 아니하고 희선(喜善)의 근원이 되므로 베풀어 주는 것보다 더 좋은 일은 없다.

그러나 주는 사람일수록 신중하게 생각해야 한다. 자칫하면 내 것을 주고 싫은 소리 들으며 원망을 살 수 있기 때문이다. 대개 주는 사람은 강자요 받는 사람은 약자며, 주는 사람은 교만하고 받는 사람은 굽히며, 주는 사람은 웃음 웃고 받는 사람은 눈물지며, 주는 사람은 얽어매고 받는 사람은 끌려가는 모습이 되기 쉽다. 그러므로 받는 사람 쪽보다는 베푸는 편에서 훨씬 많은 배려를 해야 한다.

따라서 베풀기로 약정했으면 특별한 사정이 없는 한 주어야 한다. 유상이든, 무상이든 약속에 대한 이행은 반드시 지켜야 한다. 재물이 되었든, 권리가 되었든, 금전이 되었든, 부귀가 되었든 간에 허여(許與)한 이상 꼭 실천해야 한다. 그래야 많은 사람들로부터 약락(約諾)에 대한 박수를 받게 되고, 박수를 받음으로써 원망(怨望)과 감사로 바뀌게 된다.

그러므로 "예"와 "아니요"를 신중히 생각하여 입 밖으로 내보내야 한다. 그리고 내보냈으면 반드시 행동으로 옮겨서 언행(言行)이 일치해야 한다.

25

이미 맞아들이고 거절하는 사람은 괴리(乖離)함이라.

既迎而拒者는 乖이라.
기영이거자 괴

이미 맞아들이고 거절하는 사람은 괴리(乖離)함이라.

주석(註釋)

1 迎 : 맞이할 영 ; 오는 이를 맞아들임. 미래를 기다려 맞이함.

2 拒 : 막을 거 ; 거절함. 방어함. 어길 거 ; 좇지 아니함.

장주(張註)

劉璋이 迎劉備而反拒之 – 是也[1]라.
유장 영유비이반거지 시야

유장이 유비를 맞아들이고 도리어 거절함이 이것이니라.

주해(註解)

1 211년, 유장(劉璋, ?~220)이 장로(張魯)를 얻고 장차 익주(益州)를 치려 할 때 법정(法正)을 형주(荊州)로 보내 유비를 맞아들여 장로를 막도록 하고 자신은 성도(成都)로 돌아와 편안하게 지내고 있었다. 뒤에 유비가 군대를 빼앗아 성도를 취하려는 계책을 발각하고 유비가 군사와 식량을 더해 달라는 요구를 받아들이지 아니하고 관(關)과 성(城)의 모든 장수들에게 명령하여 유비와 상통하지 못하도록 하였다.
214년, 유비가 제갈량(諸葛亮), 장비(張飛), 조운(趙雲) 등과 성도를 치니 유장이 나와서 항복하고 공안(公安)을 지나 익주까지 점유하게 되었다.

해의(解義)

어떠한 상황에서든지 사람을 맞아들인다는 것은 상생상화(相生相和)하는 일이다. 그러나 정당한 방법과 정당한 기준을 가지고 맞이하고 그에 걸맞은 대우를 해야 배반하지 않을 것이다. 일시적으로 어려운 상황을 막기 위한 방패로 맞이하는 것은 도리가 아닐 뿐만 아니라 뒤에 반드시 트집이 생긴다.

어떠한 기업에서 다른 기업의 중책에 있는 사람을 데려다가 이익만 챙기고 버리면 어떻게 되겠는가. 아마 그 사람은 가만히 있지 않고 그 기업의 부도덕과 조그만 비리(非理)라도 보이는 대로 폭로하기에 바빠질 것이다.

그러므로 사람을 영접하여 협조를 구해 놓고 불이익이 생긴다고 거절하는 것은 마치 옥백(玉帛)으로 간과(干戈)를 만드는 것과 같아서 상도(常道)에 배리(背理)되는 일이다. 맞이할 때 정중하고 신중해야 훗날의 아픔을 겪지 않게 된다.

26

엷게 베풀어 놓고 두텁게 바라는 사람은 갚아 주지 아니함이라.

薄施厚望者는 不報이라. 박시후망자 불보

엷게 베풀어 놓고 두텁게 바라는 사람은 갚아 주지 아니함이라.

주석(註釋)

1 施 : 베풀 시 ; 은혜를 베풂. 시행함. 차림. 은혜 시.

2 望 : 바랄 망 ; 기대함. 소망 망 ; 바라는 바.

3 報 : 갚을 보. 갚음 보 ; 은혜나 원한을 갚음.

장주(張註)

天地不仁하야 以萬物爲芻狗하고 聖人不仁하야 以百
천지불인 이만물위추구 성인불인 이백

姓爲芻狗[1]하나니 覆之載之하고 含之育之나 豈責其報也
성위추구 복지재지 함지육지 기책기보야

리요.(責: 구할 책; 요구함)

하늘과 땅은 어질지 아니하여 만물로 추구를 삼고, 성인도 어질지 아니하여 백성으로서 추구를 삼나니, 덮어주고 실어주며 머금어주고 길러주는데 어찌 그 갚아 주기를 요구하리요.

주해(註解)

1 《노자》 5장에 나오는 말이다. 이 말의 뜻은 천지란 무위자연(無爲自然)으로 운행하면서 만물을 낳고 기르며(生而育之), 열매 맺고 갊아 두는(實而藏之) 역할을 하기 때문에 만물을 추구(芻狗: 짚으로 만든 개)로 삼아 소용이 있을 때는 이용하고, 소용이 없으면 버려서 사정(私情)이나 미련을 갖지 않는다.
성인도 또한 이와 같아서 백성들을 덕화(德化)로 기르고 교화(敎化)할 뿐 인정(人情)이나 연정(戀情)을 두어서 언제까지 끌고 다니지 않는 것이다.

해의(解義)

천지는 만물들에게 베풀어 줄 뿐이지 바라는 것이 없다. 천지는 만물을 내고, 기르고, 열매 맺고, 갊아 두는 일을 반복하며 쉼 없이 계속할 뿐 보답을 바라지 않는다.

베풂에 있어서 이런 천지를 본받아야 한다. 즉 무상시(無常施)하고 무위시(無爲施)해야 한다. 무엇이나 바라는 데서 틈이 생기고 구멍이 뚫린다. 당초부터 바람이 없다면 어떻게 하더라도 몸과 마음이 구겨지지 않을 것이다.

그러므로 베푸는 처지에 있는 사람은 많이 베풀고 적게 받으려 하며, 넓게 베풀고 자기를 숨겨야 하며, 크게 베풀고 바람이 없어야 하며, 모르게 베풀고 나타남이 없어야 한다. 그렇게 할 때 그 공덕의 결과는 천지와 더불어 받게 된다.

27

귀해졌다고 천함을 잊은 사람은 오래가지 못함이라.

貴而忘賤者는 不久이라.
귀 이 망 천 자 　 불 구

귀해졌다고 천함을 잊은 사람은 오래가지 못함이라.

주석(註釋)

1 貴 : 귀할 귀 ; 지위가 높음. 존숭함.

2 忘 : 잊을 망 ; 기억하지 못함. 소홀히 함. 염두에 두지 아니함.

3 賤 : 천할 천 ; 지위나 신분이 낮음. 하등임. 저급함.

4 久 : 오랠 구 ; 시간이 경과하여도 변하지 아니함. 오래감.

장주(張註)

道足於己者는 貴賤이 不足以爲榮辱하야 貴亦固有하
도 족 어 기 자 　 귀 천 　 부 족 이 위 영 욕 　 귀 역 고 유

고 賤亦固有로되 唯小人은 驟而處貴則忘其賤하나니 此
천역고유 유소인 취이처귀즉망기천 차

所以不久也라.
소이불구야

도가 몸에 충족한 사람은 귀하고 천함이 족히 영화와 욕됨이 되지 않아서, 귀도 또한 진실로 있는 것이고 천도 또한 본디 가진 것이로되, 오직 소인은 갑자기 귀한데 처하게 되면 그 천함을 잊나니 이러하기 때문에 오래가지 못하는 것이니라.

해의(解義)

후한(後漢) 때 장안(長安) 사람으로 송홍(宋弘)이 있었다. 사람 됨됨이가 청빈하여 선평후(宣平侯)에 봉작(封爵)되었다.

광무황제(光武皇帝)의 누이동생에 호양공주(湖陽公主)가 있었는데 송홍의 사람됨에 마음이 끌려 뜻을 품고 있었다. 하루는 오빠인 임금을 통해 의중을 살펴보려고 병풍 뒤에 숨어서 군신(君臣)의 대화를 듣고 있었다.

임금이 송홍에게 말하기를, 「속담에 "귀해지면 친구를 바꾸고 부해지면 아내를 바꾼다(諺言貴易交 富易妻)." 하는데, 어떻게 생각하는가.」 하고 물으니, 송홍이 대답하기를, 「신이 들으니 "빈천할 때 사귄 친구는 잊을 수 없고 찌꺼기를 함께 먹은 아내는 당에서 내려오지도 못하게 한다(臣聞貧賤之交不可忘 糟糠之妻不下堂).”」 하니, 이에 임금이 병풍 뒤의 공주를 돌아보며 성사가 되기 어렵다고 하였다.

어찌 벼슬이 높아졌다고 하여 친구를 바꾸고 부자가 되었다고 하여 아내를 바꾸겠는가. 귀할수록 몸을 낮추어 다 포용하고 부할수록 이웃을 살펴 베풀어 주어야 한다. 그래야 오래도록 부귀를 유지하고 사람들의 존경을 받으며 중인들의 의지처가 되어줄 수 있게 된다.

28

옛적 원망을 생각하여 새로운 공을 버리는 사람은 흉하여짐이라.

念舊怨而棄新功者는 凶이라.
염구원이기신공자 흉

옛적 원망을 생각하여 새로운 공을 버리는 사람은 흉하여짐이라.

주석(註釋)

1 念 : 생각할 념. 생각 념;사려.

2 舊 : 옛 구. 옛날 구;옛일. 옛날부터. 오래전부터. 옛날에. 이전에. 오랠 구;세월이 많이 경과됨.

3 新 : 새 신;새로움. 새로운 사물. 새로 안 사람. 새롭게 할 신;혁신함.

장주(張註)

切齒於睚眦之怨하고 眷眷於一飯之恩者는 匹夫之量
절치어애자지원 권권어일반지은자 필부지량

이라. 有志於天下者는 雖仇나 必用은 以其才也요, 雖怨
유지어천하자 수구 필용 이기재야 수원

이나 必錄은 以其功也니 漢高祖侯雍齒[1]는 錄功也요, 唐
필록 이기공야 한고조후옹치 록공야 당

太宗이 相魏鄭公[2]은 用才也라.
태종 상위정공 용재야

이를 갈고 흘겨보아야 할 원망에(睚眦怨;"눈을 한번 흘길 정도의 원한"이라는 의미로 아주 작은 원한을 말함) 한술 밥의 은혜를 못 잊어 하는 것은 필부의 국량(局量)이라. 뜻을 천하에 둔 사람은 비록 원수라도 반드시 씀은 그 재능이요, 비록 원한이 있더라도 반드시 나타내는 것은(錄;나타낼 록) 그 공이니, 한고조가 옹치를 후(십방후:什方侯)로 삼은 것은 공을 나타냄이요, 당태종이 위정공을 재상으로 기용함은 재능을 씀이니라.

주해(註解)

1 雍齒 : 본서:황석공소서(本書:黃石公素書) 서문(序文)의 주(註) 21 참조.

2 魏 : 위징(魏徵, 580~643)을 말하는데, 정공(鄭公)이라 함은 위징을 정국공(鄭國公)에 봉하였기 때문이다. 위징이 태자의 세마(洗馬)가 되어 항상 태자 건성(建成)에게 권하여 진왕 이세민(秦王 李世民:唐高祖의 次子로 隋나라 말엽, 천하가 크게 어지러울 때 고조에게 擧兵을 권하여 천하를 통일하고 진왕에 봉해졌다. 건성과 元吉이 죽은 후에 태자가 되었고, 이어 唐太宗이 되어 정사를 잘하였다. 재위기간 23년)을 제거하라고 권하였다. 626년,

현무문(玄武門)의 변고로 태자인 건성과 동생인 원길이 죽은 뒤에 세민이 대권을 잡고 위정을 불러 문책하기를, 「너는 어찌하여 우리 형제들을 이간질하였는가.」 위징이 대답하기를, 「먼저 태자가 일찍이 나의 말을 따랐더라면 오늘의 재앙은 없었을 것이다.」고 하였다.

이에 세민이 그 재능을 귀중하게 여겨 여러 벼슬을 내리고 마침내 정국공에 봉하였다.

해의(解義)

임금이 장수들의 과거 잘못한 원한을 가슴에 묻어두고 있다가 그 장수가 큰 공적을 세웠음에도 인정하지 않고 과거에 잘못하였던 원한만을 생각한다면 어떻게 되겠는가. 이는 임금인 자신에게 문제가 있는 흉잔(凶殘)한 사람이라 하지 않을 수 없다.

사람이란 잘못할 수도 있고 잘할 수도 있다. 만일 아랫사람이 어떤 잘못을 무의식 속에 박혀서 간직하였다가 잘한 점이 발견되었을 때 과거의 잘못으로 그것을 덮어버린다면 바른 모습은 아니다.

그러므로 지도자는 품격을 지니고 인재를 두루 포용하여 적재적소에 배치하여 일하도록 해야 한다. 그리고 소소한 잘못이나 원한은 생각하지 말아야 뒤에 흉액(凶厄)을 당하지 않을 것이다. 따라서 윗사람일수록 은악양선(隱惡揚善)의 마음가짐을 내면에 지니고 베풀 줄 알아야 한다.

29

사람을 쓰되 바른 사람을 얻지 못한 사람은 위태로움이라.

用人不得正者는 殆이라.
용 인 부 득 정 자 태

사람을 쓰되 바른 사람을 얻지 못한 사람은 위태로움이라.

주석(註釋)

1 正 : 바를 정;도리에 맞음. 삐뚤어지지 않고 곧음. 틀리지 아니함. 바름. 바른 일. 바른 도(道). 바른 이. 바른 사람. 군자(君子).

2 正者 : 정인(正人), 곧 군자(君子). 정직(正直)한 사람. 정언(正言)과 덕재(德才)를 겸비한 사람.

2 殆 :위태할 태;위험함. 위태로워 할 태;위태롭게 여김.

해의(解義)

바른 사람이란 곧고 참되어 심행(心行)에 재능과 덕화를 두루 갖춘 군자를 말한다. 이러한 사람은 어떤 처지에서 일하더라도 어긋나고 흩어짐이 없이 단정하다. 만일에 사람을 써야 할 처지에 있으면서 이러한 사람을 얻지 못하고, 삿되고, 아부하며 무능한 사람을 얻게 되면 그 앞길이 어떻게 되겠는가. 정치를 하든지, 기업을 하든지 항상 위태로움이 따르게 될 것이다.

그러므로 사람은 스스로 바르고 참되어야 바르고 참된 사람이 보이고 따르는 것이다. 자기가 쓴 안경이 검으면 세상이 모두 검게 보이고 푸르면 모두 푸르게 보이듯이, 마음이 굽고 삿되면 그러한 무리들이 보이게 된다. 용인(用人)하는 처지에 있는 사람은 심지(心地)에 정직(正直)을 갈무리고 행동에 정로(正路)를 밟아 나아가야 위태로움을 만나지 않는 법이다.

30

억지로 사람을 쓰려는 자는 기르지 못함이라.

強用人者는 不畜하고
강용인자 불휵

억지로 사람을 쓰려는 자는 기르지 못함이라.

주석(註釋)

1 强 : 억지로 강 ; 무리하게. 강요할 강 ; 억지로 시킴.

2 畜 : 기를 휵 ; 사람을 기르다. 기를 축 ; 짐승을 기르다.

장주(張註)

曹操-强用關羽而終歸劉備[1]하니 此는 不畜也라.
조조 강용관우이종귀유비 차 불휵야

조조가 관우를 억지로 쓰려 하였으나 마침내 유비에게

로 돌아갔으니, 이는 기르지 않음이다.

주해(註解)

1 200년, 조조(曹操, 155~220)는 유비(劉備)를 쳐서 관우(關羽, 160~219)를 포로로 잡았다. 그리하여 관우를 극진히 대우하고 아울러 한수정후(漢壽亭侯)에 봉하여 주었다. 그러한 뒤에 조조가 장요(章遼)를 보내어 가고 머묾에 대한 뜻을 물었다. 이에 관우가 말하기를, 「나는 조공(曹公)이 나를 후하게 대우하고 있다는 사실을 잘 알고 있습니다. 그러나 나는 유장군의 후은(厚恩)을 받았고 생사를 함께 하기로 맹세를 하였으니 배반할 수 없으므로 머물지 않겠습니다.」 하였다. 조조가 보고를 받고 의리가 있는 사람이라고 여겼다. 뒤에 관우가 편지를 써서 알린 뒤에 유비에게로 돌아갔다. 곁에 있던 사람들이 추격하려 하였으나 조조는 「그 사람도 주인을 위해서 가는 것이니 쫓지 말라.」 하였다.

해의(解義)

내가 직접적으로 사람을 기르지 않고 길러진 인재를 찾는 것은 우물에서 숭늉을 찾는 것과 같아서 쉬운 일이 아니다. 그러한 사람, 마음에 맞는 인재가 쉽게 나타나 주기 때문이다.

인농(人農), 곧 사람을 기르는 일이 중요하다. 사람 농사를 잘 지어야 무엇이든지 유지하고 발전시킬 수 있다. 정치든, 기업이든 사람이 하는 것이다. 그러니 사람을 길러야 한다. 사람을 길러야 내 사람이 되고, 내 사람이 되어야 내 일을 맡겨서 할 수 있으니, 사람농사가 제일가는 농사이다.

그런데 사람을 기르되 억지로 기르려 해서는 안 된다. 특히 저편에서 길러진 사람을 권력이나 금전을 이용하여 데려다가 쓰면, 그때는 복종할지 몰라도 어느 계기를 당하면 반드시 말썽을 일으켜 화근의 종자가 되기 쉽다.

그러므로 눈이 밝고 마음이 열린 사람은 먼 훗날을 위하여 사람을 기르고 개척하는데 시간과 물질적 투자를 아끼지 않는 법이다.

31

사람을 위하여 벼슬을 가리는 사람은 어지러워지니라.

爲人擇官者는 亂이라.
위 인 택 관 자 　 난

사람을 위해 벼슬을 택하는 사람은 어지러워지니라.

주석(註釋)

1 擇 : 가릴 택 ; 고름, 선택함.

2 擇官 : 택이란 간선(揀選)한다는 의미요, 관이란 국가나 정부의 직무를 맡긴다는 의미이다.

해의(解義)

벼슬은 자신을 위한 길이다. 자기의 입신출세(立身出世)와 가문의 영달(榮達)을 위해서 나아가기도 하지만, 사실은 자기의 포부(抱負)와 경륜(經綸)을 펴기 위한 방법으로 벼슬에 나아가야 한다. 그렇지 않고 권세를 얻기 위하거나 일신(一身)의 안위를 위하여 벼슬을 한다면, 모리(謀利)가 될 수 있고 견비(牽非)가 되기 쉽다.

권세를 얻기 위한 벼슬이라면 결국 붕당(朋黨)으로 모아진다. 붕당이나 파당(派黨)으로 모이면 시대의 시비(是非)가 논의되고, 시대의 시비가 논의되면 편리(偏利)를 쫓고, 편리를 쫓으면 취사(取捨)하려 하고, 취사하려 하면 모의(謀議)가 된다. 모의가 되면 사건(事件)이 만들어지고, 사건이 만들어지면 혼란(混亂)이 따르고, 혼란이 일어나면 살상(殺傷)이 나타나게 된다. 그리고 살상이 나타나면 망신(亡身)·망가(亡家)·망국(亡國)이 되는 것이다.

그러므로 현명한 사람은 자신의 능력으로 일을 처리할 수 없으면 어지러운 때일수록 조신(操身)하며 살아간다. 어떤 사람의 조종에 의하여 자기 삶이 엮어지는 것이 아니라, 항상 자립(自立)하며, 자득(自得)하며, 자진(自進)하며, 자의(自意)하는 것이다.

32

그 강한 바를 잃는 사람은 약해지니라.

失其所强者는 弱이라
실 기 소 강 자 약

그 강한 바를 잃는 사람은 약해지니라.

주석(註釋)

1 失 : 잃을 실;빠뜨림. 놓침. 빼앗김. 남의 손으로 넘어감. 찾지 못함. 그르침. 잘못함. 허물 실;과실. 실수.

2 弱 : 약할 약;강하지 아니함. 약한 것. 약한 사람. 잃을 약;상실함. 패할 약;전패함. 쇠약.

장주(張註)

有以德强者하고 有以人强者하고 有以勢强者하고 有
유 이 덕 강 자 유 이 인 강 자 유 이 세 강 자 유

以兵强者이라. 堯舜은 有德而强[1]하고 桀紂는 無德而弱[2]
이 병 강 자 요 순 유 덕 이 강 걸 주 무 덕 이 약

하고 湯武는 得人而强[3]하고 幽厲는 失人而弱[4]하고 周는
탕 무 득 인 이 강 유 려 실 인 이 약 주

得諸侯之勢而强하고 失諸侯之勢而弱[5]하고 唐은 得府
득 제 후 지 세 이 강 실 제 후 지 세 이 약 당 득 부

兵而强하고 失府兵而弱[6]이라. 其於人也엔 善爲强惡爲
병 이 강 실 부 병 이 약 기 어 인 야 선 위 강 악 위

弱이요, 其於身也엔 性爲强情爲弱이라.
약 기 어 신 야 성 위 강 정 위 약

덕으로써 강해진 사람이 있고, 사람으로서 강해진 사람이 있으며, 세력으로써 강해진 사람이 있고, 군사로써 강해진 사람이 있다. 요임금과 순임금은 덕이 있어 강하였고, 걸왕과 주왕은 덕이 없어서 약하였으며, 탕왕과 무왕은 사람을 얻어서 강하였고, 유왕과 여왕은 사람을 잃어서 약하였으며, 주나라는 제후의 세력을 얻어서 강하였고, 제후의 세력을 잃어서 약하였으며, 당나라는 부병을 얻어서 강하였고, 부병을 잃어서 약하였다. 사람에게는 선이 강이 되고 악이 약이 되며, 몸에는 성품이 강이 되고 정념(情念)이 약이 되니라.

주해(註解)

1 《사기》의 오제본기(五帝本紀)에 「제요의 (이름은) 방훈이다. 인자하기가 하늘 같고 지혜로움이 신 같았으며, 나아감이 태양 같았고 바람이

구름 같았다. 부유하지만 교만하지 않았고, 존귀하지만 거드름피지 않았으며, 황색의 모자를 쓰고 검은 옷을 입고서 흰 말이 끄는 붉은 수레를 탔다. 능히 준수한 덕을 밝혀서 구족을 친하게 하였고, 구족이 이미 화목하게 되자 백관의 직분을 나누어 분명하게 하였으며 백관이 밝고 분명하니 만국이 화합하였다(帝堯者 放勳 其仁如天 其知如神 就之如日 望之如雲 富而不驕 貴而不舒 黃收純衣彤車乘白馬 能明馴德 以親九族 九族旣睦 便章百姓 百姓昭明 合和萬國).」고 사람됨과 덕화를 칭송하였다.

또 순(?~B.C. 2037)은 오제본기에 보면, 순이 요임금을 이어 섭정하여 사방으로 나아가 곤(鯀)과 공공(共工)과 환두(驩兜)와 삼묘(三苗) 등을 제거하고 천자가 된 뒤에 사악(四嶽)에게 자문하고 현인을 선발하여 백성들을 다스렸다. 또한 대우(大禹)가 치수(治水)에 공이 있어 계승하도록 하고 말하기를, 「국토는 사방으로 오천리나 되어 황복까지 이르렀다. 남쪽으로는 교지와 북발, 서쪽으로는 융과 석지와 거유와 저와 강, 북쪽으로는 산융과 발과 식신, 동쪽으로는 장과 조이를 무마하니 사해의 안이 모두 순임금의 공적을 숭앙하였다(方五千里 至於荒服 南撫交阯 北發 西戎析枝 渠廋氐羌 北山戎發 息愼東長鳥夷 四海之內 咸戴帝舜之勳).」 하였으니, 천하에 덕을 밝힌다고 하는 것은 순제(舜帝)로부터 비롯되었다.

2 걸(桀)은 하(夏)의 최후 국왕으로 역사상 제일가는 폭군이다. 그는 매희(妹喜)를 총애하고 포악무도하였다. 《사기》의 하본기(夏本紀)에 「걸왕은 덕행에 힘쓰지 않고 무력으로 백성들을 상해하였으므로 백성들이 견딜 수가 없었다(桀不務德 而武傷百姓 百姓不堪).」고 하였다. 결국은 매희와 배를 타고 가서 남소(南巢)라는 산에서 죽었다.

주(紂, B.C. 1105~B.C. 1046)는 상(商)의 최후 국왕으로 역시 유명한 폭군이다. 그는 달기(妲己)를 총애하여 충신을 죽이고 형벌을 엄하게 하였다. 아첨하는 신하들을 쓰니 자연 제후들이 멀어져 갔다. 결국은 주(周)의 무왕(武王)에게 멸망을 당하였다.

3 탕(湯, B.C. 1766~B.C. 1752)은 상(商)나라의 건립자로 《사기》의 하본기에 「탕은 덕행을 닦으니 제후들이 모두 탕에게로 돌아왔다(湯修德 諸侯皆歸湯).」고 하였다. 배가(陪嫁)의 노예인 부열(傅悅)을 재상으로 삼아 정치를 잘 베풀어 크게 인심을 얻었다. 군대를 거느리고 걸왕을 쳐서 천자가 되고 백성을 잘 다스려 하조(夏朝)가 열리었다.

무(武)는 주(周)의 무왕(武王)으로 서주(西周) 왕조의 건립자이다. 문왕(文王)의 유지를 이어 태공인 여망(呂望)을 스승으로 삼고 주공(周公)인 희단(姬旦)을 보좌로 삼았다. 군대가 맹진(孟津)할 때를 보고 기약하지 않고 스스로 오는 제후가 800여 명이나 되었다. 2년 뒤에 용(庸)과 촉(蜀)과 강(羌)과 무(髳)와 미(微)와 노(盧)와 팽(彭)과 복(濮) 등과 주(周)를 쳐서 상(商)나라를 멸망시켰다.

4 유(幽)는 주의 유왕(幽王, B.C. 795~B.C. 771)이다. 기원전 781-771년간 재위하였다. 그는 괵석보(虢石父)에게 정사를 맡겨 벼슬을 벗기거나 재물 빼앗기를 엄하게 하였다. 포사(褒姒)를 총애하여 신후(申后)와 태자인 의구(宜臼)를 폐출하니 신후가 불복하고 증(曾), 견융(犬戎) 등과 연합하여 주를 공격하니 유왕은 여산(驪山) 아래서 피살되어 결국 서주(西周)를 멸망케 하는 임금이 되고 말았다.

여(厲)는 주의 여왕(厲王, ?~B.C. 828)으로, 그는 영이공(榮夷公)에게 정사를 맡겨 전이(專利)를 실행하고 또 위무감(衛巫監)에 명령하여 온 나라 사람들을 감시하도록 하였다. 기원전 842년 온 나라 사람들이 반란을 일으키니 분(奔)으로 도망하여 체(彘)에 이르러 14년을 살다가 죽었다.

5 《사기》 주본기(周本紀)에 보면, 서백(西伯, B.C. 1152~B.C. 1056)이 선덕(善德)을 쌓으니 제후들이 모두 향하고 서백이 음선(陰善)을 행하니 제후들이 평결(評決)하여 주기를 청하여 우예지송(虞芮之訟:주나라 초에 우와 예, 두 나라가 밭을 두고 다툰 송사로 몇 년을 끌어오다 서백의 인풍(仁風)에 감화를 받아 다툼을 쉬었다.)을 판결하였다. 이후에 서백에게 돌아온 제후들이 40여 국이 되어 모두 서백을 왕으로 삼으니, 곧 문왕(文王)이다. 무왕의 군대가 맹진(孟津)할 때 800여 제후가 기약 없이 모였으며 목야(牧野)의 싸움에 제후군의 수레가 4000여 승(乘)이 되었고 실지 전쟁에는 주병(紂兵)을 한 번에 짓밟아 상나라를 멸망시켰으니 이것은 제후의 세력을 얻어 강해진 것이다.

주여왕(紂厲王)이 위무감(衛巫監)을 두어 온 나라 사람들을 감시하니 제후들이 조회를 오지 않으므로 여왕이 봉화(烽火)를 올려 전쟁이 있다고 제후들을 몇 번 속였다. 이후 견융(犬戎)이 실지로 주나라를 침략할 때는 제후들이 구원하지 않아서 주나라가 망하는 원인이 되었다. 주평왕(周平王)이 동천(東遷)한 뒤에 주나라가 더욱 쇠미(衰微)하여 제후나 방백들이 나름대로 나라를 이끌어서 주실(周室)은 유명무실(有名無實)하였다.

주난왕(周赧王)은 본시 동주(東周)의 국왕이었지만 서주로 옮겨간 뒤에 진(秦)나라 장양왕(莊襄王)의 공격을 받아 결국 주나라가 멸망하였으니, 이것은 제후들의 세력을 잃어서 약해진 것이다.

6 부병(府兵)이란 조정에 소속된 군대를 말한다. 후주(後周)의 태조인 우문태(宇文泰)가 서위(西魏)를 보좌할 때에 주전(周典)에서 육군(六軍)을 둔 것을 모방하여 육등(六等)을 두었다. 그리하여 자사(刺史)가 백성들의 농한기를 이용하여 가르치도록 하였으니, 곧 병농일치(兵農一致)의 병제(兵制)로 백부(百府)를 두고 매부(每府)에는 일랑(一郎)을 두어 주장

(主將)이 되게 하였으며 24군(軍)으로 나누어 소속이 되게 하였고 개부(開府)마다 1군씩을 거느렸다. 대장군이 12명인데 한 장군이 2개 부를 통솔하도록 하였고 다시 지절도독(持節都督)을 두어 거느리도록 하였는데, 이것이 바로 부병의 시작이 되었던 것이다.

당(唐)에서는 정관(貞觀:현종(玄宗)의 연호) 10년(639)에 전국에 634부를 두고 나누어 12위(衛)와 6솔(率)을 두었는데 군부(軍府) 대부분이 서울 부근인 관내(關內), 하동(河東), 하남(河南)에 두었다. 이렇게 한 뜻은 관중(關中)으로부터 사방으로 뻗어 나가기 위함이었다. 당초(唐初)에는 매우 강성하여 당고종(唐高宗)이 처음 일어날 때 부병의 힘이 컸었다. 천보(天寶) 8년(749)에 이르러서는 절충부(折衝府)에 부병이 남아있지 않아 명존실망(名存實亡)의 상태가 되었다. 왜냐하면 당시 사람들이 문염무희(文恬武嬉) 하였지만 안사(安史)의 난리(당 현종 14년(755)에 안록산(安祿山)이 난을 일으키고 사사명(史思明)과 얽힌 3대 9년간의 난리를 말한다.)에 어떠한 작전도 없었을 뿐만 아니라 국가의 정권도 이어서 무너지고 말았다. 이에 당현종은 사천(四川)의 신도(新都) 보광사(寶光寺)로 도망가 부처님을 숭배하였고 그의 태자인 이형(李亨)은 도망쳐서 영하(寧夏)의 무령(武靈)에 이르러 계위(繼位)하고 황제가 되니, 곧 숙종(肅宗)이다.

해의(解義)

세상에 강약(强弱:강은 곧 興·盛·富·貴·執權 등이라면, 약은 곧 亡·衰·貧·賤·百姓 등)이 순환하고 바뀌는 것은 상도(常道)요, 또한 상리(常理)이다. 그래서 세상에는 영원한 강자도 없고 영원한 약자도 없는 것이니 강약이 서로 조화를 이루어 살아갈 수밖에 없다.

그러므로 옛 성인은 「강자로써 약자에게 강을 베풀 때에 자리이타(自利利他)의 법을 써서 약자를 강자로 진화(進化)시키는 것이 영원한 강자가 되는 길이요, 약자는 강자를 선도자로 삼고 어떠한 천신만고(千辛萬苦)가 있다 하여도 약자의 자리에서 강자의 자리에 이르기까지 진보하여 가는 것이 다시없는 강자가 되는 길이다. 강자가 강자 노릇을 할 때에 어찌하면 이 강이 영원한 강이 되고, 어찌하면 이 강이 변하여 약이 되는 것인지 생각 없이 다만 자리타해(自利他害)에만 그치고 보면 아무리 강자라도 약자가 되고 마는 것이요, 약자는 강자되기 전에 어찌하면 약자가 변하여 강자가 되고, 어찌하면 강자가 변하여 약자가 되는 것인지 생각 없이 다만 강자를 대항하기로만 하고, 약자가 강자로 진화되는 이치를 찾지 못한다면 또한 영원한 약자가 되고 말 것이다.」라고 하였다.

아무리 강자라도 강을 믿고 권력을 남용하면 약자로 전락하고 마는 것이니 강자로 있을 때 강을 지켜 약자로 타락되지 않도록 해야 한다. 영원한 강자가 되기 위해서는 약자를 보살피고 이끌어서 강자의 자리에 오르도록 하여 더불어 상보(相補)하고 진화(進化)하는 것임을 알아야 한다.

33

계책을 결정함이 어질지 아니하면 험난하니라.

決策而不仁者는 險이라.
결 책 이 불 인 자 험

계책을 결정함이 어질지 아니하면 험난하니라.

주석(註釋)

1 決策 : 국가기관이나 정당, 사회단체 또는 군대 등 외교방면에 특정사항의 문제를 제출하여 결의하고, 규정하고, 방법을 모색하여 결정을 짓는 것을 말한다.

2 策 : 꾀 책 ; 계략.

3 不仁者 : 잔인(殘忍)하고 무정(無情)한 사람.

4 險 : 위험할 험 ; 위태로움. 위태로운 일. 험준한 것. 험난한 것.

장주(張註)

不仁之人은 幸灾樂禍라.
불인지인 행재락화

어질지 않은 사람은 (남의) 재앙(災殃)을 다행으로 여기고 화난(禍難)을 즐거워하니라.

해의(解義)

사람 됨됨이가 잔혹(殘酷)하고 차가워서 어짊이 없는 사람에게 어떤 결책이 주어져서 그 일이 성사된 뒤에는 반드시 살신멸족(殺身滅族)의 재앙을 받게 된다. 이러한 예는 역사적인 사건이 말해준다.

월왕(越王)인 구천(句踐)의 신하에 범여(范蠡)와 문종(文種)이 있었다. 이들은 구천이 오(吳)나라를 칠 때 구천을 도와 갈지진충(竭智盡忠)하여 정확한 결책을 무수히 내어서 결국 오나라를 멸망시켰다. 주원왕(周元王)파의 사람들이 구천에게 백(伯)이 될 만하다 함으로 구천이 스스로 패왕(覇王)이 되어 행세를 하니 제후들이 조회를 하였다.

이에 문종이 첫 번째 축하를 하였다. 그러나 구천은 좋아하지 않았다. 두 번째 축하를 하여도 역시 기뻐하지 않았다. 이러한 일이 있은 뒤에 범여가 문종에게 말하기를, 「그대는 떠나라. 월왕이 반드시 장차 그대를 벨 것이다(子去矣 越王必將誅子).」 하였다.

범여는 이미 알고 있었다. 「구천의 사람됨이 땅덩어리를 사랑하지 군신(群臣)들의 죽음은 아까워하지 않는다. 계책이 이루어지고 나라가 안정이 되면 반드시 다시 공을 기다리지 않을 것이다(句踐愛壞土 不惜群臣之死 以其謀成國定 必復不須功).」는 사실을 알고 있었다. 다시 문종에게 말하기를, 「무릇 월왕 구천의 사람됨이 목은 길고 입은 새 부리 같으며, 보는 것이 매와 같고 걸음은 이리와 같으니 환란은 함께 하여도 즐거움은 함께 할 수 없으며, 위험은 함께 밟아가도 편안함은 함께 할 수 없다. 그대가 만일 떠나지 않으면 장차 그대를 해칠 것이 분명하다(夫越王爲人 長頸鳥啄 鷹視狼步 可以共患難 而不可共處樂 可與履危 不可與安 子若不去將害於子明矣).」고 하였다.

이에 범여는 달아나 버렸다. 얼마가 지난 뒤에 구천이 문종에게 말하기를, 「그대는 은밀히 병법을 모의하여 적을 기울게 하고 나라를 취하는데 아홉 가지 계책이었는데 병법 세 가지를 써서 이미 강성한 오나라를 멸망시켰다. 그 여섯은 오히려 그대에게 있으니 원하건대 정말로 나머지 계책으로 나의 전왕들을 위하여 지하에서 오나라의 전인들을 회유하라(子有陰謀兵法 傾敵取國九術之策 兵用三 已破强吳 其六尙在子所 願幸以餘術爲孤前王於地下謀吳之前人).」 하고, 드디어 속로(屬盧)라는 칼을 주면서 자살하라고 명하였다.

「높이 날던 새 죽으면 좋은 활 감추고 적국이 파멸되면 모사한 신하는 죽는다(高鳥死 良弓藏 敵國破 謀臣亡).」고 한 옛말이 틀림이 없다.

34

은밀한 계획이 밖으로 새어 나가는 사람은 패망하니라.

陰計外泄者는 敗이라.
음 계 외 설 자 패

은밀한 계획이 밖으로 새어 나가는 사람은 패망하니라.

주석(註釋)

1 陰 : 몰래 음; 남이 모르게. 가만히.

2 陰計 : 음모궤계(陰謀詭計), 즉 남모르는 꾀와 속이는 계책.

3 外 : 밖 외; 안의 대. 밖의 일. 바깥.

4 外泄 : 중차대한 계책, 즉 남모르게 세웠던 계획이 밖으로 새어나가는 것.

5 泄 : 샐 설; 틈에서 흘러나옴. 비밀 따위가 드러남.

해의(解義)

《관자》 군신하(群臣下)에 「담에 귀가 있다는 것은 은밀한 계획이 밖으로 새나가는 것을 말한다(墻有耳者 微謀外泄之謂也).」고 하였다. 또 우리나라 속담에 「낮말은 새가 듣고 밤 말은 귀가 듣는다.」고 하였으니, 아무리 비밀을 잘 간직한다 해도 새나갈 수 있음을 경계하는 말이다.

아무도 모르게 계획한 정치 · 경제 · 군사 · 외교 · 인사나 사업 등 내부에서 계획한 기밀들이 밖으로 새나가게 되면 그 계획을 실현해 가는 단계에서 실패를 부르게 된다. 국가의 기밀이나 기업의 비밀들은 국가나 기업을 유지하고 발전시켜가는 요체가 된다. 그런데 국가의 기밀이 밖으로 표출되어 외국에서 미리 알게 되면 국가의 존립이 위협을 받게 되고, 기업 또한 개발 계획이나 특허가 외부에 누설되면 타 기업과의 경쟁에서 뒤질 수밖에 없다.

그러므로 밝혀야 할 것은 과감하게 밝히지만 밝혀서는 안 될 기밀은 책임자가 목숨을 걸고 지켜야 한다. 그래야 밖으로부터 밀려드는 각종 경계에 능히 대처할 수 있다. 큰 계획, 큰 기밀은 여러 사람이 아니라 신망이 두터운 핵심의 몇 사람을 통해서 기밀을 간직하며 국가나 기업 전체에 실현이 되도록 해야 할 것이다.

35

(세금을) 두텁게 거두고 엷게 베풀게 되면 시들어지니라.

厚斂薄施者는 凋이라.
후 렴 박 시 자 　 조

(세금을) 두텁게 거두고 엷게 베풀게 되면 시들어지니라.

주석(註釋)

1 厚斂 : 몽땅 거두어들이는 것. 온갖 수단 방법을 동원하여 혹독하게 거두는 것을 말한다.

2 斂 : 거둘 렴;거두어 들임. 모아들임. 오무림.

3 薄施 : 재물을 베풀어 환난을 구제하는데 인색하여 조금만 베풀어 주는 것.

4 凋 : 시들 조;한기(寒氣)를 만나 시듦. 느른할 조;힘 빠짐. 위축되고 손상이 됨.

장주(張註)

凋는 削也니 文中子[1] 曰「多斂之國은 其財必削이라.」
조 삭야 문중자 왈 다렴지국 기재필삭
하니라.

시든다는 것은 깎인다는 뜻이니, 문중자가 말하기를, 「(세금을) 많이 거두어들이는 나라는 그 재물이 반드시 삭감된다.」 하니라.

주해(註解)

1 文中子(584~617) : 곧 왕통(王通), 수(隋)나라 용문(龍門) 사람. 자는 중엄(仲淹). 어려서 독학하였고 서쪽으로 장안(長安)에 노닐었다. 예론(禮論) · 악론(樂論) · 속서(續書) · 속시(續詩) · 원경(元經) · 찬역(贊易)을 일러서 왕씨육경(王氏六經)이라고 한다. 방현령(房玄齡), 두여회(杜如晦), 위징(魏徵) 등이 그 문하에서 나왔다.

해의(解義)

국가나 공공 기관은 국민이나 기업에서 내는 세금이 위주가 되어 운영한다. 곧 세금을 내는 주체자가 국민이기 때문에 국민을 경시하고, 국민을 기만하여 거둬들이려는 위정자의 발상이 있어서는 절대로 안 된다. 후렴(厚斂)은 안 된다는 말이다. 무릇 백성들의 삶에 항산

(恒産)이 안정되어야 세금도 잘 내고 국책(國策)도 잘 따르는 것이지, 살림이 부족하면 속이려는 마음을 내고 정책에 위반되는 행동을 하게 된다.

그러므로 옛말에 「의식이 넉넉해야 예절을 안다(衣食足而知禮節).」 하였으니, 위정의 위치에 있는 사람들은 백성 대하기를 하늘같이 해야 한다. 백성의 살림을 늘려 주길 자기살림 늘리듯이 한다면 세금 떼어먹는 사람 없이 자발적으로 내게 될 것이다. 따라서 백성들로 하여금 과소비하지 않고 사적(私積)하지 않으며 놀고먹지 않도록 정사를 펴가야 한다. 그래야 국고가 비지 않고 국력도 증강되며 국리민복(國利民福)의 복지사회가 되어 민관(民官)이 한 배를 타고 넓은 바다를 항해하는 공동의 삶을 이룩하게 되는 것이다.

36

싸우는 군사는 가난하고 유세하는 세객(說客)이 넉넉하게 살면 쇠망(衰亡)해지니라.

戰士貧하고 **游士富者**는 **衰**이라.
전 사 빈 　 유 사 부 자 　 쇠

싸우는 군사는 가난하고 유세하는 세객(說客)이 넉넉하게 살면 쇠망(衰亡)해지니라.

주석(註釋)

1 戰 : 싸움 전. 싸울 전 ; 전쟁.

2 戰士 : 군대를 이루는 기본 성원. 전쟁에 참가하거나 그 일을 보는 사람.

3 士 : 무사 사 ; 무인(武人). 무부(武夫). 하사관 사 ; 졸오(卒伍)를 거느리는 군인.

4 游 : 遊와 동자. 놀 유.

5 游士 : 유세(遊說)하는 선비, 즉 유세하러 다니는 사람. 특히 전국시대에 여러 나라를 돌아다니며 제후들을 설득하는 책사(策士), 모사(謀士) 등.

6 富 :넉넉할 부;재산이 많음, 많이 있음. 부자 부;부유함.

장주(張註)

游士는 鼓其頰舌하야 惟幸煙塵之會하고 戰士는 奮其
유사　　고기협설　　　유행연진지회　　　전사　　분기

死力하야 專捍疆場之虞하나니 富彼貧此면 兵勢衰矣라.
사력　　　전한강장지우　　　　부피빈차　　병세쇠의

유사는 협설〔頰舌:구변(口辯)의 재주〕을 부추겨(鼓:선동함, 격려함) 오직 연진〔煙塵:전쟁터에서 일어나는 연기와 먼지, 병란(兵亂), 전진(戰塵)의 뜻〕의 회합(會合:講和)을 바라고, 전사는 죽을힘을 떨쳐서 오롯이 변방의 근심을 막나니, 세객(說客)이 부유하고 전사가 가난하면 군대의 형세가 쇠퇴하게 되니라.

해의(解義)

한 나라의 흥망(興亡)을 좌우하는데 있어서 유사(游士)와 군대는 상리(相離)할 수도 있고 상합(相合)할 수도 있다. 유사는 자기의 3치쯤 되는 혀를 놀려서 세상에 전쟁을 일으키기도 하고 전쟁을 진정시키기도 한다.

이에 반하여 군인은 실제의 전쟁에서 죽음을 무릅쓰고 또 목숨을 걸고 싸워야 한다. 쳐들어오는 적을 막기도 하고 남의 나라를 쳐서 영토를 넓히기도 하는 것이다.

옛날에는 창칼로 싸우는 시대에 있어서는 군대라는 힘이 막강하게 작용하여 그들의 삶을 풍요롭게 만들어 주어 나라를 지키는데 힘을 다하게 하였다. 그러나 지금처럼 모든 과학이 발전하고 특히 정보화된 시대에는 로비(lobby)하는 임무가 중요하기 때문에 신유사(新游士), 곧 신책사(新策士)·신모사(神謀士)들을 국가나 기업에서 기르고 확보하여 유세(遊說)하게 해야 타국이나 타 기업에 비하여 뒤처지지 않게 된다.

37

돈과 뇌물을 공공연히 행하면 어두워지니라.

貨賂公行者는 昧이라.
화 뢰 공 행 자　　매

돈과 뇌물을 공공연히 행하면 어두워지니라.

주석(註釋)

1 貨賂 : 남모르게 재물이나 돈을 건네주는 것, 즉 사적으로 재물을 주고 청탁하는 행위.

2 貨 : 재물 화 ; 재물. 물품. 뇌물 줄 화 ; 뇌물로 재화를 줌.

3 賂 : 줄 뢰 ; 물건을 사람에게 줌. 뇌물을 줌. 뇌물 뢰.

4 公行 : 공개적으로 행하는 것, 또는 공공연하게 활동하는 것.

5 公 : 공연히 공 ; 드러내 놓은 모양. 숨기지 않은 모양,

6 昧 : 어두울 매 ; 어리석음. 어둠침침함. 눈이 밝지 아니함. 탐할 매 ; 탐냄. 우매무지(愚昧無知)한 것, 즉 사리에 어두운 것.

장주(張註)

私昧公하고 曲昧直也라.
사 매 공　　　곡 매 직 야

사사로움이 공변됨을 어둡게 하고, 굽음이 바름을 어둡게 하니라.

해의(解義)

뇌물이란 어떤 조건을 걸고 물품이나 금전 등을 주는 것이다. 당장 아니면 먼 훗날을 보고 주고, 또는 장차 이용의 가치를 보고 뇌물 액수의 많고 적음이 나누어진다. 이 뇌물이란 마치 낚시를 하는 사람이 떡밥을 주어서 고기를 유인한 뒤에 낚시를 드리워 코를 꿰어 낚아 올리듯 한다. 한번 낚시에 걸린 고기는 좀처럼 빠져나가지 못하는 것처럼 뇌물을 제공받으면 자유롭지 못하게 된다.

이와 같이 크고 작은 뇌물을 막론하고 건네지는 것은 사사로운 청탁을 위한 전제 조건이 붙는다. 이것이 공공연히 행해지면 양심(良心)이 조금씩 어두워지고 어리석어져서 매관매직(賣官賣職)이나 공직사용(公職私用)을 해도 죄의식이 없는 경우까지 생겨나게 된다.

그러므로 뇌물은 주지도 말고 받지도 말며, 청탁 또한 하지도 말고 듣지도 말아야 한다. 그리하여 법을 따라 공명정대(公明正大)하게 일을 진행하여 양방이 모두 어리석고 어두운 마음을 가진 소인배가 되지 않도록 해야 한다. 그래야 맑고 밝은 사회 국가를 이룰 수 있다.

38

선을 듣고 소홀히 여기며 허물을 기억하여 잊지 않게 되면 사나워지니라.

聞善忽略하며 記過不忘者는 暴이라.
문 선 홀 략 　 기 과 불 망 자 　 포

선을 듣고 소홀히 여기고 생략하며 허물을 기억하여 잊지 않는 사람은 사나워지니라.

주석(註釋)

1 聞 : 들을 문 ; 귀로 소리를 감득함. 들어서 앎. 들어서 아는 일. 들릴 문 ; 듣게 됨.

2 忽 : 소홀히 할 홀 ; 탐탐히 여기지 아니함, 경모(輕侮)함.

3 略 : 소홀히 할 략. 범할 략 ; 침범함. 대강 략 ; 대략. 대충대충. 추리어.

4 暴 : 사나울 포 ; 난폭함. 결렬함. 사나움 포 ; 난폭. 난폭한 짓. 폭행. 난폭한 사람. 무뢰한.

장주(張註)

暴則生怨이라.
포 즉 생 원

사나우면 원망이 나오니라.

해의(解義)

사람이 세상을 살면서 좋은 일(善)은 기억하고, 나쁜 일(惡)은 버려야 한다. 또 남에게 은혜를 베푼 것은 잊어야 하고, 남에게 은혜를 입은 것은 기억하여야 한다.

그런데 세상을 살다보면 좋은 기억보다는 나쁜 것에 대한 기억이 훨씬 오래가고, 은혜받은 것보다는 은혜를 준 것이 훨씬 오래도록 남는다. 그리하여 상대편이 나에게 조금이라도 소홀히 할 경우 원망을 가지며, 나아가 경멸하고 매장하여 버리는 포악한 행동까지 스스럼없이 하게 되는 것이다.

세상은 혼자가 아니라 더불어 사는 것이다. 더불어 사는데 있어서 개인의 역할이 전체에 미친다는 사실을 알아야 한다. 사람의 선(善)이 바로 전체의 선이요, 한 사람의 악(惡)이 바로 전체의 악이 되는 것이니, 이왕이면 은혜롭게, 사랑스럽게, 어질게, 평화롭게, 즐겁게 어울려 살아야 한다.

39

맡기고 가히 믿지 아니하며,
믿고 가히 맡기지 아니하면
혼탁하여지니라.

所任不可信하며 所信不可任者는 濁이라.
소 임 불 가 신 　 소 신 불 가 임 자 　 탁

맡기고 가히 믿지 아니하며, 믿고 가히 맡기지 아니하면 혼탁하여지니라.

주석(註釋)

1 濁 : 흐릴 탁 ; 물이 맑지 아니함. 혼란함. 곱지 아니함. 선명하지 아니함. 더러움.

장주(張註)

濁은 溷也라.
탁 　 혼 야

탁하다는 것은 흐리다는 것이니라.

해의(解義)

맡겼으면 믿어야 하고, 믿으면 맡겨야 한다. 윗사람이 되어 어떤 일을 맡기기는 해야겠는데 믿음은 가지 않고, 믿음이 가는 사람에게 못 맡기는 경우가 있다.

사람이란 완벽한 사람이 없고, 일 또한 처리하지 못할 일이 없다. 그러니 알아서 맡김과 믿음, 믿음과 맡김을 함께 주어야 그 사람이 최선을 다하게 된다. 일에 있어서 아랫사람이 조금 부족하다고 하더라도 윗사람이 전폭적으로 믿고 맡겨주면 의외의 역량과 능률이 생겨 책임을 완수할 수 있는 법이다. 이것이 곧 믿음에서 나오는 마력(魔力)인 것이 윗사람이 되어 어찌 아랫사람들의 도움없이 일을 처리할 수 있겠는가.

40

사람을 덕으로써 기르면 모이고, 사람을 형벌로써 얽어 놓으면 흩어지니라.

牧人以德者는 集하고 繩人以刑者는 散이라.
목 인 이 덕 자 집 승 인 이 형 자 산

사람을 덕으로써 기르면 모이고, 사람을 형벌로써 얽어 놓으면 흩어지니라.

주석(註釋)

1 牧 : 기를 목. 칠 목;짐승을 방사함. 널리 양육함. 수양하는 뜻으로 쓰임.

2 牧人 : 목이란 방사생축(放飼牲畜)의 의미이다. 즉 짐승을 놓아먹이되 수초(水草)가 가장 잘 자라고 좋은 곳에다 소나 말을 풀어놓고 먹이는 것이다. 이와 같이 좋은 관리가 백성을 잘 기른다는 의미를 써서 목민(牧民)이라 하였다.

3 集 : 모일 집. 모을 집;한데 모임. 이룰 집. 이루어질 집;성취함.

4 繩人 : 승이란 규정(糾正)이라는 뜻이다. 어떠한 법률의 표준을 세워 놓고

사람의 잘못이나 죄상을 법적으로 제재하는 것을 말한다. 더 생각하자면, 법률을 남용(濫用)하거나 형법(刑法)을 난용(亂用)함을 제재하는 의미도 있다.

5 繩 : 얽을 승 ; 얽어맴. 노 승 ; 실따위를 여러겹 꼰 것. 바로잡을 승 ; 부정을 광정(匡正)함. 법 승 ; 법도.

6 刑 : 법 형 ; 본받아야 할 전래하는 예제(禮制)나 도리. 본받을 형 ; 본보기로 하여 따라감. 형벌 형 ; 죄인에게 가하는 제재. 제어할 형 ; 통솔하여 어거함, 바로잡음.

장주(張註)

刑者는 原於道德之意而恕在其中이니 是以로 先王이
형자 원어도덕지의이서재기중 시이 선왕

以刑輔德하고 而非專用刑者也라 故로 曰「牧之以德則
이형보덕 이비전용형자야 고 왈 목지이덕즉

集하고 繩之以刑則散也라」하니라.
집 승지이형즉산야

형벌은 도덕의 뜻에 근원하였으므로 용서가 그 가운데 있으니, 이러므로 선왕이 형벌로써 덕을 보완하고 오로지 형벌만을 쓰지 않음이라. 그러므로 말하기를, 「덕으로써 기르면 모이고, 형벌로써 묶으면 흩어진다.」 하니라.

해의(解義)

화분에 꽃을 기를 때 관심을 두고 관리한 꽃이 훨씬 탐스러운 꽃을 피운다. 이는 우리의 정감(情感)에서 우러나온 따뜻함을 그 꽃에 전하여 준 까닭이다.

사람을 기르는데 있어서도 덕(德)과 형(刑)의 문제로 나누인다. 덕화(德化)로 하면 사람이 모여들고 반대로 형벌(刑罰)로 하면 사람들이 떠나간다. 목민관(牧民官)이 되어 덕정(德政)을 하고 덕치(德治)를 하면 백성은 물론 현인(賢人)·지사(志士)들이 사방에서 봇짐을 싸들고 모여든다. 반대로 규정(規定)된 법만 가지고 사람을 다스리고 얽매면 사람들이 떠나가기 마련이다. 목민관이 되어 혹독한 형벌이나 엄격한 법도를 적용하여 동여매면 현인·지사는 물론 백성들까지도 흩어진다.

그러므로 부득이 법을 쓸 때에 사람을 교정하기 위하여 도덕에 근원한 법을 써서 항상 용서하고 포용해야 한다. 옛글에 「대중의 마음은 덕 있는 사람을 따르고, 하늘의 명은 마침내 사 없는 사람에게 돌아간다(群心竟順有德者 天命終歸無私人).」 하였다. 정치를 하든, 기업을 하든 기정(旣定)의 법칙보다는 덕화를 위주로 한 교유(敎諭)가 훨씬 아름답게 된다.

41

작은 공이라 하여 상 주지 않으면 큰 공이 세워지지 않음이라.

小功不賞이면 則大功不立이라.
소공불상 즉대공불립

작은 공이라 하여 상 주지 않으면 큰 공이 세워지지 않음이라.

해의(解義)

작은 것이 아름답고 소중하다. 저 태산준령(泰山峻嶺)도 작은 먼지가 모여 이루어졌고 대해장강(大海長江)이라도 작은 물방울이 모여서 흐르는 것이다.

작은 것을 버리거나 돌아보지 않으면 역시 큰 것도 이룰 수 없고 나타낼 수도 없다. 그러므로 위에 있는 사람은 작은 공이라 하여 무시하거나 없애려고 하지 말고 칭찬하고 장려하면 그 사람이 신바람이 나서 반드시 더 큰 공을 세울 것이다. 그것은 여러 사람에게 본보기가 되어 더 많은 공력인(功力人)을 배출하는 자극이 될 것이다. 지도

급에 있는 사람은 큰 공을 세운 사람을 바라기 이전에 작은 것부터 챙겨서 격려하고 살리는 데 남다른 노력을 해야 한다. 대공(大功)은 그 가운데에서 이루어질 것이다.

42

작은 원한을 놓아주지 아니하면 큰 원한이 반드시 생기니라.

小怨不赦면 則大怨必生이라.
소 원 불 사 　 즉 대 원 필 생

작은 원한을 놓아주지 아니하면 큰 원한이 반드시 생기니라.

주석(註釋)

1 赦 : 놓아줄 사 ; 죄를 용서함. 사 사 ; 사면. 면죄(免罪), 혹 감죄(減罪).

해의(解義)

「원친평등(怨親平等)」이라는 말이 있다. 곧 "원망과 친근은 평등하다."는 뜻이다. 사람을 놓고 볼 때 원망하지 않으면 친구가 되는 것이요, 친구가 되려면 원증(怨憎)이 없어야 한다. 원망하고 미워하면서 친하게 지낼 수는 없는 노릇이다.

그러므로 작은 허물, 작은 미움, 작은 원망, 작은 눈짓을 용서하고 놓아주어야 한다. 이 작은 것들에 집착하고 얽혀서 벗어나지 못하면, 이 작은 것들이 뭉치고 또 세력이 형성되어 반드시 큰 원한을 낳게 되는 것이다.

「원입골수(怨入骨髓)」라 한다. 원한이 뼛속 깊이까지 스며들었다는 말이다. 이렇게 골수에 사무친 원한도 가장 작은 때의 한 미움이나 허물을 놓아버리지 못한데서 기인(起因)한다. 원한의 싹이 작을 때 뿌리까지 뽑아 버려야 큰 원한의 열매가 맺힘을 예비할 수 있는 것이다.

43

상을 주어도 사람들이 감복하지 아니하며 벌을 주어도 마음에 달갑지 않게 여기면 배반하니라.

賞不服人하며 罰不甘心者는 叛이라.
상불복인 벌불감심자 반

상을 주어도 사람들이 감복하지 아니하며, 벌을 주어도 마음에 달갑지 않게 여기면 배반하니라.

주석(註釋)

1 服 : 좇을 복 ; 따름. 감복할 복.

2 叛 : 배반할 반 ; 모반함. 적의를 품음.

장주(張註)

人心이 不服則叛也라.
인심 불복즉반야

사람의 마음이 감복하지 않으면 배반하니라.

해의(解義)

정당한 일에 마땅한 상을 베풀어도 상을 받는 사람은 흡족하게 받아들이지 않는 법이다. 하물며 정당한 허물에 마땅한 벌을 내려도 벌을 받는 사람은 달가운 마음을 갖기 어렵다. 특히 불만 많은 사람은 마음속 깊은 곳에 응어리가 맺혀 있다가 뒷날 어떠한 계기가 오면 배반하게 된다.

상이란 사람의 마음을 열복(悅服)시켜 그 일을 더 잘하기 위한 목적이 있고, 벌은 그 집단을 유지하는데 있어서 규정에서 벗어난 부정적인 요인을 제거하여 경계를 삼으려는데 목적이 있다.

그런데 상을 주든, 벌을 주든 받는 사람의 입장에서 수긍하지 못하면 그 사람은 함께 일할 만한 인물이 못 된다. 미리 조심하여 후환을 만들지 않아야 한다.

그러므로 현명한 사람은 베풀 때에 함부로 하지 않고 적중(的中)하여 시용(施用)하기 때문에 상벌을 받는 사람이 반항함이 없이 순수하게 수용을 한다.

44

상이 공 없는 사람에게 미치며, 벌이 죄 없는데 미치면 혹독하게 되니라.

賞及無功하며 罰及無罪者는 酷이라.
상급무공 벌급무죄자 혹

상이 공 없는 사람에게 미치며, 벌이 죄 없는데 미치면 혹독하게 되니라.

주석(註釋)

1 罪 : 허물 죄 ; 범죄. 과오. 재앙. 죄줄 죄 ; 형벌을 가함.

2 酷 : 독할 혹 ; 성질이 잔인함. 괴로울 혹 ; 신고. 한 혹 ; 원통한 일.

장주(張註)

非所宜加者는 酷也라.
비소의가자 혹야

마땅한 바가 아닌데 더하는 것은 혹독(酷毒)함이라.

해의(解義)

상이란 그 사람이 세운 공에 대한 보답도 되지만 여러 사람의 마음을 격동시키는 계기가 되기 때문에 많으면 많을수록 좋은 것이다.

그러나 상을 주는데 있어서 여러 사람들이 평가할 때 상을 받을 만한 공적이 없는데 상을 주면 어떻게 되겠는가? 이는 상을 주어 모범된 바를 드러내는 것이 아니라 결국 비웃음의 대상을 만들고, 나중에는 따돌림을 받게 되는 결과를 가져온다.

또한 벌을 내리는데 있어서도 벌을 받을만한 죄질이 없는데 내리면 인권에 대한 혹독한 처사가 되고 만다. 대개 독재자들이 체재의 유지를 위하여 백성을 억압하려고 악법을 만들어 죄 없는 사람들을 가두어 억압한 결과가 다시 그들에게로 고스란히 되돌아간 사실을 역사가 증명한다.

그러므로 상은 반드시 공적에 합당하게 주어야 하고, 벌 또한 그 죄에 적합하게 주어야 한다. 그래야 자연스럽게 받아들이게 되고, 좌우 사람들의 긍정도 받게 된다.

45

참소를 듣고 아름답게 여기며 간함을 듣고 원수로 여기면 패망하나니라.

聽讒而美하며 聞諫而仇者는 亡이라.
청 참 이 미 문 간 이 구 자 망

참소를 듣고 아름답게 여기며 간함을 듣고 원수로 여기면 패망하나니라.

주석(註釋)

1 聽 : 들을 청 ; 정신을 차리고 들음. 들어줌. 받음. 말을 들어서 단정함. 좇음. 따름.

2 美 : 아름다울 미 ; 미려함. 옳음. 착함. 좋음. 기릴 미 ; 칭찬함.

3 諫 : 간할 간 ; 임금 또는 웃어른에게 충고함. 자기의 전비(前非)를 뉘우쳐 탓함. 간하는 말 간.

4 仇 : 원수 구 ; 원한이 되는 사람. 해칠 구 ; 해를 가함. 거만할 구 ; 오만한 모양.

해의(解義)

아첨(阿諂), 곧 감언이설(甘言利說)을 듣고 좋아하며 또 그러한 사람을 가까이 하면 그 사람됨의 정신연령이 낮아지게 된다. 눈은 떠 있어도 일과 이치를 분명하게 파악하지 못하고, 귀는 반만 트인 반롱인(半聾人)으로 세파(世波)에 흔들림이 많을 것이다. 또 간곡한 간쟁(諫諍)의 정언(正言)을 듣고 마치 원수처럼 여겨서 멀리하고 배척하면 어떻게 되겠는가? 그도 또한 사람됨이 마음은 여리고 귀는 반쯤 트인 반롱인으로써 인생을 살아가는데 시달림이 많을 것이다.

옛 성인의 말씀에 「어떠한 사람이 귀가 밝은가, 알뜰한 충고 잘 듣는 사람이 세상에 참으로 귀 밝은 사람이다.」라고 하였다. 남의 말을 잘 들을 줄 알아야 한다. 남들이 나에게 하는 말은 아첨 아니면 충고다. 이 아첨과 충고의 판단은 내가 하기 때문에 마음을 비우고 정심(正心)으로 받아들여야 한다.

그러므로 아첨하는 말 듣기를 좋아하고 그런 사람을 가까이 하면 그 당시는 귀가 즐거우나 반드시 훗날의 파멸을 부르게 된다. 반대로 충고하는 말 듣기를 좋아하고 그런 사람을 가까이 하면 훗날의 전진이 저절로 따르게 된다.

46

능히 그 소유한 것만 가지면 편안하고, 남의 있는 것을 탐하는 사람은 쇠잔해지니라.

能有其有者는 安하고 貪人之有者는 殘이니라.
능 유 기 유 자 　 안 　 탐 인 지 유 자 　 잔

능히 그 소유한 것만 가지면 편안하고, 남의 있는 것을 탐하는 사람은 쇠잔해지니라.

주석(註釋)

1 有 : 가질 유 ; 보유함. 소유 유 ; 가진 물건. 있을 유 ; 존재함. 생김. 일어남. 가지고 있음.

2 安 : 편안할 안 ; 편안하다. 좋아할 안 ; 좋아하다. 즐기다. 안전(安全)하다. 안연자득(安然自得).

3 殘 : 잔악할 잔 ; 잔악하다. 해치다. 해롭다. 상해(傷害).

장주(張註)

有吾之有則必逸而身安이라.
유 오 지 유 즉 필 일 이 신 안

내가 소유한 것만 가지면 마음이 편안하고 몸도 편안하여 지니라.

해의(解義)

사람 노릇하기란 대단히 어렵다. 사람으로서 사람답게 사는 데는 자유보다는 여러 가지 제약을 받으면서 살지 않을 수 없기 때문이다. 그중에서도 특히 「가진 것」에 대한 소유이다. 돈이든, 권리든, 명예든, 재물이든 간에 가질만한 처지에서 가지고, 누릴 만한 처지에서 누리면 별스런 탈이 없이 몸과 마음이 편안하고 즐거울 것이다. 그러나 가져서는 안 될 것을 갖고, 누릴 수 없는 것을 누리면 반드시 시비가 따른다. 사람의 욕심에는 한이 없기 때문에 남의 것마저 자기 앞에다 놓으려 한다. 이를 위해 수단과 방법을 다 동원하여 탐욕(貪慾)의 구덩이를 메우려 하니, 어찌 몸과 마음에 잔혹(殘酷)이 베어 있지 않겠는가.

그러므로 현인(賢人)은 설사 내 것이라고 하더라도 다 소유하지 않고 항상 남겨서 남에게 베풀어 줌으로써 그 소유가 영원하게 된다. 그러나 어리석은 사람은 「내 것은 내 것이고, 남의 것도 내 것.」이라는 욕심을 내기 때문에 남의 것도 소유하지 못할 뿐만 아니라 내 것도 결국 소유할 수 없게 되고 만다.

第五章(제오장)은 言遵而行之者(언준이행지자)는 義也(의야)라.

제5장은 따르고 행해야 할 것은 의임을 말함이라.

6

안례장(安禮章) 제6

1

원망은 작은 허물을 용서하지 않는데 있고, 근심은 미리 계책을 정하지 않는데 있는 것이라.

怨在 不赦小過하며 患在 不預定謀이라.
원 재 불 사 소 과 환 재 불 예 정 모

원망은 작은 허물을 용서하지 않는데 있고, 근심은 미리 계책을 정하지 않는데 있는 것이라.

주석(註釋)

1 患 : 근심 환;걱정, 고통, 고난. 재앙 환;환난. 근심할 환;걱정함.

2 預 : 미리 예;사전에.

3 定 : 정할 정;확실함, 일정함, 안정함. 정하여질 정.

해의(解義)

남의 허물에 대하여 용서할 줄 모르면 원한을 부르게 된다. 남의 잘못에 대하여 아량을 가지고 능히 웃으면서 감싸 안을 수 있어야 원망을 받지 않고 세상을 살 수 있다. 또한 근심 걱정은 일마다 따라 다닌다. 호사다마(好事多魔), 좋은 일에는 마장이 많다는 옛말처럼 좋은 일일수록 장애가 따르고 걱정도 생기는 법이다.

유비무환(有備無患)을 표준삼아 예행 연습해 놓으면 일을 당하여 어려움이 없을 것이요, 무비유환(無備有患), 곧 준비하여 놓음이 없으면 근심 걱정은 언제든지 따르게 된다. 이런 세상사를 보면서 이 장에서는 주로 굳센 의지를 세우고 두텁게 행동하는 방법에 대하여 말하고 있다.

사람이 올바른 뜻을 세우는 것은 무엇보다 중요하다. 뜻이 굳고 중심이 서야 결과도 크고 완전하게 이루어지기 때문이다. 작고 보잘것이 없는 희망이면 쉽게 이루어 자족(自足)하므로 안주하여 진취와 발전이 없는 것이다.

행동하는 것도 무겁고 믿음직하며 정직하고 단아한 모습을 지니고 움직여야 한다. 가볍고 촐랑대고 급고 천박하게 움직이면 결국 하품(下品)의 인생이 되어 천시와 멸시를 받게 될 것이다.

그러므로 원대한 꿈과 굳센 의지로 맑고 밝고 바름을 마음과 행동에 나타내며 살아야 한다. 그래야 세상의 나약하고 유약한 사람들에게 표준이 되고 동반의 길이 된다.

2

복은 선을 쌓는데 있고 재앙은 악을 쌓는데 있는 것이라.

福在積善하며 禍在積惡이라.
복재적선 화재적악

복은 선을 쌓는데 있고 재앙은 악을 쌓는데 있는 것이라.

주석(註釋)

1 福 : 복 복; 행복. 복조(福祚). 복내릴 복; 복을 내려 줌.

2 積 : 쌓을 적; 포개 놓음. 쌓일 적.

장주(張註)

善積則致於福하고 惡積則致於禍니 無善無惡이면 則亦無禍福矣라.
선적즉치어복 악적즉치어화 무선무악 즉역무화복의

선이 쌓이면 복에 이루고, 악이 쌓이면 재앙이 이루나니, 선도 없고 악도 없으면 또한 재앙과 복도 없는 것이라.

해의(解義)

선행(善行)이 바로 복락(福樂)이요, 악행(惡行)이 곧 재앙(災殃)이다. 선을 쌓으면 복락이 따라오고, 악을 쌓으면 재앙이 따라오는 것이 변함없는 진리이다. 민중도교 경전인 《태상감응편(太上感應篇)》에서는 첫머리에 「화복무문 유인소초(禍福無門 唯人所招)」, 곧 「화와 복이 문이 없으니 다만 사람이 불러올 뿐」이라 하고, 끝머리에 「제악막작 중선봉행(諸惡莫作 衆善奉行)」, 곧 「모든 악을 짓지 말고 뭇 선을 받들어 행하라.」 하였다.

그런데 사람들은 자기 행위의 선악과는 관계없이 복락은 항상 앞에 나타나기를 바라고 재앙은 항상 앞에서 사라지기를 바란다. 이것은 큰 오산이다. 복락을 맡아서 베푸는 존재도 없고 재앙을 맡아서 나누는 존재도 없다. 다만 스스로 짓고 짓는 대로 받을 뿐이다.

그래서 누구에게 복락이 이르고 재앙을 막아주도록 기원할 필요가 없다. 오직 우리들 자신이 선행을 하였느냐, 악행을 하였느냐에 따라서 복락과 재앙은 자연히 오기 때문이다. 그러므로 재앙을 받기 싫으면 악을 쌓지 말고, 복락을 받고 싶으면 선을 쌓아야 한다.

슬기로운 사람은 복락과 재앙은 생각하지 않고 수신정행(修身正行)에 노력할 뿐이다.

3

굶주림은 농사를 천시하는 데에 있고, 추움은 베 짜기를 게을리 하는 데에 있는 것이라.

飢在賤農하며 **寒在惰織**이라.
기 재 천 농 　　한 재 타 직

굶주림은 농사를 천시하는 데에 있고, 추움은 베 짜기를 게을리 하는 데에 있는 것이라.

주석(註釋)

1 飢 : 굶길 기. 주릴 기;굶주림. 굶주리게 함. 기아(饑餓).

2 賤農 : 농사 짓는 것을 천하게 여기는 것, 또는 농산물 가격을 낮추어 정하는 것.

3 農 : 농사 농;농업. 힘쓸 농;노력을 함.

4 寒 : 찰 한;추움. 궁할 한;곤궁함. 추위 한.

5 惰 : 게으를 타;나태함. 소홀히 함. 게으름 타;나태.

6 織 : 짤 직 ; 베를 짬. 베틀 직. 실 직 ; 베를 짜는 기계. 베틀에 건 실.

7 惰織 : 베 짜는데 게으름을 피우는 것, 또는 직물을 천하게 여기는 것.

해의(解義)

「농자천하지대본(農者天下之大本)」이라 하였다. 농사란 국가를 경영하고 백성들을 살리는 근본이 된다는 뜻이다. 현대는 과학시대다. 상공업(商工業)이 발달한 시대지만 먹는 것만큼은 땅에서 생산되는 물류(物類)를 먹고 생명을 유지하며 살고 있으니, 만일 농업을 천시하면 생존에 대한 차질을 가져올 것이다.

또한 추위를 일시적으로 녹여 주는 것은 불이라 한다면 추위를 영구히 막아 주는 것은 옷이다. 이 옷도 땅에서 나오는 물류 재료를 이용하여 실을 만들었으니, 이 일을 게을리 하면 추위에 떨 수밖에 없다.

옛말에 「쌀독에서 인심난다」 하였다. 먹는 것, 나아가 의 · 식 · 주를 갖추는데 게을리해서는 안된다. 국가사회를 경영하는데 있어서 식량이 전쟁물자가 되지 말라는 법이 없으니 기틀 · 기본을 저버리면 바로 서기 어려운 법이다.

4

편안함은 사람을 얻음에 있으며 위태함은 일을 실수함에 있는 것이라.

安在得人하며 **危在失事**이라.
안 재 득 인 　　위 재 실 사

편안함은 사람을 얻음에 있으며 위태함은 일을 실수함에 있는 것이라.

해의(解義)

국가나 기업을 경영하는데 있어서 안정된 발전은 사람을 얻고 얻지 못함에 있고, 위기의 직면은 일의 실마리를 잘 풀고 못 푸는데 있는 것이다. 사람이 들어서 국가를 경영하고 기업을 움직이며 일을 처리하기 때문에 올바르고 사사(邪私)가 없으며, 어질고 슬기로운 사람을 얻으면 국가와 기업과 일들이 잘 처리되어 안녕을 누리게 되고, 그렇지 못한 사람을 만나면 수시로 위태로움이 발생하여 불안하게 된다.

그러므로 모든 분야의 인재를 본위로 해야 안위치란(安危治亂)에 어려움이 없게 된다. 그러므로 스스로 자기노력과 자기투자로 중용(重用)할 인재가 되도록 가꾸어나가야 한다.

5

부함은 오는 것을 맞이하는데 있으며, 가난한 것은 때를 놓치는데 있는 것이라.

富在迎來하며 貧在棄時이라.
부 재 영 래 빈 재 기 시

부함은 오는 것을 맞이하는데 있으며, 가난은 때를 놓치는데 있는 것이라.

주석(註釋)

1 迎 : 맞이할 영;오는 이를 맞아들임. 미래를 기다려 맞이함. 마중할 영;출영함. 마중나감.

2 來 : 올 래;이리로 옴. 장차 옴. 돌아올 래;갔다 옴.

3 迎來 : 송왕영래(送往迎來)의 의미

4 貧 : 가난할 빈;빈한함. 모자랄 빈;학문, 재덕이 모자람. 가난 빈;빈곤.

5 貧在棄時 : 기란 버리고 돌아보지 않는 것, 시란 농사지을 시기, 즉 농업의 생산이나 추수나 저장할 수 있는 시기를 놓치면 결국 가난이 오게 된다.

장주(張註)

唐堯之節儉[1]과 李悝之盡地利[2]와 越王句踐之十年生
당요지절검 이리지진지리 월왕구천지십년생

聚[3]와 漢之平準[4]이 皆所以迎來之術也라.
취 한지평준 개소이영래지술야

요임금의 절약하고 검소함과 이회의 지리를 다함과 월나라 왕인 구천의 십 년 동안 생산하여 모음과 한나라의 평준법이 다 오는 것을 맞아들이는 기술이니라.

주해(註解)

1 《육도》의 문도(文韜) 영허(盈虛)에 「요임금이 천하에 왕이 되었을 때 금과 은과 주옥으로 꾸미지 않았고, 수놓은 비단이나 무늬 있는 비단을 입지 않았으며 기이하고 진기한 것을 보지 않았다. 또 진귀한 노리개를 보배로 여기지 않았고, 음란한 음악을 듣지 않았으며, 왕궁의 담이나 집을 희게 바르지 않았고, 지붕 대마루나 서까래나 기둥을 조각하지 않았으며, 띠 풀이 뜰을 덮어도 베지 않았다. 사슴 가죽의 갖옷으로 추위를 막고 베옷으로 몸을 가렸으며, 궂은쌀과 기장밥을 먹었고 명아주와 콩잎 국을 먹었다.」 하였으니, 절약하고 검소함이 이와 같았다.

2 이회(李悝, B.C. 455~B.C. 395)는, 곧 이극(李克)으로 위문후(魏文侯)를 섬긴 사람이다. 이회가 변법(變法)을 제정할 때 경제면에 있어서 「땅의 힘을 최대한 이용하고 쌀값 조절을 잘해야 한다(盡地力善平).」는 정책

을 펼치도록 하였다. 이 정책은 땅을 잘 경작하여 생산을 늘리는 것으로 풍년이 들면 나라에서 쌀을 사드리고, 흉년이 들면 다시 내다 팔아서 항상 식량을 비축하여 재황(災荒)에 대비해야 한다는 것이다. 또 위문후에게 건의하기를, 「일하는 사람은 먹고 공이 있으면 녹을 주며, 능력 있는 사람을 쓰고 실행하는 사람에게 상을 주며, 정당하게 벌을 내려야 한다(食有勞 祿有功 使有能 賞必行 罰必當).」고 하였고, 또 「음란한 백성들의 재물을 빼앗아서 사방에서 오는 선비(사람)를 맞이하여야 한다(奪淫民之祿 以迎來四方之士).」고 하였다.

3 B.C. 499년, 월나라 임금인 구천(越王句踐)은 오나라 임금인 부차(吳王夫差)로부터 풀려나 나라로 돌아와서 와신상담(臥薪嘗膽)하며 몸소 농사를 짓고 부인은 베를 짰으며, 고기를 먹지 않고 좋은 옷을 입지 않으며, 어진 사람을 모으고 손님들을 후하게 대접하며, 가난하고 죽은 사람을 위문하고 백성들과 함께 노력하며, 10년 동안 백성들을 기르고 가르쳐서 인력(人力)과 물력(物力)과 재력(財力)을 모아 기원전 473년에 결국 월나라를 멸망시켰다.

4 평준법(平準法)은 전한(前漢) 무제(武帝:在位 B.C. 141~87) 때에 국가 재정의 궁핍을 구제하기 위하여 시행된 경제 정책으로 균수법(均輸法)과 비견된다. 평준이란 물가의 안정을 도모한다는 뜻으로, 대사농(大司農)에 평준령(平準令)을 두고 균수법에 의하여 지방에서 모여드는 물자를 소재로 하여 물가가 오르면 이것을 방출하고 하락했을 때에 회수한다는 정책이다. 이것은 종래에 시장을 독점하고 있던 대상인층(大商人層)의 이해와 충돌하는 것이어서 다음 황제인 소제(昭帝) 때에 폐지되었다. 후대에 와서 왕안석(王安石)의 신법에 있어서의 시역법(市易法)이 이에 해당한다.

해의(解義)

옛말에 「큰 부자는 하늘에서 내고, 작은 부자는 부지런함에 있다(大富有天 小富有勤).」고 하였다. 사람이 어느 시대를 살든지 부지런하면 삶의 기본적인 품격은 유지할 수 있다.

큰 부자들이란 주어진 여건을 거역하지 않고 맞아들여서 창조하고 발전시키는 데서 온다. 부가 저절로 굴러들어오는 것이 아니기 때문에 기회가 주어졌을 때 잘 맞아들여 적극적으로 살려나가는데 있다고 할 것이다.

농경시대(農耕時代)에 있어서 가난은 천재지변(天災地變)이나 전쟁 등으로 농사지을 시기를 놓쳐서 생기는 경우가 많다. 농업생산의 시기를 빼앗겨 버려서 곡물산출을 이룰 수 없기 때문이다. 가난을 벗어나려면 곧 경운(耕耘)의 시기, 생산의 시기, 거둘 시기, 저장할 시기 등 때를 놓치지 않아야 한다.

그러므로 부와 가난은 함께 오고 함께 감을 알아서 여건과 시기를 잘 맞추어 기회를 잃지 않아야 할 것이다. 농사 시기는 인물육성에 학습시기나 기업경영에서 투자시기 등과 같아서 사활(死活)을 좌우하게 된다.

6

위에서 평상(平常)에 조급함이 없으면, 아래에서 의심하는 마음이 없는 것이라.

上無常躁면 下無疑心이라.
상무상조　하무의심

위에서 평상(平常)에 조급함이 없으면, 아래에서 의심하는 마음이 없는 것이라.

주석(註釋)

1 無 : 없을 무 ; 있지 아니함. 공허함.

2 躁 : 성급할 조 ; 성질이 급함. 시끄러울 조 ; 떠들썩 함. 마음이 안정되지 아니함.

장주(張註)

躁動無常하야 喜怒不節이면 群情猜疑하야 莫能自安이라.
조동무상　희노부절　군정시의　막능자안

조급한 행동을 일상처럼 하지 않고 기쁨과 성냄을 절도 있게 아니하면 대중의 뜻이 시새고 의아하여 능히 저절로 편안해질 수 없음이라.

해의(解義)

상(常)이란 평상시(平常時) · 일상(日常) · 평소 · 보통 때 · 경상(經常)의 뜻이요, 조(躁)는 조급(躁急) · 불안정(不安定) · 당황함 · 떠듦 · 성급함 등의 뜻을 가졌다.

위에 있는 사람이 일상생활에 있어서 조급함을 보이고 나타나서는 안 된다. 만일 윗사람이 일관성이 없이 주위의 경계나 자기의 기분에 따라 변덕을 부리면 아랫사람은 항상 불안하고 두려워하여 의심하기 때문에 마음 놓고 일할 수 없다. 윗사람이 자기 자리를 지키고 행동을 바르게 하면서 아랫사람에게 신뢰와 안정을 준다면 그 관계는 정상을 유지하게 된다. 그러나 윗사람이 범상(凡常)을 지키지 못하고 조석으로 변화를 부리면, 아랫사람은 자연 심리적으로 불안하여 조그마한 일에도 신경을 세우고 의심을 갖게 된다. 사람이 의심하면 믿지 않고, 믿지 않으면 정의(情誼)가 건너지 않고, 정의가 건너지 않으면 마음이 막혀서 상하의 관계가 서먹해진다.

그러므로 윗사람은 일정한 자기의 위치를 지키면 아랫사람은 자연 편안한 마음으로 윗사람을 존경하고 따르게 되는 것이다.

7

윗사람을 가벼이 여기면 죄를 낳고,
아랫사람을 업신여기면
친근함이 없어지니라.

輕上生罪하며 **侮下無親**이라.
경 상 생 죄 모 하 무 친

윗사람을 가벼이 여기면 죄를 낳고, 아랫사람을 업신여기면 친근함이 없어지니라.

주석(註釋)

1 輕 : 가벼이 여길 경;경시함. 경멸함. 낮게 봄. 천하게 여김. 가벼울 경;무게가 적음. 정도가 대단하지 않음. 가치가 적음. 미천함.

2 輕上 : 위를 대하여 자기 편리대로 이야기 하는 것, 즉 공경(公卿)을 소홀하게 대하고 국가를 경박하게 여기는 것.

3 侮 : 업신여길 모;경멸함. 조롱할 모;업신여기어 희롱함.

4 侮下 : 아랫사람을 속이고 모욕하고 깔보는 것.

장주(張註)

輕上은 無禮요, 侮下는 無恩이라.
경상 무례 모하 무은

윗사람을 가벼이 여기는 것은 예의가 없는 것이요, 아랫사람을 업신여기는 것은 은혜가 없는 것이라.

해의(解義)

아랫사람으로서 윗사람을 경멸하고 경시하며, 모욕하고 언행을 함부로 하면 윗사람에게 반드시 죄를 얻게 된다. 또 윗사람으로서 아랫사람을 속이고 모멸하며 조롱하고 놀리면 아랫사람과 친근할 수 없다. 위와 아래는 상보(相補)와 협력의 관계이기도 하고, 경쟁과 대립의 관계가 되기도 한다. 그러므로 심심상통(心心相通)하지 않으면 비방하고 시비하며 사시(斜視)하여 어떤 잘못된 사안의 책임을 서로에게 전가해서 불미스러움이 야기될 수도 있다.

그러므로 아랫사람은 윗사람에 대하여 장점을 말하고 공(功)을 돌리며 존경하고 모시는 자세를 가져서 예를 잃지 않아야 하고, 윗사람은 아랫사람에 대하여 사랑하고 도와주며 가르쳐주고 믿어주어서 은혜를 베풀어야 한다. 그래야 서로 가까이 다가서게 되는 것이다. 상하의 관계가 상신상보(相信相補)로 이어져야지 상멸상경(相蔑相輕)이 되어서는 안된다.

8

가까운 신하를 중히 여기지 않으면 먼 신하들이 가볍게 여기니라.

近臣을 不重이면 遠臣이 輕之이라.
근신　불중　원신　경지

가까운 신하를 중히 여기지 않으면 먼 신하들이 가볍게 여기니라.

주석(註釋)

1 臣 : 신하 신; 임금을 섬겨 벼슬하는 사람. 신하 노릇 신. 신하로 삼을 신.

장주(張註)

淮南王이 言去平津侯[1]를 如發蒙耳라.
회남왕　언거평진후　여발몽이

회남왕이 「평진후를 제외시키는 것은 발몽(發蒙:발몽은

發蒙振落의 뜻으로, 물건 위의 덮개를 열고 나무를 흔들어 잎을 떤다는 뜻으로 대단히 쉬움을 비유함)과 같다.」고 말하니라.

주해(註解)

1 회남왕(淮南王, B.C. 179~B.C. 122)은 유안(劉安)을 말하고, 평진후(平津侯)는 공손홍(公孫弘)을 가리키며, 발몽(發蒙)이란 물건 위에 덮는 덮개를 뜻한다.

기원전 122년, 회남왕 유안이 반란을 도모하고 말하기를, 「한나라 조정의 대신에 유독 급암만이 직간을 좋아하여 절의에 죽을 수 있어 비리로 유혹하기 어렵지만 승상인 공손홍을 달래는 데는 물건의 덮개를 걷어내고 떨어지는 낙엽을 흔드는 것과 같다(漢廷大臣 獨汲黯好直諫 守節死義 難惑以非 至如說丞相弘等 如發蒙振落耳).」 하였으니, 여기에서 말하려는 뜻은 승상 공손홍 등이 한무제의 가까운 신하들이지만 중용(重用)이 되지 않았기 때문에 조정 밖에 멀리 있는 신하들은 조정 내에 있으면서 중용되지 않은 사람들을 가볍게 본다는 것이다.

해의(解義)

임금이 가까이 있는 신하들을 중용(重用)하지 않으면 무능(無能)하게 보이기 때문에 조정 밖의 멀리 있는 번신(藩臣)들이 오히려 가볍게 본다. 곧 윗사람은 가장 가까운 사람을 대접할 줄 알아야 한다. 주위에 있는 사람들이 부정불의(不正不義)하지 않다면 먼저 대우해주어야 나와 먼 사람들이 그들을 경시하지 않을 것이다. 가까운 사람들을 경멸하는 것은 자신을 나를 경멸하는 것과 같다. 따라서 주위 사람들을 알고 중용하는 것은 멀리 있는 사람들로부터 자신이 대접 받는 것과 다름이 아니다.

무엇이든 가까운 데서 발생이 되어 멀리 퍼지는 것이니 나의 주위를 항상 잘 정리해 두어야 한다. 이는 뒷날의 역사에서 올바른 평가를 받는 길이기도 하다.

9

스스로 의심하면 남을 믿지 못하고, 스스로 믿으면 남을 의심하지 않느니라.

自疑면 不信人하며 自信이면 不疑人이라.
자의 불신인 자신 불의인

스스로 의심하면 남을 믿지 못하고, 스스로 믿으면 남을 의심하지 않느니라.

장주(張註)

疑暗而信明也라.
의암이신명야

의심하면 어두워지고 믿으면 밝아지니라.

해의(解義)

자기 자신에 대하여 의심을 한다는 것은, 우매(愚昧)하여 사리(事理)에 밝지 않음을 의미한다. 이렇게 되면 다른 사람도 믿지 않는다. 내가 남을 믿지 않으면 남도 나를 믿어주지 않는다.

반대로 자기 자신을 믿는 것은 스스로 밝은 지혜가 있어서 사리를 밝게 알고 있음을 의미한다. 이렇게 되면 다른 사람을 의심하지 않을 것이요, 의심하지 않으면 남도 나를 의심하지 않는다.

사람이 스스로 맑고 밝고 바르면 세상과 사물이 모두 맑고 밝고 바르게 보이고, 스스로 흐리고 어둡고 그르면 세상과 사물이 모두 흐리고 어둡고 그르게 보이는 것이다. 그러므로 먼저 내 눈, 내 속, 내 마음을 잘 닦아서 맑고 밝음을 항상 유지하며 사는데 공력을 들여야 한다.

10

굽은 선비는 바른 벗이 없고, 굽은 위는 곧은 아래가 없음이라.

枉士는 **無正友**하며 **曲上**은 **無直下**이라.
왕사 무정우 곡상 무직하

굽은 선비는 바른 벗이 없고, 굽은 위는 곧은 아래가 없음이라.

주석(註釋)

1 枉 : 굽을 왕 ; 마음이 굽음. 휨. 굽힐 왕 ; 굽게 함.

2 枉士 : 왕은 굽은 것, 바르지 못한 것을 말한다. 즉 왕사란 행위가 바르지 않고 법도에 어긋나며 사리분간을 못하는 사람을 말한다.

3 正友 : 정은 바른 것, 정직한 것을 말한다. 즉 정도를 지키고 법도 있게 사는 사람.

4 曲 : 굽을 곡 ; 마음이 굽음. 휨. 간사할 곡 ; 사벽(邪辟)함.

5 曲上 : 곡이란 굽은 것, 또는 불공정(不公正)하고 불합리(不合理)한 것을 말하는데 임금이 말이나 행동이 한편에 치우치고 원만하지 못한 것.

6 直下 : 직이란 굽지 않은 것, 즉 직하란 비록 아래 있지만 강직하여 아첨하지 않는 것.

장주(張註)

李逢吉之友則八關十六子之徒[1]是也요, 元帝之臣則
이 봉 길 지 우 즉 팔 관 십 육 자 지 사 시 야 원 제 지 신 즉

弘恭石顯[2]이 是也라.
홍 공 석 현 시 야

이봉길의 벗으로는 팔관 십육자의 무리가 이것이요, 한 원제의 신하로는 홍공과 석현이 이것이니라.

주해(註解)

1 이봉길(758~835)은 당헌종(唐憲宗) 때의 대신으로 성질이 시기하고 음험하며 간사하였다. 배도(裴度)가 회서(淮西)를 칠 때에 성공한 것을 염려하여 은밀하게 저지시키고 화의(和議)의 입장을 취하여 도병(道兵)을 파하기를 청하였다. 헌종이 이러한 사실을 알고 미워하여 동천절도사(東川節度使)로 내보냈는데 목종(穆宗)이 불러 병부상서(兵部尙書)를 삼고 뒤에 재상이 되었다. 824년 당경종(唐敬宗) 때 그 무리들인 장우신(張又新) 등 여덟 사람과 또 거기에 부회(附會)한 여덟 사람을 합해서 말하는데, 당시에 이봉길을 미워하든 사람들이 〈팔관십육자〉라고 불렀다. 이것이 「왕사무정우(枉士無正友)」의 좋은 예이다.

2 양원제(梁元帝:508~554)는 무제(武帝)의 일곱째 아들로 이름은 역(繹),

자는 세성(世誠)이다. 남조(南朝)의 양황제(梁皇帝)로서 552~554년까지 재위하였으며, 554년 서위(西魏)가 강능(江陵)을 파멸할 때 피살되었다. 그는 14만 권의 장서를 가졌는데 성곽이 파멸될 때 스스로 불살라 버렸다. 저술이 많았는데 후인들이 저술을 모아 「양원제집(梁元帝集)」을 발행하였다.

홍공(弘恭)은 선제(宣帝) 때 중서령(中書令)이 되었다. 원제가 등극하자 석현과 함께 중임을 맡아 정사를 하면서 소망지(蕭望之) 등을 잠살(潛殺)하였다. 뒤에 실권하여 부형(腐刑)에 처해졌다.

석현(石顯)은 원제가 등극함에 홍공을 대신하여 중서령이 되었다. 임금이 병들었을 때 모든 정사를 결재하였다. 소망지 등을 죽이니 인심이 흉흉하였다. 성제(成帝)가 즉위하자 실권(失權)되고 귀양하다가 도중에 죽었다.

이러한 예시(例示)에서 보면, 원제가 홍공과 석현을 중임하였지만 모두 부형을 당했고 모두 중황문(中黃門) 출신이며, 모두 농권(弄權)한 권신(權臣)이고, 모두 소망지를 참살한 화수(禍首)이며, 모두 인심에 의하여 실권을 당했으니, 이는 「곡상무직하(曲上無直下)」의 예이다.

해의(解義)

스스로 구부러진 사람은 바른 사람과 벗하기 어렵다. 스스로 굽혀있다는 것은 마음 상태와 행동거지가 바른 도에 부합이 되어있지 않고, 또 법도에 어긋나며 사리를 밝게 알지 못한다는 말이다. 이러한 사람이 어찌 정의롭고 슬기로우며 유능한 사람들과 벗하여 노닐 수 있겠는가.

또 윗사람이 되어 모든 면에 굽어 있으면 그 아래는 곧은 사람이 붙어있지 못한다. 스스로 사곡(私曲)되고 사곡(邪曲)되며, 의곡(疑曲)되고 우곡(紆曲)되어 있는 사람의 아래는 강직(剛直)하고 공정(公正)하며 합리적이고 아첨을 모르는 사람들은 함께 할 수 없기 때문이다.

그러므로 사람은 남들의 왕심곡행(枉心曲行)을 탓하기 전에 자신이 정심직행(正心直行)이 되어 있는가를 살펴야 한다. 봉황은 참새와 허공을 같이 날지언정 참새와 벗하여 놀지 않는다.

11

위태로운 나라에는 어진 사람이 없고, 어지러운 정치에는 착한 사람이 없음이라.

危國에 **無賢人**하여 **亂政**에 **無善人**이라.
위국 무현인 난정 무선인

위태로운 나라에는 어진 사람이 없고, 어지러운 정치에는 착한 사람이 없음이라.

주석(註釋)

1 國 : 나라 국;국가, 국토.

2 賢人 : 덕과 재주가 겸비한 사람.

3 善人 : 능력을 갖춘 사람.

장주(張註)

非無賢人善人이나 不能用故也라.
비무현인선인 불능용고야

어진 사람과 착한 사람이 없는 것이 아니라, 능히 쓰지 못하기 때문이라.

해의(解義)

어진 이란 재주와 덕을 겸하여 갖춘 사람(才德兼備)을 말하고, 착한 이란 능과 힘이 대단히 강한 사람(能力痕很强)을 말한다. 어느 세상, 어떤 때인들 어찌 현인과 선인이 없겠는가, 그러나 그들은 숨을 줄을 알고 관망할 줄을 알기 때문에 남의 눈에 함부로 띄지 않고 세상에 함부로 나타나지 않을 뿐이다.

나라가 위태로울 때도 어진 사람이 없는 것이 아니라 이들을 중용(重用)할만한 안목을 가진 윗사람이 없는 것이요, 그런 안목이 없기 때문에 나라가 위태로운데 처하게 되는 것이다. 또 정치가 어지러울 때도 착한 사람을 부릴만한 거시적 역량을 가진 윗사람이 없는 것이요, 그런 역량이 없기 때문에 정치가 어지러운 데까지 이르게 된 것이다.

그러므로 국가나 기업에 있어서도 구국구사(救國救社)할만한 인물 없음을 탓하지 말아야 한다. 이들을 어떻게 발굴하여 활용하느냐에 따라서 발전과 퇴보가 나누어지므로 다만 지도자의 형안(炯眼)이 필요한 것이다.

12

사람 아끼기를 깊이 하는 사람은 어진 이를 구하기에 급하며, 어진 이 얻기를 즐기는 사람은 사람 기르기를 두텁게 하니라.

愛人深者(애인심자)는 求賢急(구현급)하며 樂得賢者(낙득현자)는 養人厚(양인후)이라.

사람 아끼기를 깊이 하는 사람은 어진 이를 구하기에 급하며, 어진 이 얻기를 즐기는 사람은 사람 기르기를 두텁게 하니라.

주석(註釋)

1 愛 : 아낄 애 ; 인색함.

2 急 : 급할 급 ; 절박함. 위급함. 긴급함. 빨리 하여야 함. 중요함. 성급함.

3 養 : 기를 양 ; 양육함. 성장시킴. 육성함. 가르침.

장주(張註)

人不能自愛요, 待賢而愛之하고 人不能自樂이요, 待賢而養之라.
인불능자애 대현이애지 인불능자락 대현이양지

사람이 능히 스스로 아낄 수 없고 어진 이를 기다려 아끼고, 사람이 능히 스스로 즐거워할 수 없고 어진 이를 기다려 기르니라.

해의(解義)

사람을 아낀다는 것은 곧 어진 사람을 구할 줄 앎을 뜻하고, 어진 사람을 보며 즐거워한다는 것은 곧 사람을 기를 줄 앎을 말한다. 윗사람으로서 다른 사람을 진실로 아낄 줄 아는 사람이라야 어진 사람에 대하여 목마를 때 물을 찾듯이 구해서 만민을 아끼도록 만들 수 있다. 또한 윗사람으로서 어진 사람 얻기를 즐기는 사람이라야 사람을 길러서 어진 이로 키워낼 수 있다.

《사기(史記)》 노세가(魯世家)에 주공(周公)이 그 아들 백금(伯禽)을 경계하여 말하기를, 「나는 한 번 목욕을 하다 세 번 머리를 쥐고 나왔고, 한 번 밥을 먹다 세 번을 밥을 토하고 나와서 천하의 선비를 기다렸으니, 나는 천하의 어진 사람을 잃을까 두려워하였다(吾一沐三握髮 一飯三哺吐 以得天下之士 我恐失天下之賢人).」고 하였으니, 어진 사람을 찾고 기다리는데 좋은 본보기이다.

세상은 어질고 능력 있는 사람이 주관이 되어 운전해가야 하기 때문에 능력 있는 사람을 사방으로 찾아야 한다. 그리고 직접 길러서 천하의 모든 사람들을 아끼고 사랑하고 가르치고 기르는데 제공해야 한다.

13

나라가 차차 패도로 가게 되면 선비들이 모두 돌아가고, 나라가 앞으로 망하려 하면 어진 이가 먼저 피하니라.

國將霸者[1]는 士皆歸하며 邦將亡者는 賢先避이라.
국장패자 사개귀 방장망자 현선피

나라가 차차 패도로 가게 되면 선비들이 모두 돌아가고, 나라가 앞으로 망하려 하면 어진 이가 먼저 피하니라.

원문주해(原文註解)

1 패자(覇者)는 춘추시대(春秋時代)에 무력(武力)과 권도(權道)로써 정치를 하는 제후의 우두머리를 말한다. 대개 오패(五覇)를 말하는데, 제환공(齊桓公), 진문공(晋文公), 초장왕(楚莊王), 오왕합려(吳王闔閭), 월왕구천(越王句踐)을 말하기도 하고, 또는 제환공, 송양공(宋襄公), 진문공, 진목공(秦穆公), 초장왕을 말하기도 한다.

주석(註釋)

1 將 : 장차 장 ; 차차, 앞으로.

2 覇 : 두목 패 ; 두목, 우두머리.

3 皆 : 다 개 ; 모두.

4 歸 : 돌아갈 귀 ; 온 길을 감.

5 邦 : 나라 방 ; 국가, 국토. 봉할 방 ; 제후를 봉함, 영지(領地)를 줌, 고대 제후(諸侯)의 봉국(奉國)을 통칭해서 나라라 한다.

장주(張註)

趙殺鳴犢故로 夫子－臨河而返[1]하시고 微子去商[2]과
조 살 명 독 고　부 자　임 하 이 반　미 자 거 상

仲尼去魯[3]－是也라.
중 니 거 노　시 야

조간자(趙簡子)가 두명독(竇鳴犢)을 죽였으므로 공자가 황하(黃河)에 이르렀다가 돌아오시고, 미자가 상나라를 떠난 것과 공자가 노나라를 떠난 것이 이런 것이라.

주해(註解)

1 공자께서 위(衛)나라에서 쓰임이 되지 못하고 진(晋)나라로 가서 조간자(趙簡子, B.C. ?~B.C. 746)를 보려고 황하 가에 이르렀는데 조간자가 두명독과 순화(舜華)를 죽였다는 말을 듣고 황하에 이르러서 탄식하기를, 「아름답고 양양하구나! 내가 건너지 못하게 됨은 천명이로다

(美哉洋洋乎 丘之不濟也命也夫).」고 하였다. 두명목과 순화는 진나라의 어진 대부들로 조간지가 뜻을 얻지 못하였을 때부터 이 두 사람이 도와서 정사를 폈는데 임금이 된 뒤에는 제 마음대로 정치를 하기 위하여 결국 죽이게 되었다. 이러한 상황을 들은 공자께서는 「무릇 새나 짐승도 의롭지 아니하면 오히려 피할 줄을 아는데, 하물며 나이겠는가(夫鳥獸之於不義 尙知避之而況於丘哉).」 하면서 추향으로 돌아와 추탄을 지어 슬퍼하였다.

2 미자(생몰연도 미상)의 이름은 계(啓)로, 상나라 주왕(紂王)의 서형(庶兄)이다. 미(微)라는 영지(領地)에 봉해졌는데 상나라가 차차 망해가는 것을 보고 수차례 간하여도 듣지 않으므로 달아나 버렸다.

3 공자가 노나라의 정사를 주관할 때 제(齊)나라 사람들이 두려워해서 여자 80명을 선발하여 무늬가 있는 비단옷을 입혀 「강락(康樂)」을 노나라 성문 앞에서 춤추게 하고 장식한 말 30필을 노나라 임금에게 보내서 노나라 성문 남쪽밖에 진열하고 있으니, 계환자(季桓子)가 미복(微服)으로 두세 번 와서 보고 구경하느라 정사에 게으름을 피웠다.

이에 자로(子路)가 말하기를, 「선생님께서 떠나셔야 하겠습니다.」 공자가 말하기를, 「노나라가 교제(郊祭)를 지내고 고기를 대부들에게 나누어주고 있으니 아직은 가지 않겠다.」 하였는데, 계환자가 결국 제나라 여악(女樂)을 맞아들이고 3일간이나 정치를 아니하고, 따라서 교제의 고기도 대부들에게 돌아오지 않으니 공자가 떠났다.

해의(解義)

사람들이 이상 시대, 이상 정치로 생각하였던 것은 바로 요순시대요, 요순정치이다. 이때의 정치는 무치지치(無治之治)요, 무위지치

(無爲之治)며, 무주지치(無主之治)이다. 곧 다스리지 않아도 다스려지는 정치요, 명령이 없는 정치요, 임금이 없는 정치이다. 이러한 정치를 왕도정치(王道政治), 또는 황도정치(皇道政治)라 하여 패도(覇道)나 패업(覇業)과는 구분한다.

나라가 차차 패도로 나아가면 의식(意識)있는 선비들이 먼저 알고 달아나 버린다. 선비들이 지향하는 정치는 패도가 아닌 왕도정치요 도덕정치이기 때문에 그 정치가 실현되지도 않거나 실현할 만한 임금을 만나지 못하면 결국 숨어버리고 마는 것이다. 또 나라가 서서히 망해가면 어진 사람들이 먼저 피한다. 갖가지 방법을 강구하여 정치(正治)를 바르게 하도록 회유하여 보지만 임금을 비롯한 관료들이 들어주지 않을 때 다른 방도를 찾지 못하고 마지못하여 떠나는 것이다.

국가경영이나 기업경영에 있어서 지도인의 비중에는 차이가 없다. 민심을 읽을 줄 알아야 하고, 현인달사(賢人達士)들의 말을 귀담아 들을 줄 알아야 한다.

14

땅이 박하면 큰 건물이 생산되지 아니하며, 물이 얕으면 큰 고기가 헤엄치지 아니하며, 나무가 모지라지면 큰 새가 깃들지 아니하며, 수풀이 성글면 큰 짐승이 살지 아니하니라.

> 地薄者(지박자)는 大物不產(대물불산)하며 水淺者(수천자)는 大魚不游(대어불유)하며
> 樹禿者(수독자)는 大禽不棲(대금불서)하며 林疎者(임소자)는 大獸不居(대수불거)이라.

땅이 박하면 큰 건물이 생산되지 아니하며, 물이 얕으면 큰 고기가 헤엄치지 아니하며,

나무가 모지라지면 큰 새가 깃들지 아니하며, 수풀이 성글면

큰 짐승이 살지 아니하니라.

주석(註釋)

1 産 : 낳을 산. 낼 산 ; 생산함. 자랄 산. 날 산.

2 淺 : 얕을 천 ; 물이 깊지 아니함. 적음.

3 魚 : 고기 어 ; 물고기.

4 游 : 헤엄칠 유 ; 수영함. 놀 유 ; 재미있는 일을 하고 즐김.

5 樹 : 나무 수 ; 서 있는 산 나무. 초목 수 ; 식물의 총칭.

6 禿 : 모자랄 독 ; 끝이 닳아서 없어짐. 민둥민둥할 독 ; 산에 나무가 없음. 잎이 모두 떨어진 나무를 「독수(禿樹)」라 함.

7 禽 : 날짐승 금 ; 새. 짐승 금 ; 조수의 총칭.

8 棲 : 깃들일 서 ; 보금자리에서 삶. 살 서 ; 머물러 삶. 집 서 ; 주거. 보금자리 서 ; 새집. 쉴 서 ; 휴식함.

9 林 : 수풀 림 ; 풀.

10 獸 : 짐승 수 ; 네 발이 달리고 전신에 털이 있는 동물.

장주(張註)

此四者(차사자)는 以明人之淺則無道德(이명인지천즉무도덕)하고 國之淺則無忠賢(국지천즉무충현)也(야)라.

이 네 가지는 사람이 얕으면 도덕이 없고, 나라가 얕으면 충신과 어진 사람이 없음을 밝힌 것이라.

해의(解義)

천하의 모든 물류(物類)는 자기가 처할 만한 곳에서 자기의 모습을 다듬어 간다. 그래서 즉 척박한 토지에서는 큰 작물이 자랄 수 없고, 얕은 물속에서는 큰 고기가 헤엄칠 수 없으며, 낙엽이 져버린 나무에는 새들이 깃들지 않고, 희소(稀疎)한 숲 속에는 큰 짐승들이 살지 않는 것이다.

사람도 마찬가지이다. 무능천식(無能淺識)하고 무도박덕(無道薄德)하며, 무직편외(無直偏歪)하고 무주순아(無主順阿), 다시 말하면 능력도 없고 아는 것도 얕으며, 도도 없고 덕도 얇으며, 정직도 없고 바르지 못하며, 치우쳐 줏대도 없고 아부를 따른다면 어떻게 세상을 살아갈 수 있겠는가.

그러므로 국가나 기업에서 자기의 이상을 펼 수가 없으면 자연 떠나게 된다. 그러므로 경영에 있어서는 인재를 수용할 만한 기틀을 마련하고 역량을 갖는 것이 무엇보다 중요한 일이다.

15

산이 가파르면 무너지고 못이 가득하면 넘치니라.

山峭者는 崩하고 澤滿者는 溢이라.
산 초 자 붕 택 만 자 일

산이 가파르면 무너지고 못이 가득하면 넘치니라.

주석(註釋)

1 峭 : 가파를 초 ; 험준함.

2 崩 : 무너질 붕 ; 산 같은 것이 무너짐. 멸망함. 어지러워짐.

3 澤 : 못 택 ; 얕은 소택(沼澤).

4 滿 : 찰 만 ; 가득함. 풍족한. 충분함. 채울 만.

5 溢 : 넘칠 일 ; 넘쳐 흐름. 찰 일 ; 가득함.

장주(張註)

此二者는 明過高過滿之戒也라.
차 이 자 명 과 고 과 만 지 계 야

이 둘은 지나치게 높고 지나치게 가득함의 경계를 밝힌 것이라.

해의(解義)

우리 속담에 「모난 돌이 정(釘)을 맞는다.」는 말이 있다. 돌 자체가 처음부터 둥글면 정으로 쪼을 데가 없지만, 모가 나 있으면 정으로 쪼아서 떼어내야 한다. 이와 같이 사람도 겉으로 드러난 소문과 안으로 쌓인 실력이 부합된 사람으로 국가기관이나 기업체에서 앉을 만한 자리에 앉혀져야 한다. 명실(名實)이 어긋난 사람이 높은 지위에 있으면 깎아 내려질 때가 있는 것이다.

흘러가는 강이나 넓은 바다는 물이 더해도 넘치지 않는다. 그러나 연못은 조금만 더하거나 퍼내면 바로 증감(增減)의 표시가 난다. 이것은 연못 자체가 작기 때문이다.

이와 같이 사람도 심량(心量)과 역량(力量)과 도량(度量)이 작으면 조그만 경계를 대하여 쉽게 매이고 쉽게 포기하여 청운(靑雲)의 뜻이 꺾여버린다. 그러므로 큰 뜻을 가진 사람은 원만한 인품을 가져 모가 나지 않아야 한다. 천지 같은 아량을 가져 판국에 얽매이지 않아야 하며 무한한 사랑과 은혜를 가져 생명, 곧 인간을 아낄 줄 알아야 한다.

16

옥을 버리고 돌을 취하는 사람은 어둡고, 양의 바탕에 호랑이 가죽을 한 사람은 욕되니라.

棄玉取石者는 盲하며 羊質虎皮者는 辱이라.
기옥취석자　맹　양질호피자　욕

옥을 버리고 돌을 취하는 사람은 어둡고, 양의 바탕에 호랑이 가죽을 한 사람은 욕되니라.

주석(註釋)

1 玉 : 옥 옥 ; 아름다운 돌. 구슬 옥.

2 取 : 취할 취 ; 손에 쥠. 받음. 거둠. 구함. 찾음. 잡음.

3 石 : 돌 석 ; 암석. 굳을 석 ; 견고함.

4 盲 : 먼눈 맹. 장님 맹 ; 눈이 멂. 소경. 어두울 맹 ; 밝지 아니함.

5 羊 : 양 양 ; 가축의 하나. 성질이 순하고 털이 희며 부드러움. 착한 것.

6 質 : 바탕 질;물건을 이룬 재료, 또는 그 품질. 재질. 체질. 모양 질;물건의 형체.

7 虎 : 범 호;고양이과에 속하는 맹수의 하나. 호랑이.

8 皮 : 가죽 피;동물의 표피. 털이 붙어 있는 동물의 가죽. 겉 피;거죽.

9 羊質虎皮 : 양의 몸에 호랑이 가죽을 둘러썼다는 말, 다시 말하면 양이 비록 호랑이 가죽은 둘렀다고 할지라도 겁약(怯弱)한 양의 성질은 변하지 않는다는 뜻.

장주(張註)

有目이나 與無目者로 同하고 有表無裏면 與無表로 同
유목 여무목자 동 유표무이 여무표 동

이라.

눈이 있으나 눈이 없는 사람과 같고, 겉은 있으나 속이 없으면 겉이 없는 것과 같은 것이라.

해의(解義)

사람이 세상을 살면서 중요한 것이라면 권리나 명성이 아니요, 이를 도모하기 위한 권모술수(權謀術數)도 아닐 것이다. 우선 내적으로 인의(仁義)의 도를 갖추고 인품(人稟)을 완성하는 일에 있다 할 것이다. 내적으로 옥이 되는 것은 인의 도와 인품의 완성이요, 외적으로 돌이 되는 것은 권모술수와 명성과 권리라는 말이다. 사람의 바탕은 모두가 성인군자이지만 오랜 세월을 살면서 익힌 습관과 수양의 정도를 따라서 성인이 되기도 하고 어리석은 사람이 되기도 하며, 군자가 되기도 하고 소인이 되기도 한다.

그러므로 사람이 옥을 버리고 돌을 취할 수 없고 양의 몸에 호랑이 가죽을 둘러 쓸 수 없는 것이다. 항상 자기를 돌아보고 살펴서 몸과 마음에 불순물이 붙어서 깊이 뿌리를 내리고 진한 물감이 몸과 마음에 물들기 전에 빨리 제거하고 씻어내야 할 것이다.

17

옷은 옷깃을 들지 않으면 흐트러지고, 달리면서 땅을 보지 않으면 넘어지니라.

衣不擧領者는 倒하며 走不視地者는 顚이라.
의불거령자 도 주불시지자 전

옷은 옷깃을 들지 않으면 흐트러지고, 달리면서 땅을 보지 않으면 넘어지니라.

주석(註釋)

1 衣 : 옷 의 ; 의복. 입을 의 ; 옷을 입음. 입힐 의 ; 옷을 입힘.

2 擧 : 들 거 ; 높이 들어 올림. 손에 쥠. 모두 합침.

3 領 : 옷깃 령 ; 의복의 목을 싸는 부분.

4 倒 : 넘어질 도. 넘어뜨릴 도 ; 엎드러지게 함.

5 視 : 볼 시 ; 정신을 차려 봄. 자세히 봄. 자세히 보아 살핌.

6 地 : 땅 지. 모양. 물. 육지.

장주(張註)

當上而下하고 當下而上이라.
당상이하　　당하이상

마땅히 위여야 하는데 아래고, 마땅히 아래여야 하는데 위이라.

해의(解義)

옷을 만드는 사람은 위와 아래, 왼편과 오른편을 잘 펴서 중심이 되는 옷깃을 잡고 들어야 한다. 그렇지 않고 아무데나 잡고 들면 옷자락이 겹쳐서 펴지지 않고 흐트러진다.

또 길을 가는 사람은 눈을 좌우로 돌려 살피면서 걸어야 한다. 하늘만 쳐다보거나 먼 산만 보고 걸으면 거꾸러지고 만다.

정치나 사업, 그리고 가정을 꾸려가는데 있어서도 중심을 잡는 것도 이와 같다. 모든 일을 사리에 맞추며 형세를 살펴서 상하에 상응하도록 하여야 한다.

만일 위와 아래, 좌와 우가 각각이 되어 서로 비방하고 헐뜯으며 무시하고 업신여기면 모든 일을 이루지도 못하고 혼란만 초래하게 될 것이다. 중심(中心)을 잘 잡고 중도(中道)를 떠나지 않아야 올바른 상하관계가 정립이 된다.

18

기둥이 약하면 집이 무너지고, 보필이 약하면 나라가 기울어지니라.

柱弱者는 **屋壞**하고 **輔弱者**는 **國傾**이라.
주약자 옥괴 보약자 국경

기둥이 약하면 집이 무너지고, 보필이 약하면 나라가 기울어지니라.

주석(註釋)

1 柱 : 기둥 주;보. 도리 따위를 받치는 나무. 버틸 주;굄.

2 弱 : 약할 약;강하지 아니함. 약한 것. 약한 사람. 약하게 할 약.

3 屋 : 집 옥;주거. 건물.

4 壞 : 무너질 괴;허물어짐. 파괴됨.

5 輔 : 도울 보;보좌함. 거듦. 도움 보;조력. 보좌. 돕는 사람. 재상 보;천자를 돕는 대신.

6 傾 : 기울 경. 기울어질 경;위험하여짐. 위태로워짐. 한쪽으로 기욺. 비스듬함. 다 없어짐.

장주(張註)

才不勝任을 謂之弱이라.
재불승임 위지약

재주가 소임을 이기지 못하는 것을 약하다 하니라.

해의(解義)

기둥은 떠받치는 역할을 하는 것이요, 이를 돕는 것은 맡겨진 일에 신명을 다하는 일이다. 만일 기둥이 약하면 그 기둥 위에 얹혀진 모든 것들이 한 번에 무너질 것이다. 이처럼 천자를 도와서 정사를 하는 재목(宰木), 곧 재상(宰相)들이 약하면 자리를 지탱하기 어려운 것이다.

다시 말하면 돕는 사람으로서 지력(智力)이 부족하거나 재능이 없거나 책임의식이 모자라거나 안목(眼目)이 트여있지 않으면 집을 가지런히 하고 기업을 경영하며 나라를 다스리는데 원만한 보좌를 할 수가 없을 것이다.

사실 역사상에서 보더라도 임금이 좀 모자라지만 돕는 신하들이 충성하면 그 국가는 무너지지 않는다. 곧 보좌하는 좌우 사람을 잘 만나면 기업도 무너지지 않고 성장을 할 수가 있는 것이니 사람이 제일이다.

19

발이 차가우면 심장(心腸)이 상하고, 사람이 원망하면 나라가 상하니라.

足寒傷心하며 人怨傷國이라.
족한상심 인원상국

발이 차가우면 심장(心腸)이 상하고, 사람이 원망하면 나라가 상하니라.

주석(註釋)

1 傷 : 다칠 상;몸을 상함. 해칠 상;해함.

2 心 : 마음을 말하나, 여기서는 심장을 말함.

장주(張註)

夫沖和之氣가 生於足而流於四肢호대 而心爲之君이니 氣和則天君이 樂하고 氣乖則天君이 傷矣라.
부충화지기 생어족이류어사지 이심위지군 기화즉천군 락 기괴즉천군 상의 대범 비고 화합하는 기운이 발에서 생겨서 사지에 흐르되 마음이 임금(주인)이 되나니 기운이 화합하면 천군이 즐겁고, 기운이 어그러지면 천군이 상하니라.

해의(解義)

양생(養生)에 있어서 손과 발은 따뜻하게 하고 머리는 차게 하라고 한다. 만일 손발이 차면 심장에 해로운 기운이 미쳐 상하게 된다. 인체에서 제일 중요한 기관이 심장이다. 심장의 박동이 멈추면 모든 기관의 기능이 정지되고 마는 것이다.

국가는 사람이 중심이다. 곧 조정의 내신들이 그 국가의 심장이니, 이들을 위정자라 한다. 그래서 위정자들은 국민을 위한 정치, 국민을 위한 복지, 국민을 위한 살림이 되어야 한다. 그렇지 않고 정치하는 몇 사람만 위한다거나 당리당략에 흐르는 정치가 되면 국민들은 반드시 원망을 한다. 마치 심장의 피가 사지를 통과하지 못할 때 기능이 상실되는 것처럼 정부와 위정을 원망하는 국민이 생겨나게 되는 것이다. 원망하면 마음이 이반(離叛)되고, 마음이 이반되면 그 국가는 존속하기가 어렵게 된다. 국가의 존속이 어려우면 정치가가 무슨 소용이 있겠는가.

그러므로 국민에 의하여 선출이 된 위정자는 국민의 마음이 어디에 있고 어디로 향하는가를 읽을 줄 알아야 한다. 그리고 늘 새로운 비전(vision)을 국민 앞에 제시해야 한다.

20

산이 장차 무너지려 하면 아래에서 먼저 무너지고, 나라가 장차 쇠퇴하려면 사람이 먼저 피폐(疲弊)해 지니라.

山將崩者는 下先隳하고 國將衰者는 人先弊이라.
산장붕자 하선휴 국장쇠자 인선폐

산이 장차 무너지려 하면 아래에서 먼저 무너지고, 나라가 장차 쇠퇴하려면 사람이 먼저 피폐(疲弊)해 지니라.

주석(註釋)

1 隳 : 무너질 휴, 무너뜨릴 휴.

2 弊 : 폐 폐 ; 해악(害惡). 부정. 못된 짓을 하다.

장주(張註)

自古及今에 生齒[1]富庶[2]하며 人民康樂而國衰者는 未
자고급금 생치 부서 인민강락이국쇠자 미

之有也라.
지 유 야

예로부터 지금까지 어린아이가 잘 자라고 백성이 많고 요부(饒富)하며 백성이 편안하고 즐거운데 나라가 쇠약함은 아직 있지 않으니라.

1 생치(生齒) : 금년에 난 아이, 또는 백성.

2 부서(富庶) : 살림이 많고 요부(饒富)함. 또 살림이 넉넉한 백성.

해의(解義)

폭우 등으로 인해 산이 무너질 때 위에서부터 무너져 내리지는 않는다. 반드시 아래서부터 조금씩 무너져서 결국 평지가 되고 만다. 나라가 장차 쇠망하여 가는 데도 국가를 이루고 있는 국민이 먼저 못된 방향으로 나아간다. 마치 개미구멍으로 인해서 둑이 무너지듯이 산이나 국가도 작은 것으로부터 크게 낭패(狼狽)가 되어지는 것이다.

국민들이 밤낮으로 열심히 일을 한다 하더라도 국가를 다스리는 방향타(方向舵)를 잡고 있는 위정자들이 자기의 이익이나 소속된 단체의 이익을 위하는 방향으로 돌리면 반드시 폐단이 일어나고 만다. 사간(私姦)이 생기면 먼저 자신들이 피폐되고 따라서 국가를 쇠망하게 하는 좀이 된다.

산이 무너지지 않게 하기 위해서는 아래의 흙이나 돌덩이를 잘

단속해야 한다. 또한 국가가 쇠망하지 않도록 하기 위해서는 먼저 위정자들이 올바른 정신으로 진실한 정치를 하여 국민의 모범이 돼야 할 것이다. 청백리(淸白吏)의 전통을 아름답게 여기는 뜻이 여기에 있다.

21

뿌리가 마르면 가지가 썩고 사람(백성)이 곤궁하면 나라가 쇠잔(衰殘)하니라.

根枯枝朽하며 **人困國殘**이라.
근고지후 인곤국잔

뿌리가 마르면 가지가 썩고 사람(백성)이 곤궁하면 나라가 쇠잔(衰殘)하니라.

주석(註釋)

1 根 : 뿌리 근;식물의 땅속에 있는 부분. 근본 근;사물의 본원(本源). 밑둥 근;하부. 뿌리 박을 근;뿌리가 생김. 근원이 됨.

2 枯 : 마를 고;초목이 마름. 야위어 뼈만 남음. 마른나무 고;말라서 죽은 나무.

3 根枯 : 초목에 있어서 수분(水分)이 다하여 나무가 말라비틀어진 것.

4 枝 : 가지 지;초목의 가지. 가지 칠 지;가지가 나옴.

5 朽 : 썩을 후;늙어 폐인이 됨. 부패함. 쇠퇴함. 멸망함.

6 困 : 곤할 곤; 괴로움. 난처함. 고생함. 피곤함. 지침. 생활이 가난함.

7 國殘 : 국가의 존속이 어려운 상태. 국가의 정권이 무너지고 파멸하는 것.

8 殘 : 쇠잔할 잔; 쇠하여 약함. 퇴폐함. 멸망함. 해칠 잔; 적해(賊害)함. 멸할 잔; 멸망 시킴. 잔인할 잔. 사나울 잔; 모짐. 포악함.

장주(張註)

長城之役이 興而秦殘[1]하고 汴河之役이 興而隋殘[2]이라.
장성지역 흥이진잔 변하지역 흥이수잔

만리장성의 역사(役事)가 일어나서 진나라가 쇠잔하였고, 변하의 운하 역사가 일어나서 수나라가 쇠잔하니라.

주해(註解)

1 춘추전국시대에는 각국이 방어의 수단으로 지형이 험난한 곳을 선택하여 장성(長城)을 수축(修築)하라는 것이 보편적인 방향이었다. 이처럼 진시황(秦始皇)이 천하를 통일한 뒤에 북방의 흉노(匈奴)가 남침하는 것을 막기 위하여 기원전 214년에 진(秦), 조(趙), 연(燕) 삼국이 장성을 수선하여 연결시켰다. 옛터인 임조(臨洮 : 지금의 甘肅省 岷縣)에서 시작하여 북으로 음산(陰山), 동으로 요동(遼東)에 이르렀는데 통칭 「만리장성(萬里長城)」이라고 한다. 지금까지 그 유적이 남아 있다. 만리장성을 쌓는데 진나라의 사망자 수가 수십만이요, 물자와 돈과 식량을 소모함이 무수하다. 진왕조는 이 축성으로 인하여 쇠잔파패(衰殘破敗)하여졌으니, 이것이 원인이 되어서 결국 나라를 망하게 하였다.

2 변거(汴渠)는, 곧 변하(汴河)로 지금 하남(河南) 형양현(滎陽縣) 서남의 색하(索河)를 말한다. 수나라가 운하를 건설하면서 사낭(私囊)을 채우는 한편 백성들의 재물을 무지하게 거두고 빼앗으니 백성들의 삶은 자연 궁핍하고 국고도 텅 비게 되었으며 정권도 따라서 쇠잔하게 되어 수습할 수가 없게 되었다. 결국은 이로 인하여 수나라는 파멸의 길로 나아가고 말았다.

해의(解義)

뿌리가 깊어 튼튼한 나무는 가지와 잎이 무성하지만 뿌리가 병이 든 나무는 말라서 죽고 만다. 이것은 뿌리에서 수분(水分), 곧 양분을 빨아올려 가지와 잎에까지 공급하지 못하기 때문이다.

이와 같이 국민은 곧 국가의 뿌리요 초석이다. 따라서 국민을 곤궁한데로 몰아넣거나 궁핍을 당하게 하면 그 국가는 파멸의 길로 나가고 마는 것이 고금을 막론하고 한결같다.

국가의 반석을 다지는 국책사업도 좋지만 이 사업을 이루어 가는데 있어서 국민을 괴롭히고 국민의 재물을 빼앗아 가면 민심(民心) 또한 모아지지 않기 때문에 국가가 힘들어진다.

그러므로 위정자들은 국민의 편에 서서 대국(大局)을 관찰해야 한다. 국민을 위하는 거대한 사업이라고 하더라도 국민의 호응을 얻어서 추진하고 민심을 모아서 이루어야 한다. 만일 위정자들의 일시적 영달과 업적을 위하여 국민을 혹사시키면 그 결과는 국가의 파멸과 함께 위정자들의 파멸도 부르게 된다.

22

엎어진 수레와 더불어 궤도를 같이하면 기울어지고, 망한 나라와 더불어 일을 같이하면 멸망하니라.

與覆車同軌者는 傾하고 與亡國同事者는 滅이라.
여 복 차 동 궤 자 경 여 망 국 동 사 자 멸

엎어지는 수레와 더불어 궤도를 같이하면 기울어지고, 망한 나라와 더불어 일을 같이하면 멸망하니라.

주석(註釋)

1 覆 : 엎어질 복. 넘어질 복. 엎을 복. 넘어뜨릴 복;전복. 도괴.

2 同軌 : 세상에 수레바퀴가 넓든 좁든 간에 서로 같다는 말, 즉 문물제도가 제후국가에 있어서 수레바퀴처럼 같다는 의미이다.

3 軌 : 바퀴자국 궤;수레바퀴가 지나간 자국. 차철(車轍).

4 同事 : 먼저 발생되어진 일이나 뒤에 발생되어지는 일이 실질에 있어서는 같다는 의미.

5 滅 : 멸망할 멸. 다할 멸;멸망하여 없어짐. 또 다 없어짐. 멸할 멸;없애 버림.

장주(張註)

漢武－欲爲秦皇之事라가 幾至於傾호대 而能有終者
한무 욕위진황지사 기지어경 이능유종자

는 末年에 哀痛自悔也[1]라. 桀紂는 以女色亡而幽王之褒
말년 애통자회야 걸주 이여색망이유왕지포

姒同之[2]하고 漢은 以閹宦亡而唐之中尉－同之[3]라.
사동지 한 이엄환망이당지중위 동지

한무제가 진시황의 일을 하려다가 거의 기울어짐에 이르렀으나 능히 미침이 있었던 것은 말년에 애통하게 여겨서 스스로 뉘우침이라. 걸왕과 주왕은 여색으로 망했는데 유왕의 포사가 그와 같았고, 한나라는 환관 때문에 망하였는데 당나라의 중위가 그와 같음이라.

주해(註解)

1 한나라 무제는 진시황의 봉선(封禪:흙을 쌓아 단(壇)을 만들어 하늘과 산천에 제사지내는 일)과 사신(祀神:신령에게 제사 지내는 일)과 구선(求仙:신선을 찾고 구하는 일)의 사례를 흉내 내다가 거의 한실(漢室)이 붕궤하는데 이르렀으니, 그는 「방사(方士)들의 괴이한 말에 혐의(嫌疑)를 느낀다.」고 말하고 스스로 꾸짖고 뉘우쳤기 때문에 유종의 미를 거둘 수 있었던 것이다.

2 하(夏)나라 걸왕(桀王)은 매희(妹喜, 생몰연대 미상)라는 여자를 총애하여 나라를 잘못 다스렸기 때문에 상(商)나라에 멸망을 당하였고, 상나라 주왕(紂王)은 달기(妲己)를 총애하여 나라를 잘못 다스렸기 때문에 주(周)나라에 멸망을 당하였다. 주나라 유왕(幽王)도 또한 전조(前朝)의 망하였던 사실을 돌아보지 않고 포사(褒姒)를 총애하여 나라를 잘못 다스렸기 때문에 신후(申侯)가 중심이 된 증(曾)과 견융(犬戎) 등을 연합한 군대의 공격을 받아서 결국 서주(西周)가 멸망을 당하였던 것이다.

3 동한(東漢)의 영제(靈帝, 156~189) 때에 십상시(什常侍:장양(張讓), 조충(趙忠), 하운(夏惲), 곽승(郭勝), 손장(孫璋), 필람(必嵐), 율숭(栗嵩), 은규(殷珪), 고망(高望), 장공(張拱), 한회(韓悝), 송전(宋典) 등 12명이 중상시(中常侍)가 되었는데 생략하여 십상시라 하였다.)의 환관들이 집단을 이루어 국가의 정권을 잡으니 동한의 국권이 멸망하는 방향으로 나가게 되었다.

당(唐)나라 덕종(德宗, 742~805)이 환관인 두문장(竇文場), 곽선명(藿善鳴) 등을 신책군(神策軍)의 호군중위(護軍中尉)로 삼았다. 이 환관들이 금군(禁軍:대궐을 경호하는 군사)을 지휘하였는데 후세에 이것이 시발이 되어 병권(兵權)까지 잡고 천자를 위협하는 데까지 이르게 되었다. 당대에 이 환관들이 군권(軍權)을 장악하고 감군(監軍)을 만들어 국가의 정치를 잘못 이끌었기 때문에 결국 멸망하게 되었다.

해의(解義)

길에는 평탄한 곳도 있고 울퉁불퉁한 곳도 있다. 평탄한 길은 달려가기 쉽고 울퉁불퉁한 길은 넘어지기 쉽다.

울퉁불퉁한 길을 가는 수레가 넘어지는 것을 보면서 뒤따라가면 넘어지기 쉽다. 넘어지지 않으려면 그 길을 닦아 평탄하게 하든지,

아니면 다른 길을 선택하여 돌아가야 한다.

이와 같이 나라나 기업을 경영하는데 있어서 앞서간 나라나 기업들이 전감(前鑑)이 된다. 역사를 거울삼아 흥왕하였던 그 방법을 선택하여 따라가면 흥할 것이요, 망한 나라나 기업을 경계삼아 따르지 않으면 망하지 않게 된다.

그런데 사람들은 울퉁불퉁한 길을 가면서 수레가 넘어지지 않기를 바란다. 멸망의 길을 가면서 나라나 기업이 흥왕하기를 바라는 것도 이와 같다. 길을 살펴가는 것처럼 어리석음에서 벗어나 평탄하고 정당한 길로 나아가야 한다.

23

이미 생겨난 것이 발현됨을 알아 앞으로 생겨날 것은 삼가고, 그 자취를 미워하는 사람은 모름지기 그것을 피하니라.

見已生者는 愼將生하고 惡其跡者는 須避之이라.
현 이 생 자 　 신 장 생 　 악 기 적 자 　 수 피 지

이미 생겨난 것이 발현됨을 알아 앞으로 생겨날 것은 삼가고, 그 자취를 미워하는 사람은 모름지기 그것을 피하니라.

주석(註釋)

1 見已生者 : 현(見)이란 '발현(發現)한다' 는 뜻이고, 이생(已生)이란 '이미 발생(發生)되었다' 는 뜻이다. 다시 말하면 이미 발생되어졌던 사변(事變)을 다시 발현시키는 것을 말한다.

2 已 : 이미 이 ; 벌써.

3 愼 : 삼갈 신 ; 신중히 함. 과오가 없도록 조심함. 소중히 다룸.

4 愼將生 : 신(愼)은 '신중(愼重)하다' 는 뜻이고, 장생(長生)은 '장차 발생

되는 것'을 말한다. 즉 장차 발생이 되어지는 사변(事變)에 대하여 신중하고 철저하게 소멸하여야 한다는 의미이다.

5 惡其跡者 : 오(惡)는 '염오(厭惡)'의 뜻이고, 적(跡)은 '열적(劣迹)의 뜻이다. 다시 말하면 멸망(滅亡)되어질 수 있는 궤적(軌迹)을 싫어한다는 의미이다.

6 跡 : 자취 적 ; 발의 디딘 자국. 흔적. 뒤밟을 적 ; 뒤를 밟아 쫓음. 추적함. 미행함.

7 須 : 모름지기 수.

8 須避之 : 멸망되어지는 길로 나아가기보다는 정보(停步)하여 나아가지 않음이 낫고, 망동(妄動)으로 군사를 움직이기보다는 병(兵)을 안정시켜 부동(不動)함이 좋다는 의미이다.

장주(張註)

已生者는 見而去之也요, 將生者는 愼而弭之也라. 惡
이생자 견이거지야 장생자 신이미지야 오

其跡者는 急履而惡路가 不若廢履而無行이요, 妄動而
기적자 급이이오로 불약폐이이무행 망동이

惡知나 不若絀心而無動이라.
오지 불약출심이무동

이미 생겨난 것은 보아서 그것을 버릴 것이요, 장차 생겨날 것을 삼가하여 그칠지니라. 그 자취를 미워하는 사람은 급히 신을 신었다가 길이 잘못되어지면 신을 폐하고 가지 않는 것만 같지 못한 것이요, 망령되게 움직여서 아는 것이 잘못되어지면 마음을 굽혀서 움직이지 않는 것만 같지 못하나니라.

해의(解義)

어떤 일에나 전사(前事)와 후사(後事)가 있다. 행적에도 선적(善迹)과 악적(惡迹)이 있다. 전사는 후사의 거울이 되고, 악적(惡迹)은 선적의 경종이 된다. 그래서 지혜가 있는 사람은 과거의 사안이 잘못되었을 경우 그 폐단이 확연히 나타나 있기 때문에 거울삼아 미래의 사안을 계획하고 대비한다. 잘된 일에 대해서도 또한 그렇게 표준한다. 이렇게 되면 과거의 사안이 미래를 개척하는 도본(圖本)이 되는 것이다.

악적(惡迹), 곧 악한 행적도 이와 같다. 이 악한 행적을 싫어하면 굳이 그 길을 가지 않고 피하면 된다. 마치 젖은 곳이 싫으면 높은 곳으로 옮기면 되는 것처럼 역사에 오적(汚迹)을 남기지 않으려면 과거의 행적을 보아서 선한 행적은 취하고 악한 행적은 버려서 미래의 선적을 쌓으면 된다.

그러므로 과거는 거울이요, 현재는 물체며, 미래는 종이로써 붓은 사람이 들었으니, 현재의 물체는 과거의 거울에 비추어 미래의 종이에 그림을 그려 넣으면 된다. 명화(名畵)도 되고 열화(劣畵)도 되듯이 인간의 삶 자체를 어떻게 읽어 가느냐에 따라서 남겨지는 자국은 크기도 하고 작기도 한다.

24

위태로움을 두려워하는 자는 편안하고, 망함을 두려워하는 자는 존속하니라.

畏危者는 安하며 畏亡者는 存이라.
외 위 자 안 외 망 자 존

위태로움을 두려워하는 자는 편안하고, 망함을 두려워하는 자는 존속하니라.

주석(註釋)

1 畏 : 두려워할 외 ; 경외함. 무서워함. 삼가고 조심함. 두려울 외.

2 存 : 있을 존 ; 존재함. 보존할 존. 편안할 존.

해의(解義)

산이 두려우면 산에 오르지 않으면 되고, 물이 두려우면 물에서 헤엄치지 않으면 된다. 사업이 망할까 두려우면 사업을 안 하면 되고, 차에 다칠까 두려우면 차를 타지 않으면 될 것이다.

이렇게 무엇이나 또 어느 때나 두렵고 조심스러운 마음을 가지고 살아가면 항상 편안하다. 또한 장차 흥과 망을 대비하여 준비하는 사람은 항상 존속할 수 있다.

옛말에 「편안할 때 위태로움을 잊지 말라(安時不忘危).」고 하였다. 이를 반대로 생각하면 「위태로움을 잊지 않음이 편안한 때이다(不忘危安時).」고 할 수 있다. 곧 편안과 위태로움은 반대이기 때문에 「편안함을 즐기면 반드시 위태로움을 부르고, 위태로움을 두려워하면 결정코 편안함이 오게 된다(樂安必招危 畏危定來安).」

또 옛말에 「존재할 때 망할 것을 잊지 말라(存時不忘亡).」고 하였다. 이를 반대로 생각하면 「앞으로 망할 것을 생각하면 오히려 존재할 수 있다(將思亡猶存).」는 뜻이 된다. 곧 존재와 망함은 반대이기 때문에 「존재함을 즐기면 반드시 망함을 부르고, 망함을 두려워하면 결정코 존재함이 오게 된다(樂存必招亡 畏亡定來存).」

그러므로 죽음을 두려워하면 삶이 참되고, 진리를 두려워하면 마음이 편안한 것임을 알아서 처신(處身)과 처세(處世)을 잘해야 영원히 존속을 할 수 있다.

25

무릇 사람이 행하는 바가
도가 있으면 길하고, 도가 없으면 흉함이라.
길한 것은 일백 복이 돌아오는 바이요,
흉한 것은 일백 재앙이 공격하는 바이니,
그것은 신성함이 아니요
자연히 모여지게 됨이니라.

夫人之所行(부인지소행)이 有道則吉(유도즉길)하고 無道則凶(무도즉흉)이라 吉者(길자)는 百福所歸(백복소귀)요, 凶者(흉자)는 百禍所攻(백화소공)이니 非其神聖(비기신성)이요, 自然所鍾(자연소종)이니라.

무릇 사람이 행하는 바가 도가 있으면 길하고, 도가 없으면 흉함이라. 길한 것은 일백 복이 돌아오는 바이요, 흉한 것은 일백 재앙이 공격하는 바이니, 그것은 신성함이 아니요 자연히 모여지게 됨이니라.

주석(註釋)

1 攻 : 칠 공 ; 공격함. 책망함. 괴롭힘.

2 神 : 귀신 신 ; 하늘의 신. 하느님. 상제(上帝). 신령.

3 聖 : 성인 성. 성스러울 성 ; 지덕(知德)이 가장 뛰어나고 사리에 무불통지함. 어느 방면에 공전절후(空前絶後)로 뛰어난 사람.

4 鍾 : 1) 모일 종. 모을 종 ; 한데 모이게 함.
2) 전주(專注). 특유(特有).

장주(張註)

有道者는 非以求福而福自歸之하고 無道者는 畏禍愈甚而禍愈攻之하나니 豈有神聖이 爲之主宰리요, 乃自然之理也라.
(유도자 비이구복이복자귀지 무도자 외화유심이화유공지 기유신성 위지주재 내자연지리야)

도가 있는 사람은 복을 구하지 아니하여도 복이 저절로 돌아오고, 도가 없는 사람은 화를 두려워함이 더욱 심하지만 화는 더욱 공격하나니, 어찌 신성이 있어서 주재를 한다 하리요, 이는 자연의 이치이니라.

해의(解義)

자연은 억지를 부리지 않는다. 무엇이든 「저절로 그렇게 되어 가는 것」이 자연이다. 봄 · 여름 · 가을 · 겨울이 그렇고, 밤과 낮이 그러하며, 음(陰)과 양(陽)이 그렇고, 낳고 늙고 병들고 죽음(生老病死)이 그렇다.

길흉화복(吉凶禍福)도 그러하다. 신이 나누어주고, 조상이 나누어주며, 성인이 있어 맡아 놓았다가 주는 것이 아니다. 도 있는 마음으로 도 있는 행동을 하면 길과 복이 돌아온다. 반대로도 없는 마음으로 도 없는 행동을 하면 흉과 화가 따르는 것이 천리(天理)의 당연함이다.

그러므로 지혜 있는 사람은 부귀빈천(富貴貧賤)과 길흉화복을 멀리서 구하지 않고 모두 자신에게서 구한다. 자신의 심신 작용이 선불선(善不善), 도부도(道不道), 인불인(仁不仁), 은불은(恩不恩) 등에 따라 부귀빈천, 길흉화복이 오기도 하고 가기도 하는 것을 확실히 알기 때문이다.

26

좋은 계책에 힘쓰는 사람은 악한 일이 없으며, 멀리 생각함이 없는 사람은 가까운 근심이 있느니라.

務善策者(무선책자)는 無惡事(무악사)하며 無遠慮者(무원려자)는 有近憂(유근우)니라.

좋은 계책에 힘쓰는 사람은 악한 일이 없으며, 멀리 생각함이 없는 사람은 가까운 근심이 있느니라.

주석(註釋)

1 務 : 마음을 오롯이 하고 힘을 다하는 것(專心致力).

2 憂 : 근심 우. 근심할 우;환난. 걱정.

해의(解義)

좋은 계책을 세우고 전심치력(專心致力)하면 잘못되는 일이 없고,

생각을 멀고 깊게 하지 않으면 가까이에 근심·걱정이 도사리는 법이다. 좋은 계획을 세워 그 일을 오롯이 하면 나쁜 일이 감히 달라붙지를 않는다. 마치 연잎을 더러운 흙탕물에 넣어 물들이려 해도 묻지 않는 것과 같다. 곧 연잎이 오진(汚塵)을 떨어내려 아니 해도 더러운 티끌이 저절로 굴러 떨어진다.

이와 같이 사람이 선을 추구하면 악은 자연 멀어지고, 악을 추구하면 선은 자연 멀어지는 것이다. 또 근심이나 걱정도 주위의 경계에 의하여 밀려들기도 하지만 대개는 자신의 심신작용 여하에 따라 발생한 현재는 근심이나 걱정이 없다고 하더라도 심사원려(深思遠慮)의 안목이 없는 행동에서는 뒤돌아서면 바로 근심·걱정이 나타나는 것이다.

그러므로 악한 상황은 제거하려고만 하지말고 선을 실행하고, 근심걱정을 끊으려고만 하지 말고 생각을 멀리하여 대책을 세워야 한다. 한 귀퉁이에 놓여 별 쓸모가 없는 듯한 바둑알도 선기능을 할 때는 능히 상대편의 대마(大馬)를 잡는데 기여하며, 이에 따라 승리를 얻을 수 있다.

27

뜻이 같으면 서로 얻게 되니라.

同志相得이라.
동 지 상 득

뜻이 같으면 서로 얻게 되니라.

장주(張註)

舜則八元八愷[1]요, 湯則伊尹[2]이요, 孔子則顔淵[3]이 是也라.
순 즉 팔 원 팔 개 탕 즉 이 윤 공 자 즉 안 연 시 야

순임금은 팔원팔개요, 탕임금은 이윤이요, 공자는 안연이 이것이니라.

주해(註解)

1 원(元)은 선(善)하다는 뜻이요, 개(愷)는 화합(和合)한다는 뜻이다. 이 팔원팔개 16명은 고대의 전설적인 재덕지사(才德之士)들로 순임금을 도와서 천하를 잘 다스렸기 때문에 후대에 팔원팔개라고 칭송하였다. 팔원은 고양씨(高陽氏)의 재자(才子) 여덟 명으로 창서(蒼舒), 퇴고(隤鼓), 도인(檮戭), 대림(大臨), 방강(尨降), 정견(庭堅), 중용(仲容), 숙달(叔達)을 말하고, 팔개는 고신씨(高辛氏)의 아들 여덟 명으로 백분(伯奮), 중감(仲堪), 숙헌(叔獻), 계중(季中), 백호(伯虎), 중웅(仲熊), 숙표(叔豹), 계리(季貍)를 말한다.

2 이윤(伊尹, B.C. 1649~B.C. 1549?)은 상(商)나라의 현상(賢相)으로, 이름은 지(摯)이다. 유신씨(有莘氏)의 들에서 농사를 지었는데 탕(湯)임금이 세 번의 폐백으로 부르니 탕임금에게 나아갔다. 뒤에 탕이 걸(桀)을 쳐서 하(夏)나라를 멸망케 하고 천하에 왕 노릇을 하는데 이윤의 공이 많았으므로 탕임금은 아형(阿衡:재상으로 지금의 국무총리 정도)으로 삼아 존경하였다. 탕임금이 죽고 그의 손자인 태갑(太甲)이 도가 없으므로 이윤이 동(桐)이라는 땅으로 내쳤다가 3년간 지내면서 자기의 잘못을 뉘우치므로 다시 박(亳)인 서울에 돌아오게 하여 천자가 되게 하였다. 100살이 되어 죽으니 천자가 천자(天子)의 예로써 옥정(沃丁)에 장사지냈다.

3 안연(顔淵, B.C. 521~B.C. 481)은 곧 안회(顔回)로, 자가 자연(子淵)이며 공자의 상수제자이다. 가난하여 허름한 집에서 살며 대그릇에 밥을 담고 표주박에 물을 담아 먹으면서 그 즐거움이 변함이 없었다. 공자는 그의 덕행(德行)을 칭찬하며 아울러 「성냄을 옮기지 않고 허물을 두 번 하지 않는다(不遷怒 不二過).」고 하였고, 또 「그 마음에 석 달을 인을 어기지 않는다(其心三月不違仁).」고 칭찬을 하였다. 그가 일찍이 죽으니 공자는 대단히 비통하였다.

해의(解義)

동지란 지취(志趣)가 같고 지향(志向)이 같다는 말이다. 어떠한 목적에 뜻을 함께하는 것이요, 그 목적에 도달할 때까지 뜻을 함께한다는 뜻이다. 상득(相得)이란 「뜻을 얻었다」는 의미로 자기가 계획한 목표가 성공의 열매를 맺게 되었음을 가리킨다.

《국어(國語)》 진어(晉語) 4에 「덕이 같으면 마음이 같고, 마음이 같으면 뜻도 같다(同德則同心 同心則同志).」고 하였다. 예를 들면, 정치이념이나 학문연구가 같으면 자연히 뜻을 함께하는 동지가 되고, 그 동지가 모여서 한 목적으로 나아가면 자연히 그 목적지에 도달하게 된다. 그러므로 큰 목적을 이루려면 반드시 큰 뜻을 품어야 하고, 또 그러한 뜻을 품은 사람들이 모여야 그 목적을 크게 이룰 수가 있는 것임을 안다고 할 때 동심동지(同心同志)가 얼마나 귀중하고 위대한지 모른다.

28

어짊이 같으면 서로 근심하니라.

同仁相憂이라.
동 인 상 우

어짊이 같으면 서로 근심하니라.

주석(註釋)

1 同仁 : 지취(志趣)가 서로 같아서 함께 일하는 사람을 말한다. 즉 사람을 대하여 피차(彼此)나 후박(厚薄)을 구분하지 않고 하나로 보고 또 하나의 인(仁)으로 보는 것이다.

2 相憂 : 서로 걱정 근심하다는 뜻으로, 군주가 되어 백성들의 기한(飢寒)과 노고(勞苦)를 걱정하고 염려하면 백성들도 또한 임금의 내란(內亂)이나 외우(外憂)를 근심하고 걱정한다는 뜻이다.

장주(張註)

文王之閎散[1]과 微子之父師少師[2]와 周旦之召公[3]과 管
문왕지굉산 미자지부사소사 주단지소공 관

仲之鮑叔[4]이 是也라,
중 지 포 숙 　 시 야

문왕의 굉요(閎夭) 산의생(散宜生)과 미자의 부사 소사와 주단(周旦)의 소공과 관중의 포숙이 이것이니라.

주해(註解)

1 굉요(閎夭, 생몰연대 미상)와 산의생(散宜生) 두 사람은 서주(西周) 초창기의 대신들로 문왕을 크게 도운 사람들이다. 문왕이 주(紂)에 의하여 수금(囚禁)이 되었는데 주가 유신씨(有莘氏)의 여자를 구하므로 유신씨의 여자와 여융(驪戎)에서 나오는 말을 아름답게 꾸며서 주왕에게 바치고 문왕을 석방시켰다. 뒤에 문왕의 아들이 되는 무왕(武王)에 상나라를 멸망시켰다.

2 부사(父師)는 기자(箕子, 생몰연대 미상)를 말하고, 소사(少師)는 비간(比干, B.C. 1092~B.C. 1029)을 말한다. 미자가 떠나면서 고(誥:訓戒, 敎令)를 지었는데 당시에 주왕(紂王)이 무도하니 상나라가 장차 망한다. 미자(微子) 자신으로서는 구국의 능력이 없기 때문에 걱정을 안고 나라 밖으로 도망간다고 하면서 기자에게 말하니, 기자는 상나라에 재앙이 있으면 자기도 함께 받을 것이요 도망은 가지 않겠다 하고, 또 비간에게 말하니, 비간도 상나라가 망하는 것은 두렵지 않다. 오직 나라를 돌보다 죽어도 여한은 없다고 하면서 열심히 나라를 위해 일하였지만 결국 죽음만을 맞이할 뿐이었다.
그러므로 「미자는 도망가고, 기자는 노예가 되고 비간을 간하다가 죽음을 당하였다(微子去之 箕子爲之奴 比干諫而死).」고 하였으니, 모두

가 은나라가 장차 망할 것을 염려하였던 현신(賢臣)들이었다.

3 주무왕(周武王, ?~B.C. 1043)이 죽은 뒤에 그 아들 성왕(成王, ?~B.C. 554)이 왕위를 이었으나 아직 어렸다. 숙부인 주공이 섭정을 하였다. 이에 주공이 태사(太師)가 되고 그의 동생인 소공이 태보(太保)가 되어 나라를 다스렸는데 소공이 주공에 대하여 혐의(嫌疑)를 갖게 되니 주공이 군석(君奭)을 지어 섭정을 하게 된 원인과 당위성을 설명하고 교훈을 남겼다.

그러므로 역사상에서는 주공과 소공이 행정을 공화(共和)라고 칭송하였다. 이러므로 주나라는 오래도록 화란(禍亂)을 만나지 않았다.

4 제환공(齊桓公)이 관중(管仲, B.C. 725~B.C. 645)을 죽이고자 할 때 포숙아(鮑叔牙, ?~644)가 말하기를, 「신이 태자를 따르다가 임금이 되면 임금의 자리는 높기 때문에 신하로서는 더 이상 무엇이라 말할 수가 없습니다. 임금이 제나라를 다스리는데 있어서는 고혜(高傒)와 포숙아만 있으면 되지만 만일에 패왕(覇王:覇業과 王業)이 되려고 하면 관중이 아니고는 안 됩니다. 사실 관중은 국가의 중요한 인물이니 잃어서는 안 됩니다.」 하였다. 이에 제환공은 관중을 죽이지 않고 중용(重用)하여 정권을 맡겼다. 그리하여 결국은 패왕의 위업을 달성하였다.

뒤에 제환공이 말하기를, 「내가 병거(兵車)의 회맹(會盟)을 세 번 하고 승거(乘車)의 회맹을 여섯 번 하여 제후들을 규합하고 천하를 호령함은 오직 관중과 포숙의 공이다.」 하였다.

해의(解義)

동인(同心)에는 두 가지 의미가 있다. 하나는 인자(仁慈)와 평등(平等)으로 사람을 대한다는 뜻이요, 다른 하나는 함께 일을 하는(共事)

사람이라는 뜻으로 동인(同人)과 같은 의미이다. 곧 일시동인(一視同人)의 의미로 사람을 대하여 피차(彼此)나 후박(厚薄)이나 애증(愛憎)이나 원근(遠近)을 가리지 않고 자비와 은혜와 사랑과 평등으로 대우하고 일을 하는데 있어서도 이러한 심경을 간직한다는 뜻이다.

다시 말하면 서로 걱정하고 염려하는 것이다. 《맹자》 양혜왕하(梁惠王下)에 「(임금으로서) 백성들의 근심을 걱정하여 주면 백성들도 또한 (임금이) 걱정하는 것을 걱정한다(憂民之憂者 民亦憂其憂).」고 하였으니, 국가나 기업에서 새겨 보아야 할 계언(誡言)이다. 그러므로 항상 함께하는 마음으로 일하고 있음을 알아서 서로 자인(慈仁)을 베풀고, 근심되는 일을 걱정하며 은혜와 사랑이 넘쳐나도록 해야 한다.

29

악이 같으면 서로 무리가 되니라.

同惡相黨이라.
동 악 상 당

악이 같으면 서로 무리가 되니라.

주석(註釋)

1 同惡 : 공동으로 악한 짓을 하는 사람과 공동으로 악한 행동을 실현하는 사람을 말한다.

2 相黨 : 정치상에 있어서 붕당(朋黨)을 결성하거나 결성된 사람이 한뜻을 갖는 것.

3 黨 : 무리 당 ; 목적, 의견, 행동 등을 같이 하는 자의 단체.

장주(張註)

商紂之臣億萬[1]과 盜蹠之徒九千[2]이 是也라.
상 주 지 신 억 만 도 척 지 도 구 천 시 야

상나라 주왕의 신하 억만 명과 도척의 무리 구천 명이 이것이니라.

주해(註解)

1 이러한 예증(例證)을 들어 설명하는 것은 상나라 주왕이 포악하여 도가 없으며, 간하는 신하를 물리치고 어진 사람을 해치며 음탕하고 술을 좋아하여 간신(奸臣)과 폐신(嬖臣)은 물론 영신(佞臣)인 비염(飛廉:주왕의 諛臣) 등이 지지하여 주어 그 수가 엄청나게 많았지만 주왕의 포악을 도운 악당(惡黨)들로 낙인(烙印)이 찍혔을 뿐이다.

2 도척(盜蹠)은 춘추전국시대에 일어난 도적의 영수(領袖)를 말한다. 그는 구천 명이나 되는 부하를 거느리고 천하를 횡행하고 제후들을 침략하였다. 순자(荀子, B.C. 313~B.C. 238)의 불구편(不苟篇)에 보면, 「도척이 입으로 알려져 명성이 해와 달 같아 순우(舜禹)와 함께 전하여 그치지 않았다. 그러나 군자들이 귀하게 여기지 않는 것은 예의(禮義)에 맞지 않기 때문이다.」고 하였다. 이는 비록 그들의 무리가 많다고 하지만 동악(同惡)의 무리가 되었기 때문에 세상에서 올바르게 보지 않는다.

해의(解義)

동악(同惡)이란 공동으로 악을 저지르는 것을 말하고, 상당(相黨)이란 한 무리가 된다는 뜻이다. 어떤 악행을 혼자서 저지르는 것이 아니라 떼를 지어 악한 짓을 하는 것이다. 따라서 이에 동조하는 무리가 붕당(朋黨)이 되고 굳게 결속하여 숱한 사건을 일으키는 것을 말한다.

산적이나 해적들이 무리를 지어서 강제적으로 남의 재물을 털고 빼앗으며 살인까지도 하는 것은 악행이다. 하지만 그들이 구하는 이익과 목적이 같기 때문에 무리가 모여들어 하나가 되는 것이다.

선한 무리가 모이면 선한 일을 하고, 악한 무리가 모이면 악한 일을 하게 된다. 우리들의 마음과 행동이 악의 방향인가 아니면 선의 방향인가를 생각하고 기업경영도 선인가 악인가를 잘 가려서 운영해야 후대까지 그 이름이 선명(善名)으로 아니면 악명(惡名)으로 전하게 된다.

옛글에 「만고장강수 악명불세거(萬古長江水 惡名不洗去)」라 하였다. 곧 "오랜 세월 흐려왔던 강물이라도 악한 이름을 씻어가 버리지는 못한다."는 의미이다.

30

사랑하는 것이 같으면 서로 구하니라.

同愛相求이라.
동 애 상 구

사랑하는 것이 같으면 서로 구하니라.

주석(註釋)

1 同愛 : 함께 좋아하고, 함께 사랑하는 것.

2 相求 : 서로 탐색하고, 또 심취(尋取)하는 것. 또는 실사구시(實事求是)의 의미.

2 求 : 구할 구 ; 바람. 찾음. 초래함.

장주(張註)

愛財則聚斂之士를 求之하고 愛武則談兵之士를 求之
애 재 즉 취 렴 지 사 구 지 애 무 즉 담 병 지 사 구 지

하고 愛勇則樂傷之士를 求之하고 愛仙則方術之士를 求
애용즉낙상지사 구지 애선즉방술지사 구

之하고 愛符瑞則矯誣之士를 求之니 凡有愛者는 皆情
지 애부서즉교무지사 구지 범유애자 개정

之偏이요 性之蔽也라.
지편 성지폐야

재물을 사랑하면 모으고 거두는 선비를 구하고, 무술을 좋아하면 전략을 말하는 선비를 구하고, 용맹을 좋아하면 상해하기 즐겨하는 선비를 구하고, 신선을 사랑하면 방술하는 선비를 구하고, 부적과 상서로움을 사랑하면 속임수 쓰는 선비를 구하나니, 무릇 사랑함이 있는 것은 다 정이 치우친 것이요 성품이 가리워진 것이라.

해의(解義)

동애(同愛)란 사랑하고 좋아한다는 뜻이요, 상구(相求)란 서로 찾고 취한다는 뜻이다. 사람이 사랑하고 좋아하면 서로 찾고 취하게 된다는 것이다. 곧 돈을 사랑하고 좋아하면 돈을 찾고 취하게 되며, 명예를 사랑하고 좋아하면 명예를 찾고 취하게 된다. 사람이 어떤 방면으로 좋아하느냐에 따라 그 결과가 이불리(利不利), 시불시(是不是), 정부정(正不正), 선불선(善不善)으로 나누이게 된다.

그러므로 우리들은 이왕 좋아하고 찾게 될 바에는 성인(聖人)을 좋아하여 성인을 찾고, 진리(眞理)를 좋아하여 진리를 찾아야 한다.

도덕(道德)을 좋아하여 도덕을 찾고, 진실(眞實)을 좋아하여 진실을 찾으며, 은혜(恩惠)를 좋아하여 은혜를 찾아서 좋은 방향으로 나아간다면 개인으로부터 가정 · 사회 · 국가가 발전할 뿐만 아니라 영원한 행복을 누리며 살아가게 된다.

31

아름다움이 같으면 서로 강샘하게 되니라.

同美相妬이라.
동 미 상 투

아름다움이 같으면 서로 강샘하게 되니라.

주석(註釋)

1 同美 : 용모가 아름다운 여자. 인물이 훤칠한 남자.

2 相妬 : 서로 시기하고 질투하며 시샘하는 것.

2 妬 : 강샘할 투 ; 투기함. 시새울 투 ; 시기함. 질투함.

장주(張註)

女則武后韋庶人蕭良娣[1]가 是也요, 男則趙高李斯[2]가
여 즉 무 후 위 서 인 소 량 제 시 야 남 즉 조 고 이 사

是也라.
시 야

여자는 무후 · 위서인 · 소량제가 이런 것이요, 남자는 조고 · 이사가 이런 것이니라.

주해(註解)

1 무후는 곧 무칙천(武則天, 624~705), 칙천무후(則天武后)를 말하고, 위서인은 「자치통감(資治通鑑)」에 왕황후(王皇后)로 되어 있으며, 소량제는 곧 소숙비(蕭淑妃)를 말한다.

당나라 고종(高宗, 628~683) 영휘(永徽) 원년(元年, 650)에 왕씨로 황후를 삼았는데, 왕황후는 자식이 없고 숙비인 소씨가 자식을 두어 총애를 받으니 왕황후가 질투를 하였다.

고종이 태자로 있을 때 태종이 아팠는데 무씨(武氏)가 가무(歌舞)로 달래주었다. 고종은 임금의 위를 이었고, 무씨는 여승(女僧)이 되었는데, 654년 왕황후가 고종에게 무씨를 후궁으로 맞아들이도록 권하였는데, 이는 소숙비의 총애를 이간시키려는 의도에서였다. 무씨가 입궁한 뒤 얼마 안 되어 소의(昭儀)가 되니 자연 왕황후와 소숙비에 대한 총애가 시들하여졌다.

655년 왕황후와 소숙비를 폐하고 무씨로 황후를 삼았다. 이에 무씨는 왕황후와 소숙비에게 일백 대의 곤장을 치고 손발을 끊어 술독에 넣으니 수일이 지난 뒤에 죽고 말았다.

2 기원전 210년, 진시황이 죽으니 승상 이사(李斯, B.C 280~B.C. 208) 및 조고(趙高, ?~B.C. 207) 등이 발상(發喪)하지 않고 거짓으로 조칙(詔勅)을 내려 둘째인 호해(胡亥, B.C 230~B.C. 207)를 세워 황제로 삼는다 하니 원래 맏이요 태자였던 부소(扶蘇, ?~B.C. 210)는 자살하고 말았다. 아울러 대신인 몽렴(蒙恬)과 몽의(蒙毅) 형제를 죽였다.

기원전 208년, 조고는 이세황제(二世皇帝)를 속여 궁중에 가두고 대신들을 만나지 못하게 하였다. 그러면서 이세황제에게 일러바치기를 「사구(沙丘)의 도모를 승상인 이사와 함께 하여 황제가 되도록 하였는데 그가 땅을 나누어 왕이 되기를 바라므로 그의 장남인 이유(李由)로 삼천수(三川守)를 삼았지만 진승(陳勝)을 치지 않고 문서로만 왕래하였으며 이사의 권리가 황제보다 더하게 되었다.」고 하였다. 이에 이사도 조고의 간교(奸巧)에 대하여 상소를 하였으니, 「조고는 이해(利害)를 마음대로 하여 폐하와 다름이 없으니, 옛날 전상(田常:춘추시대 제나라 사람으로 임금인 간공(簡公)을 서주(徐州)에서 죽이고 제나라를 취함)과 같으리니, 지금 물리치지 않으면 변란이 일어날 것이다.」고 하였으나 이세황제는 듣지 않고 오히려 조고에게 이러한 사실을 알려 주었다. 조고가 말하기를, 「승상이 걱정하는 것이 나이지만 내가 죽고 나면 승상이 바로 전상이 되리라.」 하고 바로 이사를 하옥하고 그 아들 이유와 더불어 요참(腰斬)하여 삼족을 멸한 뒤에 조고가 승상이 되었다.

해의(解義)

동미(同美)란 용모가 아름다운 여자와 풍채가 준수한 남자를 말하고, 상투(相妬)란 서로 시기하고 질투한다는 뜻이다. 남녀를 가리지 않고 자기보다 더 아름답고 준수한 인물을 보게 되면 시기와 질투와 미움이 생겨나게 된다는 것이다.

《순자(荀子)》의 대략(大略)에 「선비가 되어 질투하는 벗이 있으면 어진 벗들은 친근하지 않고, 임금이 되어 질투하는 신하가 있으면 어진 사람이 이르지 않는다(士有妒友 則賢友不親 君有妒臣 則賢人不至).」

고 하였다. 시기 질투의 결과는 망신(亡身) 내지 난정(亂政)과 망국(亡國)을 가져올 수 있다.

그러므로 사람은 천성적으로 주어진 모습대로 맑고 밝고 바른 마음을 지니고 살면 된다. 시기 질투로 인하여 얼룩지고 구겨진 생애를 가꾸어서 되겠는가.

32

지혜가 같으면 서로 도모하게 되니라.

同智相謀이라.
동 지 상 모

지혜가 같으면 서로 도모하게 되니라.

주석(註釋)

1 同智 : 지(智)란 총명(聰明), 슬기. 범상을 뛰어넘은 예지(叡智). 인식하고 판단하는 능력, 사물을 바라보는 특별한 알음알이 등을 말한다. 동지란 이러한 상황이 같음을 말한다.

2 相謀 : 모(謀)란 도모(圖謀)한다는 뜻이다. 즉 지위나 권력이나 재물이 같고, 총명이나 지혜가 같으면 서로 도모하게 된다는 말이다.

장주(張註)

劉備曹操[1]와 翟讓李密[2]이 是也라.
유 비 조 조 　 적 량 이 밀 　 시 야

유비와 조조, 적양과 이밀이 이것이니라.

주해(註解)

1 198년, 조조가 여포(呂布, 161~198)를 죽이려고 하였다. 여포가 말하기를, 「공의 근심은 여포에 지나지 않지만 이제는 이미 항복을 하였습니다. 만일 저는 말을 타고, 공은 걷는다면 천하를 평정할 수 없습니다.」 하니, 조조가 포박을 풀어 주었다. 그러나 유비가 말하기를, 「불가합니다. 공은 여포가 정원(丁原)과 동탁(董卓)을 죽인 사실을 보지 못하였습니까.」 하니, 조조는 여포를 목매달아 죽였다.

이것은 유비가 조조의 손을 빌려 여포를 죽임으로써 조조를 이용하여 자기에게 가해지는 해(害)를 면하고자 함이었다.

199년, 하루는 조조와 유비가 술을 마시며 천하의 영웅을 논하는데 유비는 원소(袁紹) 등 몇 사람을 거명하니 조조는 이를 부정하면서 「지금 천하의 영웅은 그대와 나뿐이요, 본초〔本初:동한(東漢) 질제(質帝)의 연호(A.D. 146)〕의 무리들은 셀 수 없다.」고 하였다. 이 말을 들은 유비는 조조가 장차 어떻게 할까 두려워하였다. 이때 유비가 밥을 먹다가 수저를 떨어뜨렸는데 천둥소리가 크게 울렸기 때문이라고 핑계를 댔다.

조조는 유비와 주영동(朱靈同)이 함께하여 원술(袁術, 155~199)을 치라 하니 유비는 이를 이용하여 멀리 달아났다. 조조가 쫓다가 따르지 않고 말하기를, 「유비는 인걸이다. 지금 치지 않으면 반드시 후환이 되리라.」 하고 드디어 유비를 치니, 유비는 도망을 하여 원소에게 의지하였다.

2 적량(563~617)과 이밀(582~619)은 와강(瓦崗)에서 일어난 의군(義軍)의 수령들이다. 이밀이 적량의 계책을 제거하려고 달래기를, 「족하의

웅재(雄才大略)와 정예한 사마(士馬)로 이경(二京:한의 東京과 西京)을 석권하고 포악함을 주멸(誅滅)할지라도 수씨(隋氏)를 멸망시키지 못하리라.」 하였으나 적량은 거절하였다. 이밀은 적량이 별스럽게 할 일이 없음을 알고 이사영(李士英), 방현조(房玄藻) 등 도망 온 유객(遊客)들을 거두고 술사(術士)인 가웅(賈雄)으로 하여금 적량을 달래어 이밀에게 자리(位)를 양보하도록 하니 적량이 동의하여 정의가 매우 두터워졌다. 그 뒤에 적량이 이밀을 추대하여 위공(魏公)이라 부르고, 이밀은 적량을 상주국(上柱國:벼슬이름)으로 삼았다.

방현조 등이 이밀에게 말하기를, 「적량은 탐욕이 많아 어질지 못하고 임금으로 받드는 마음도 없으니 마땅히 일찍이 꾀를 써야 한다.」 하므로 결국 적량과 그 일가를 죽였다.

해의(解義)

동지(同智)란 총명과 지혜가 동등하다는 뜻이요, 상모(相謀)란 서로 도모한다, 곧 꾀를 부린다는 뜻이다. 사람이 지식이나 사고나 상식이나 계책이 비슷하면 반드시 어떤 일을 도모하는데 있어서 서로 우위(優位)가 되기 위하여 불미스런 사건을 만들게 된다. 지위나 권력이나 부귀나 영화를 얻기 위하여 갖은 수단과 방법을 가리지 않고 중상모략을 하거나 이합집산(離合集散)하며 결국에는 살상까지도 벌리게 되는 것이다.

그러므로 사람이 참으로 총명하고 지혜가 있다면 남을 위하고 남을 구제하며 남을 살리는데 활용해야 빛이 발한다. 만일 사람을 해라고 죽이는데 이르면 상망(相亡)이 되고 만다. 남을 살리면 나도 살고, 남을 죽이면 나도 죽는 것임을 알아야 한다.

33

귀함이 같으면 서로 해치니라.

同貴相害이라.
동 귀 상 해

귀함이 같으면 서로 해치니라.

주석(註釋)

1 同貴 : 지위의 높이가 동등한 사람, 즉 왕공(王公) 귀인(貴人)이나 공경대부(公卿大夫) 등.

2 害 : 해칠 해 ; 해롭게 함, 또 재앙을 내림. 살상함. 시기할 해 ; 질투함. 해 해 ; 해로운 일, 또 해로운 것. 훼방할 해.

장주(張註)

勢相軋也라.
세 상 알 야

세력이 서로 알력이라.

해의(解義)

동귀(同貴)란 것은 왕족이나 벼슬한 공경대부를 말한다. 상해(相害)란 서로 해치고 시기한다는 뜻으로 구렁텅이로 몰아넣고 심하면 죽이기까지 한다는 뜻이다. 왕족이요 공경대부라 하더라도 그 무리를 이끄는 주체자가 있기 마련이다. 왕은 하나요, 같은 벼슬이라도 임금의 신임을 받는 것은 각각 다를 수가 있기 때문에 자기의 기득(旣得)한 지위와 권리를 지키려고 그 지위와 권력을 이용하여 남을 해하려 하기 때문에 서로 보이지 않는 알력(軋轢)이 생기게 된다.

그러므로 국가나 기업에서 사람들을 선의의 경쟁으로 이끌지언정 동렬(同列)에 차등과 친소를 두어서는 안된다. 상해로 나아가면 결국 상전(相戰)의 아수라장이 되고 만신창이가 되고 마는 것임을 알아서 상생(相生)으로 나아가야 한다.

34

이익이 같으면 서로 꺼리니라.

同利相忌이라.
동 리 상 기

이익이 같으면 서로 꺼리니라.

주석(註釋)

1 同利 : 이익을 함께 누리는 것, 즉 권력이나 이익이 누구에게 평등하다 하면서도 자기가 더 많이 향유하려고 하는 것.

2 忌 : 꺼릴 기 ; 외탄(畏憚)함. 시기할 기 ; 질투함. 미워할 기 ; 증오함. 원망할 기 ; 원한을 품음.

장주(張註)

忌는 相刑也라.
기 상 현 야

꺼린다는 것은 서로 제어한다는 것이라.

해의(解義)

동리(同利)란 개인만이 누릴 수 있는 권리가 아니라 공동으로 향유할 수 있는 이익을 말하고, 상기란 곧 기각(忌刻), 기극(忌克)으로 남의 재능을 시기하여 각박하게 행동하고 그보다 더 나으려고 욕심을 부리는 증오하는 것을 말한다. 다시 말하면 사람의 삶이란 공동체이기 때문에 사권사리(私權私利)보다는 공권공리(公權公利)를 위하는 방향으로 나가서 개인으로서 조금 손해를 보고 시비를 조금 듣는다고 할지라도 공동의 이익이 되고 공동의 정로(正路)가 된다면 서로 양보하고 미뤄주어야 한다.

그런데 사람들은 대체적으로 국가나 기업이 어찌되고 공동의 목표가 어찌되든지 개인의 이익, 개인의 권력, 개인의 삶을 중시하려고 하는 수가 없지 않다. 그러지 말자. 국가가 있어야 나도 있고, 기업이 있어야 나의 삶도 풍요로울 수 있는 것이니 개인의 양보로 공동을 살리는 공익심(公益心)을 가지고 공익행(公益行)을 해야 상생상화(相生相和)가 될 수 있다.

그러므로 고기 한 쪽을 놓고 서로 으르렁거리는 강아지가 되지 말고 고기를 길러 나누어 먹는 공동체(共同體)가 되어야 서로의 삶에 풍요를 가져오게 된다.

35

소리가 같으면 서로 호응하고, 기운이 같으면 서로 감응하니라.

同聲相應하며 同氣相感이라.
동성상응 동기상감

소리가 같으면 서로 호응하고, 기운이 같으면 서로 감응하니라.

주석(註釋)

1 聲 : 소리 성;음향. 음성. 말. 언어. 명예. 가르침.

2 氣 : 기운 기;만물 생성의 근원. 만유의 근원. 심신의 세력. 원기. 힘. 기세. 자연의 운행.

2 感 : 감응할 감;감촉되어 통함. 느낄 감. 깨달을 감;느껴 앎. 감동할 감;깊이 느끼어 마음이 움직임. 감동하게 함.

장주(張註)

五行五氣五聲이 散於萬物하야 自然相感應也라.
오행오기오성 산어만물 자연상감응야

오행〔五行:우주 간에 쉬지 않고 운행하는 다섯 원소, 곧 금(金)·목(木)·수(水)·화(火)·토(土)를 말한다.〕과 오기〔五氣:오방(五方)의 기운, 곧 동·서·남·북 중앙의 기운〕와 오성〔五聲:음률의 기본, 곧 궁(宮)·상(商)·각(角)·치(徵)·우(羽)의 다섯 음계〕이 만물에 흩어져서 자연히 서로 감응하니라.

해의(解義)

화음(和音)이 같고 기품(氣稟)이 같으면 서로 감응이 된다. 산에 올라가서 큰 소리를 지르면 반드시 저편에서도 큰 소리가 메아리쳐 온다. 이는 동성(同聲)이기 때문에 상응하는 작용이다. 어떤 사람이 어떤 일로 슬픔을 안고 있을 때 나도 그 사건의 실마리를 들으면 공연히 슬퍼지는 것은 동기(同氣)이기 때문에 교감(交感)이 되는 것이다.

이와 같이 우주 만물은 모두가 한 기운으로 이어져 있기 때문에(同氣連契) 즐거운 경우를 보면 즐겁고, 슬픈 경우를 당하면 슬퍼진다. 우주 안의 모든 존재는 동류성질(同類性質)이기 때문에 형용(形容)과 지취(志趣)가 상합(相合)하면 저절로 응감(應感)이 된다.

그러므로 우리에게 바로 응감할 수 있는 요소가 있음을 알아서 만물의 호응(呼應)과 호감(好感)이 이르도록 심신의 작용을 잘해야 한다.

36

무리가 같으면 서로 의지하니라.

同類相依이라.
동 류 상 의

무리가 같으면 서로 의지하니라.

주석(註釋)

1 同類 : 유별(類別)이 서로 같음.

2 類 : 무리 류;동아리. 서로 비슷한 것. 동종 같을 류. 비슷할 류;상사(相似)함.

3 相依 : 서로 의존하는 것. 서로 의지가 되어 떠날 수 없는 것.

4 依 : 의지할 의;물건에 기댐. 의뢰함, 또 기댈 곳.

해의(解義)

들이나 산에 나가보면 참새는 참새와 짝을 지어 놀고, 노루는 노

루와 동아리를 지어 뛰어다닌다. 이러한 현상을 유유상종(類類相從)이라 하니, 곧 같은 뜻, 같은 일, 같은 목표를 가지고 있는 사람들이 서로 모이고 뭉쳐서 의지하고 도와가는 것을 말한다.

그처럼 사람은 혼자서 살 수 없고 또 일을 할 수도 없다. 반드시 의지처가 있고 이끌어 주며 상담(相談)의 벗이 필요한 것이다. 그런데 사람마다 습관이 다르고 성장이 다르며 학문이 다르기 때문에 심천(深淺)이 있고 후박(厚薄)이 있어서 결국 비슷한 처지의 사람들이 동아리 지어 상의상자(相依相資)하며 살아가기 마련이다.

그러므로 성현과 유(類)를 같이 하면 성현을 닮아 자기도 모르게 성현의 길로 나아갈 것이요, 범인과 유를 같이 하면 범인을 본받고 닮아 자기도 모르게 범인의 길로 나아가게 된다. 유를 같이 하는 것이 얼마나 중요한가를 이런 현상이 일러준다.

36

의리가 같으면 서로 친근하니라.

同義相親이라.
동 의 상 친

의리가 같으면 서로 친근하니라.

주석(註釋)

1 同義 : 사상이나 행위가 일정한 표준이 서 있는 것, 또는 의리가 같은 것.

2 相親 : 서로 친근한 것. 서로 가까운 것.

해의(解義)

의(義)란 인간의 사상(思想)과 행위(行爲)의 일정(一定)한 표준을 말한다. 사람이 세상을 사는데 기준점(基準點)을 의에 두자는 것이다. 의를 위의(威儀)라고도 한다. 「의란 나다(義者我也).」는 뜻으로 자기 모습에서 결단과 제재(制裁)가 밖으로 표출되는 위의를 말한다. 「의란 당연한 것이다(義者宜也).」하여 사물마다 당연한 도리가 있음을 말한다.

또 「의란 바른 것이다(義者正也).」라 하여 바른 군사를 일으키고(義師) 바른 싸움하는 것(義戰)을 말한다. 「의란 악을 미워하는 것이다(義者惡惡也).」하여 악에 대하여 징계함을 말하기도 한다. 이처럼 여러 가지 의미를 내포하고 있는 것으로, 어떤 사람이나 어느 시대나 떳떳하게 행할 수 있는 공통점이 바로 의이다.

의를 세우고 행하면 사람들이 모인다. 모여서 서로 함께하다 오래되면 서로 믿음이 생기고 마침내 서로 친근하게 되는 것이다(義而立行 人而相會 會而相與 久而相信 卒而相親).

38

어려움이 같으면 서로 구제하니라.

同難相濟이라
동 난 상 제

어려움이 같으면 서로 구제하니라.

주석(註釋)

1 同難 : 난은 어려움, 곧 간난(艱難). 곤란한 경우. 곤란한 경지.

2 難 : 어려울 난; 쉽지 아니함. 어려운 일. 난리 난, 재앙 난, 근심 난.

3 相濟 : 제란 건넌다는 의미. 동일한 소원이나 동일한 행동을 공동으로 하여 함께 곤경(困境)을 헤쳐 나가는 것.

장주(張註)

六國이 合從而拒秦[1]하고 諸葛이 通吳而敵魏[2]는 非有
육국 합종이거진 제갈 통오이적위 비유

仁義存焉이요, 特同難耳라.
인의존언 특동난이

여섯 나라가 합종하여 진나라를 막고 제갈량이 오나라와 통모(通謀)해서 위나라를 대적한 것은 인의를 가지고 한 것이 아니요, 다만 어려움이 같았을 뿐이라.

주해(註解)

1 중국 전국시대에 소진(蘇秦, B.C. 337~B.C. 284)이 주장한 설로 강대한 진(秦)나라에 대항하여 한(韓)·위(魏)·제(濟)·초(楚)·연(燕)·조(趙)의 여섯 나라가 동맹하여야 한다고 주장하였다. 가령「진나라가 초나라를 공격하면 제와 위는 예리한 군사를 내어 돕고, 한은 양도(糧道)를 끊으며, 조는 하(河)와 장(漳)을 건너고, 연은 운중(雲中)을 지켜야 한다. 또 진이 한과 위를 공격하면 초는 그 배후를 끊고, 제는 군사를 내어 도우며, 조는 하와 장을 건너고, 연은 운중을 지켜야 한다. 진이 제를 공격하면 초는 그 배후를 끊고, 한은 성고(成皐)를 지키며, 위는 오도(午道)를 막고, 조는 하와 장과 박관(搏關)을 건너고, 연은 군사를 내어 도와야 한다. 진이 연을 공격하면 조는 상산(常山)을 지키고, 초는 무관(武關)에 주둔하며, 제는 발해(渤海)를 건너고, 한·위는 군사를 내어 도와야 한다. 진이 조를 공격하면 한은 의양(宜陽)에 주둔하고, 초는 무관에 주둔하며, 위는 하외(河外)에 주둔하고, 제는 청하(淸河)를 건너며, 연은 군사를 내어 도와야 한다. 제후 가운데 약속을 위반하면 다섯 나라가 함께 쳐야 한다. 여섯 나라가 종친하여 진을 막으면 진의 군사들은 함곡관(函谷關)을 나와서 산동(山東)을 해치

지 못할 것이니 이와 같이 하여야 패업(霸業)을 이루게 되리라.」 하였다. 이에 진은 6국 종친의 맹약 때문에 15년을 함곡관에서 나오지 못하였다.

2 제갈량(181~234)은 「손권(孫權, 182~252)과 연합하여 조조(曹操)를 대항한다(聯孫抗曹).」는 연맹 합작의 관계를 말한다. 이때 손권은 오(吳)나라의 맹주로 강동(江東)에 근거하여 온 백성들과 하나가 되어 있었다. 그러나 유비는 패전하여 조조의 추격 때문에 강하(江夏)로 도망을 갔다. 제갈량이 유비에게 말하기를, 「일이 급하게 되었습니다. 제가 강동으로 가서 오주(吳主)에게 남북의 양군(兩軍)으로 나누어, 만일 남군이 이기면 함께 조조를 베고 형주(荊州)의 땅을 취하고, 만일 북군이 이기면 그 세력을 타고 강남(江南)을 취할 수 있다고 유세를 하겠습니다.」 하였으니, 이것이 연오항조(聯吳抗曹)의 첫째다.

제갈량이 형주를 떠나 촉(蜀)으로 들어가기 전에 관우와 교대하면서 「북으로는 조조에 항거하고, 동으로는 손권과 화친한다(北拒曹操 東和孫權).」 하였으니, 이것이 연오항조의 둘째다.

유비가 죽은 뒤에 제갈량이 등지(鄧芝)를 오나라에 파견하여 수호조약을 맺어서 연합하여 위(魏)나라를 대항함이 연오항위(聯吳抗魏)의 셋째다.

제갈량이 죽은 뒤를 대비하여 오증(吳增)에게 병사 만 명을 주어 파〔巴:지금의 사천성(四川省) 중경(重慶)지방으로 파촉(巴蜀)을 말한다.〕를 지켜서 비상시를 방비하도록 하고, 한편으로는 종예(宗預)로 하여금 오나라로 가서 수호조약을 맺도록 하였으니, 이것이 촉오(蜀吳)와 연합하여 위에 대항한 넷째이다.

이렇게 연합하고 합작함으로써 위(魏)·촉(蜀)·오(吳) 삼국의 정립(鼎立)을 유지하도록 하였다.

해의(解義)

동난(同難)이란 어려운 처지가 같다는 뜻이요, 상제(相濟)란 어려운 처지를 서로 구제하고 또 구제를 받도록 한다는 뜻이다. 사람이 세상을 사는데 있어서 뜻밖의 어려움을 당할 수 있다. 이런 경우에 처하여 스스로 힘과 지혜가 부족하면 그 어려움을 헤쳐 나가지 못하고 더욱 깊은 구렁으로 빠지게 된다.

그러나 이렇게 어려운 때 옆에서 조금만 도와주면 쉽게 빠져나올 수가 있다. 물에 빠진 사람에게 물 밖에서 밧줄이나 막대기를 내밀 듯 지혜를 주고, 빛을 주고, 힘을 주는 구제자가 있으면 어려움을 벗어나기 훨씬 쉬워진다.

세상이 굴러가는 데는 강(强)과 약(弱)의 차등이 있다. 비록 강약으로 운전되는 세상이라 하더라도 약자가 서로 뭉치고 연합하여 세력을 형성하고 있으면 아무리 강자라도 무시하고 얕잡아볼 수 없다. 아무리 작은 것이라도 뭉치면 크게 되고, 아무리 큰 것이라도 흩어지면 작게 되는 것이다. 국가나 사회나 기업에서 작은 것을 소중히 하고 약한 것을 중요하게 여기는 이유가 여기에 있다.

39

도가 같으면 서로 이뤄지게 하니라.

同道相成이라.
동 도 상 성

도가 같으면 서로 이뤄지게 하니라.

주석(註釋)

1 同道 : 도란 국가를 다스리는 정치적인 사상과 방법을 말한다. 아울러 국가를 다스려가는 것을 말한다.

2 相成 : 서로 이루어짐에 이르게 하는 것, 즉 서로 완전하게 이루는 것.

장주(張註)

漢承秦後하야 海內凋弊라. 蕭何ㅡ以淸靜涵養之러니
한 승 진 후 해 내 조 폐 소 하 이 청 정 함 양 지

何ㅡ將亡에 念諸將이 俱喜功好動하야 不足以知治道하
하 장 망 염 제 장 구 희 공 호 동 부 족 이 지 치 도

고 時에 曹參이 在齊하야 嘗治蓋公黃老之術하야 不務生
시 조참 재제 상치개공황로지술 불무생

事故로 引參以代相[1]이라.
사고 인참이대상

한나라가 진나라의 뒤를 이었으나 천하는 시들고 피폐함이라. 소하는 맑고 고요하게 함양하더니 소하가 장차 죽게 됨에 모든 장수가 다 공 세우기를 기뻐하고 움직이는 것을 좋아하여 족히 다스리는 도리를 알지 못할까 염려하였는데, 때에 조참이 제나라에 있으면서 일찍이 개공과 황로의 술법으로 다스리고 생업하는 일에 힘쓰지 아니하므로 조참을 데려다 재상을 대신하게 하니라.

주해(註解)

1 소하〔蕭何(B.C. 257~B.C. 193):한나라 패(沛)사람. 고조가 미미할 때부터 한나라를 세운 제일의 공신으로 찬후(酇侯)에 봉해졌으며 한나라의 전제(典制)와 율령(律令)이 소하의 손을 거쳐 제정되었고 혜제(惠帝) 때에 죽으니 시호가 문종(文終)이다.〕는 처음에 조참〔曹參(?~B.C. 190):한나라 패(沛)사람. 소하와 함께 고조를 도와 천하를 평정하고 평양후(平陽侯)에 봉해졌으며 제상(齊相)이 되었다가 소하가 죽은 뒤에 한나라의 재상이 되었다.〕이 치국(治國)의 재능이 있는 줄을 모르고 다만 성격이 여러 장수와는 다르다고 인식할 정도며, 따라서 생업(生業)에 힘쓰지 않으므로 자기와 동일한 점이 많다고 생각하였다.

조참이 제나라의 재상으로 9년을 있으면서 제나라를 잘 다스렸고 특히 개공〔蓋公:교서(膠西)〕 사람. 황로〔黃老:황제(黃帝)와 노자(老子). 황로는 도가(道家)의 시조이므로, 곧 도가를 말함.〕에 대하여 깊이 알고 그 법대로 생활하는 사람이다. 조참이 재상이 되어서 치도(治道)에 청정(淸靜)을 귀하게 여기니 백성들이 안정되고 나라를 잘 다스렸다의 말을 잘 받아들였다.

한나라는 전쟁의 참화(慘禍)를 치유하기 위하여 「백성과 함께 편히 쉰다(與民休息).」는 정책을 폈는데, 소하는 조참만이 이러한 정책을 펼 수 있기 때문에 조참을 불러 들였던 것이다.

소하가 죽을 무렵에 혜제(惠帝)가 묻기를, 「누가 그대를 대신하였으면 좋겠는가.」 하였으나 대답하지 않으므로 또 묻기를, 「조참이 어떠한가」 하므로 소하가 대답하기를, 「임금께서 잘 보셨습니다. 죽어도 여한이 없습니다.」 하였다. 소하가 죽은 뒤에 조참이 재상이 되었다.

조참이 재상이 된 뒤로 모든 정책을 변경함이 없이 진행하므로 혜재가 책문(責問)하니, 조참이 말하기를, 「임금과 고제(高帝:劉邦), 조참과 소하의 재능이 누가 낫겠습니까? 고제와 소하가 천하를 평정하고 법령을 제정하여 놓으니 임금은 팔짱 끼고 저희들은 잘 지켜 가면 되지 않겠습니까?」 하였다.

조참이 재상이 된 3년 뒤에 백성들이 노래하기를, 「소하가 법을 만들어 놓음을 보면 분명하여 한결같고, 조참이 대를 이어 지키고 잃지를 않네, 시작이 맑고 깨끗하니 백성들이 편안하네(蕭何爲法 觀若畫一 曹參代之 守而勿失 載其淸靜 民以寧壹).」 하였다.

결국 소하의 「청정함양(淸靜涵養)」과 「황로지술(黃老之術)」이 맥락을 같이 하였으니, 이것이 바로 「동도상성(同道相成)」의 좋을 실례이다.

해의(解義)

동도(同道)란 길이 같다는 뜻이다. 정치적인 이념이나 경륜이나 사상이나 방법이 거의 같다는 말이다. 상성(相成)이란 서로 이루어 준다는 뜻으로, 앞사람이 세웠던 계획이나 포부를 뒷사람이 그대로 이어 감으로써 서로의 공적을 나누게 된다는 의미이다.

국가를 다스리는 기업을 경영하는 선인들의 사상이나 계획이 대의나 정도에 어긋나지 않으면 그대로 잇고 발전시켜 나가야 함을 가리킨다. 자기가 칼자루를 쥐었다 하여 그 칼을 함부로 휘저으면 상처받는 사람들이 많게 되어 원망을 사고, 원망을 사면 호응이 없기 때문에 국가나 사업경영에 큰 성공을 이루지 못하게 되고 만다.

그러므로 법도가 있는 사람은 선인의 경륜이나 사업을 그대로 이어 발전시키고 시대상황에 맞게 방향은 조정하더라도 자행자지(自行自止)로 국가사회를 어렵게 하거나 기업을 곤궁에 처하게 하지는 않는다.

40

재능이 같으면 서로 비난하니라.

同藝相規이라.
동 예 상 규

재능이 같으면 서로 비난하니라.

주석(註釋)

1 同藝 : 예란 재능(才能)과 기예(技藝)로, 예(禮) · 악(樂) · 사(射) · 어(御) · 서(書) · 수(數)의 육예를 말하는데, 고대 학교의 교육내용이다.

2 相規 : 규란 비난(非難)의 의미, 즉 서로 비난하는 것.

3 規 : 1) 꾀할 규;책략, 계략. 2) 비난. 반대. 헐뜯음. 나무람. 비방.

장주(張註)

李醯之賊扁鵲[1]과 逢蒙之惡后羿[2]－是也니 規者는 非
이 혜 지 적 편 작 방 몽 지 오 후 예 시 야 규 자 비

之也라.
지 야

이혜가 편작을 해친 것과 방몽이 후예를 미워한 것이 이것이니, 규제한다는 것은 비난한다(헐뜯음)는 것이라.

주해(註解)

1 이혜(李醯, 생몰연대 미상)는 전국시대 진(秦)나라의 태의령(太醫令)으로 사람됨이 시기가 많고 흉잔(凶殘)하였다. 편작(扁鵲, B.C. 407~B.C. 310)은 전국시대 발해군(渤海郡)의 막(鄚) 땅 사람으로 성은 진(秦)이며, 이름은 월인(越人)이다. 장상장(長桑君)에게 의학을 배워 무술(巫術)로써 병을 치료하는 것에 대하여 반대하였다. 뒤에 진무왕(秦武王)의 병을 치료하는데 태의령인 이혜의 시기를 받았다. 이는 자신의 의술이 편작만 못함을 알기 때문으로 결국 사람을 시켜 편작을 자살(刺殺)하였다.

2 방몽(逄蒙, 생몰연대 미상)은 하(夏)나라 때 사람으로 활을 잘 쏘았다. 후예(后羿)는 하나라 때 동이족(東夷族)의 수령인데, 원래는 유궁씨(有窮氏) 부락의 수령으로 이름이 예(羿)로 활을 잘 쏘았다. 방몽은 활 쏘는 법을 예한테서 배웠는데 사전(射箭)의 도를 다 얻은 뒤에 생각하기를, 「천하에 활 쏘는 기예는 예가 나보다 높다.」 하고 예를 죽였다.

해의(解義)

예(藝)란 재능(才能)이나 기예(技藝)로, 곧 육예(六藝)인 예(禮)·악

(樂)·사(射)·어(御)·서(書)·수(數)를 말한다. 이는 전통사회의 학교에서 가르쳤던 교육훈련의 내용이다. 상규(相規)란 서로 비난하고 헐뜯고 반대한다는 뜻으로, 재능이나 기예가 자기보다 높기 때문에 해악(害惡)을 입히는 것을 말한다.

사람의 재능이란 후천적인 훈련에 의하여 갖추어지기도 한다. 그러나 특별한 재능이나 기예는 다분히 선천적인 요인이 많기 때문에 사실 시기하고 비난할 필요가 없다. 곧 자기가 남보다 못하다는 사실을 깊이 깨닫는다면 노력에 노력을 더하고 한고비 한고비를 넘어 재능을 기를 것이지, 비난하고 질투하는 것은 사람답지 못한 처사이다.

그러므로 남의 잘하는 점을 좋아하고 흠모하여 같아지려고 노력은 할지언정 비난하고 비하(卑下)하여 음해(陰害)해서는 안된다.

41

공교함이 같으면 서로 이기려 하나니.

同巧相勝하나니.
동 교 상 승

공교함이 같으면 서로 이기려 하나니.

주석(註釋)

1 同巧 : 교는 기교(技巧), 기예(技藝)로 전쟁을 하는데 기교와 기술을 말한다. 동교란 작전기술과 아울러 작전기술을 활용하는 사람을 말한다.

2 相勝 : 승은 승부(勝負)로, 상승이란 서로의 공수(攻守)에서 한편에 비하여 한편이 나은 것.

장주(張註)

公輸子九攻과 墨子九拒[1]가 是也라.
공 수 자 구 공 묵 자 구 거 시 야

공수자가 아홉 번 공격함에 묵자가 아홉 번 막음이 이 것이라.

주해(註解)

1 공수자(公輸子, 생몰연대 미상)는 곧 공수반(公輸般)으로 노(魯)나라 사람이니 성을 공격하는 사닥다리(雲梯)를 만들고 돌을 가는 맷돌(磑)을 만드는 공예에 재능이 있었다.

묵자(墨子, B.C. 468~B.C. 376)는 이름이 적(翟)으로, 묵가(墨家)를 창시한 사람이다. 원래는 송(宋)나라 사람이지만 노나라에 오래 머물며 학생을 가르쳤고 유가와 반대가 되는 학설을 주장하였는데 유가와 아울러 「현학(顯學)」이라 한다.

공수반이 초나라를 위해 사닥다리를 만들어 주어 장차 송나라를 침공하도록 하였는데 묵자가 이 이야기를 듣고 초나라의 서울인 영(郢)으로 가서 공수반을 만나니 공수반이 초왕을 보도록 하였다. 초왕 앞에서 묵자가 띠를 풀어 성을 만들고 홑옷으로 기계를 만들어 보였다. 공수반이 아홉 번 성을 공격하는 기계의 변화를 만들어 내니 묵자가 아홉 번을 막아냈다. 이에 공수반이 성을 공격하는 기계의 변화는 다하였지만 묵자가 송나라를 막는 데는 오히려 여유가 있었다. 공수반이 결국 허리를 굽히고 말하기를, 「나는 당신이 막을 수 있다는 사실을 알므로 구차하게 말하지 않겠다.」 하니, 초왕이 그 이유를 묻는데 묵자가 대답하기를, 「공수반의 뜻은 신을 죽이고자 하는데 지나지 않는 것으로 신이 죽으면 송나라가 능히 지키지 못할 것이므로 공격할 수 있다는 것입니다. 그러나 신의 제자 금할리(禽滑釐) 등 300여 명이 이미 신처럼 송나라를 막는 기기(器機)를 가졌으므로 송나라 성 위에서 초나라 병사들을 기다릴 것입니다. 비록 신이 죽을지라도 절대로 침공하지 못할 것입니다.」 하니, 초왕이 말하기를, 「좋다. 내가 송나라를 침공하지 않겠노라.」 하였다.

해의(解義)

교(巧)란 기교(技巧)나 기예(技藝)를 말하는 것으로, 특히 전쟁하는데 작전의 기교와 책모(策謀)에 능함을 가리킨다. 상승(相勝)이란 서로 이기려 한다는 의미로 승부를 말한다.

예를 들면, 사람이 손에 기교를 익히고 있으면 무엇이나 교묘하게 만들어 내어 사람들의 부러움을 받는다. 그러나 이를 자랑하면 반드시 더 나은 기예를 가진 사람을 만나기 마련이다. 곧 기는 자 위에 뛰는 자가 있고, 뛰는 자 위에 나는 자가 있는 법이다.

이와 같이 전쟁을 하든, 사업을 하든 백전백승(百戰百勝), 백사백공(百事百功), 즉 백 번 싸워 백 번 이기고, 백 번 사업하여 백 번 성공할 수 없는 일이다. 백전백거(百戰百拒), 백사백패(百事百敗), 즉 백 번 싸우면 백 번 막고, 백 번 사업을 하면 백 번 실패가 있을 수 있음을 알아서 기교나 기예만을 너무 믿고 의지해서는 안 되는 것이다.

참된 기교는 항상 속에 깊이 감추고 내보이지 않아야 한다. 또 꼭 써야 할 곳에만 쓰고 함부로 내둘리지 말아야 한다. 특히 대중을 살리고 구제하는데 베풀어 쓰고, 해인파국(害人破國)하는 데는 시용(施用)하지 않아야 참된 기교이다.

42

이것은 이에 자연적으로 얻어지는 바이니 이치로 더불어 어긋나서는 안 되는 것이라.

此乃數之所得이니 不可與理違니라. 차 내 수 지 소 득　　불 가 여 리 위

이것은 이에 자연적으로 얻어지는 바이니 이치로 더불어 어긋나서는 안 되는 것이라.

주석(註釋)

1 數 : 이치 수 ; 도리. 자연의 이치. 자연의 도수.

2 違 : 어길 위 ; 법령, 약속 등을 위반함. 어그러질 위 ; 맞지 아니함.

장주(張註)

自同志下로 皆所行을 所可豫知니 智者는 知其如此하
자동지하　개소행　소가예지　지자　지기여차

야 順理則行之하고 逆理則違之라.
순리즉행지　　역리즉위지

"뜻을 같이 하면 서로 얻는다(同志相得)"로부터 재주가 같으면 서로 이기려 하나니(同巧相勝)까지는 다 행하는 바를 가히 미리 아는 것이니, 슬기로운 사람은 그 이와 같음을 알아서 이치에 순응되면 행하고, 이치에 거슬리면 가나니라.

해의(解義)

「동지상득(同志相得)」으로부터 「동교상승(同巧相勝)」까지 열여섯 조목은 모두 자연의 원리를 바탕하여 이루어지는 도리이다. 그러므로 도리를 벗어나게 되면 모든 일에 공을 이룰 수 없다. 다시 말하면, 이 16조목은 자연의 도수(度數)에 근거하여 형성되어 있으므로 자연의 도수를 벗어나면 계획이 아무리 훌륭하고 치밀하다 하더라도 이루어지기 어렵다.

그러므로 나라를 다스리든, 사업을 경영하든 「자연지리(自然之理)」와 「순수지도(順數之道)」를 따라서 행해야 한다. 이러한 도리에 맞지 않으면 스스로 그만두는 결단이 있어야 뒤에 밀려오는 재변(災變)을 피할 수 있고 현실의 역사(逆事)에 대하여 인내를 가지고 해결할 능력이 생기는 것이니, 도수를 거스리고 역행(逆行)을 한다면 아무리 능력이 있다 하여도 결국 패망으로 달려가게 된다.

43

자기를 놓고 남을 가르치려 하면 거슬리고, 자기를 바르게 하여 사람을 교화하면 따르니라.

釋己而敎人者는 逆하며 正己而化人者는 順이라.
석기이교인자 역 정기이화인자 순

자기를 놓고 남을 가르치려 하면 거슬리고, 자기를 바르게 하여 사람을 교화하면 따르니라.

주석(註釋)

1 釋 : 놓을 석;손을 뗌. 그만둠. 상관하지 아니함. 떠남.

2 釋己 : 석이란 방하(放下)한다, 석방(釋放)한다는 의미이다. 즉 자기의 사상이나 언행을 포기하는 것을 가리킨다.

3 敎 : 가르칠 교;학문, 도덕, 교육, 훈계, 덕화 등을 알게 함.

4 逆 : 거스를 역;순조롭지 아니함. 순응하지 아니함. 도리나 이치에 어긋남. 사물에 반대되는 길을 잡음. 반대함. 대항함.

5 正己 : 정이란 정심성의(正心誠意)의 뜻으로, 일종의 내심(內心)에 도덕을 수양함을 이른다. 즉 정기란 군주(君主)나 장상(將相)이나 지도급에 있는 사람들이 정치든 사상이든 간에 먼저 마음이 단정하고 속임이 없어야 하고 나아가 정기가 되어야 정인(正人)할 수 있는 것이다.

6 化 : 화할 화 ; 화육함. 교화됨. 잘 됨. 개선됨. 어떤 상태가 다른 상태로 됨.

장주(張註)

教者는 以言이요, 化者는 以道라. 老子曰「法令滋彰하
교자 이언 화자 이도 노자왈 법령자창

고 盜賊多有[1]」는 教之逆者也요, 「我無爲而民自化하고
도적다유 교지역자야 아무위이민자화

我無欲而民自朴[2]」은 化之順者也라.
아무욕이민자박 회지순자야

가르치는 것은 말로 하는 것이요, 교화하는 것은 도로서 하는 것이라. 노자가 말씀하기를, "법령이 불어나 드러나고 도적이 많이 있는 것"은 가르치는 것이 거스르는 것이요, "나는 함이 없는데 백성들이 저절로 교화되고, 나는 하고자 함이 없는데 백성들이 저절로 순박해지는 것"은 교화가 순리대로 되는 것이라.

주해(註解)

1과 **2**는 모두 《노자 도덕경(老子 道德經)》 57장에 나오는 말씀이다. 즉

노자의 사상 자체가 자연(自然)이요 허정(虛靜)이며, 무위(無爲)요 무욕(無慾)이며, 무지(無知) 등등이기 때문에 정치를 하는데 무위의 도로 다스리지 않고 조작된 법령으로 다스리면 도적이 많아지고 또 그 법망을 피하려는 술수가 교묘하여진다는 것이다. 또 무욕이 되어야 한다. 인간의 원초적인 본 모습으로 돌아간 사람이 위에 있어야 백성들도 저절로 화육되고 소박하게 되어진다는 것이다. 결국 모두가 무위자연으로 돌아가자는 것이다.

해의(解義)

자기를 놓아 버리면 안 된다. 스스로를 업신여기고 무시하고 돌아보지 않으면 더욱 밑바닥으로 가라앉게 된다. 원래의 참 자기를 간직하고 있으면 모르지만 그렇지 못하면 자신은 반드시 추어 잡아 적공(積功)의 노력이 있어야 본 자리로 돌아올 수 있다.

정기(正己)가 되어야 한다. 몸이 발라야 한다. 곧 정심성의(正心誠意)가 되고 내심(內心)에 도덕의 수양이 쌓여 바른 몸가짐, 열린 마음을 가져야 천하의 사물들이 순응하게 된다.

그러므로 남을 가르치기 전에 나를 먼저 생각하며, 남을 탓하기 전에 내가 먼저 반성하고, 남을 원망하기 전에 나를 먼저 책망하며, 남을 바르기 전에 내가 먼저 바르는 등 자기반조(自己返照)가 있어야 한다. 말과 행동과 마음과 생각을 오직 자연의 이치대로 운용하며 살아야 바른 인물이다.

44

거슬리는 것은 좇기가 어렵고
순종하는 것은 행하기가 쉬움이라.
좇기가 어려우면 어지러워지고
행하기가 쉬우면 다스려지니라.

逆者(역자)는 難從(난종)이요 順者(순자)는 易行(역행)이라 難從則亂(난종즉란)하고 易行則理(역행즉리)하니

거슬리는 것은 좇기가 어렵고 순종하는 것은 행하기가 쉬움이라. 좇기가 어려우면 어지러워지고 행하기가 쉬우면 다스려지니라.

주석(註釋)

1 從 : 좇을 종 ; 따름. 복종함. 거역하지 아니함. 맡김.

2 理 : 다스릴 리 ; 옥을 다스림. 옥을 갊. 일을 다스림.

장주(張註)

天地之道는 簡易而已요, 聖人之道도 簡易而已니 順日
천지지도 간이이이 성인지도 간이이이 순일
月而晝夜之하고 順陰陽而生殺之하고 順山川而高下之
월이주야지 순음양이생살지 순산천이고하지
는 此天地之簡易也요, 順夷狄而外之하고 順中國而內
차천지지간이야 순이적이외지 순중국이내
之하고 順君子而爵之하고 順小人而役之하고 順善惡而
지 순군자이작지 순소인이역지 순선악이
賞罰之하고 順九土[1]之宜而賦斂之하고 順人倫而序之는
상벌지 순구토 지의이부렴지 순인륜이서지
此聖人之簡易也라. 夫烏獲[2]이 非不力也나 執牛之尾하
차성인지간이야 부오획 비불력야 집우지미
고 而使之郤行則終日에 不能步尋丈[3]호대 及以環桑之
이사지극행즉종일 불능보심장 급이환상지
枝로 貫其鼻하고 三尺之綯로 繫其頸이면 童子도 服之하
지 관기비 삼척지도 계기경 동자 복지
고 風於大澤에 無所不至者는 蓋其勢順也라.
풍어대택 무소부지자 개기세순야

하늘과 땅의 도는 간단하고 쉬울 뿐이요, 성인의 도도 간단하고 쉬울 뿐이니, 해와 달을 따라서 낮과 밤이 되고, 음과 양을 따라서 낳고 죽게 되며, 산과 내를 따라서 높고 낮은 것은 이것이 천지의 간이함이요, 오랑캐를 바깥에서 따르게 하고 중국을 안에 따르게 하며, 군자는 따라서 벼슬하고 소인은 따라서 부리고, 선과 악을 따라서 상 주며 벌주고, 구주(九州)의 마땅함을 따라서 부역하여 거두고 인륜을 따라서 차례 하는 것은 이것이 성인의 간이함이라. 무릇 오획이 힘을 쓰지 않은 것은 아니나 소의 꼬리를 잡고 부려서 물러가도록 한다면 날이 마치도록 하여도 능히 한 길도 가지 못하지만 뽕나무 가지를 둥글게 만들어 그 코를 꿰고 석자 되는 새끼로 그 목을 매면 어린아이도 복종시킬 수 있고 큰 못에 바람이 불매 이르지 않는 바가 없는 것은 대개 그 형세에 따름이라.

주해(註解)

1 九土 : 곧 구주(九州)를 말한다. 중국 전토를 아홉으로 구분한 것으로, 요순우(堯舜禹) 때는 기(冀)·연(兗)·청(青)·서(徐)·형(荊)·양(揚)·예(豫)·양(梁)·옹(雝)이요, 은(殷)나라 때는 기(冀)·예(豫)·옹(雝)·양(揚)·형(荊)·연(兗)·서(徐)·유(幽)·영(營)이며, 주(周)나라 때는 양(揚)·영(營)·예(豫)·청(青)·연(兗)·옹(雝)·유(幽)·기(冀)·병(幷)이다.

2 烏獲(생몰연대 미상) :중국 진(秦)나라 때 무왕(武王)의 신하이다. 무왕이 원래 힘겨루기를 좋아하였으므로 천균(千鈞)의 무게를 들어서 움직일 수 있는 오획을 중요하게 썼다.

3 尋丈 :심은 8척(약 176cm), 장은 10척(220cm)을 말한다. 아주 짧은 거리를 말한다.

해의(解義)

도리(道理)에 위배되면 무엇이든 따르지 않고 도리에 순응되면 무엇이나 쉽게 행할 수 있다. 따르기 어려우면 분란(紛亂)이 일어나고 행하기 쉬우면 다스려지는 것이다.

봄은 내고, 여름은 기르고, 가을은 거두고, 겨울은 갈무리를 하는 것이 만고에 변함이 없는 자연의 이치이다. 이 이치에 거슬리면서 사물 자체를 보존하려고 한다면 가능하지 않을 것이다. 이것은 순환하는 자연의 질서에 위배가 되기 때문으로, 이 순환의 이치를 잘 따라야 본 모습을 길이 보존할 수 있다.

이와 같이 천지의 도나 성인의 도는 간이명백(簡易明白)하기 때문에 누구나 쉽게 행할 수 있는 것이다. 만일 이 도에 역행하면 시끄럽고 순응하면 다스려지는 것이다.

그러므로 물은 흐르는 것이 자연이요 바람은 부는 것이 이치이며, 산은 높은 것이 자연이요 골짜기는 낮은 것이 이치이며, 음양이 상추(相推)하는 것이 자연이요 밤낮이 바뀌는 것이 이치이다. 또한 사람은 죽고 낳는 것이 자연이요 세월은 가고 오는 것이 이치이니, 세상이나 기업의 흥망성쇠(興亡盛衰)도 이와 다른 바가 없다는 것을 미리 알아서 대비를 한다면 곤경에서 뛰어나오고 어려움에서 살아남게 된다.

45

이와 같이 하면 몸을 다스리고 집을 다스리며 나라를 다스림이 가능하니라.

如此면 理身理家理國이 可也니라.
여차 이신이가이국 가야

이와 같이 하면 몸을 다스리고 집을 다스리며 나라를 다스림이 가능하니라.

장주(張註)

小大不同이나 其理則一이라.
소대부동 기리즉일

작고 큼이 같지 않으나 그 다스림은 하나이라.

해의(解義)

《대학(大學)》 사상의 대체는 「자신(自身)」으로부터 시작한다. 유교(儒敎)의 실현 덕목은 「몸을 닦고 집을 가지런히 하고, 나라를 다스리고 천하를 평화롭게 하는 것이다(修身齊家治國平天下).」고 할 수 있다. 곧 자기 자신을 닦고 추스려서 완전한 인격을 이루어야 가정 · 사회 · 국가 세계를 잘 다스릴 수 있는 것이다.

이렇게 볼 때 《소서(素書)》는 중국의 병법서(兵法書)에 속한다. 그러나 그 내용에 있어서는 임금이 임금의 자질을 갖추어 임금의 도리를 다하고, 신하는 신하의 자질을 갖추어 신하의 도리를 다하며, 백성은 백성의 자질을 갖추고 백성의 도리를 다하고, 군인은 군인의 자질을 갖추어 군인의 도리를 다하는 국가의 공동체가 되어야 하는데, 그 출발점은 몸을 닦음에 바탕하여 시작이 되어야 한다고 강조한다. 결국 개개인의 인격완성이 바로 가정 · 사회 · 국가 · 세계를 지탱하는 관건이 되기 때문이다.

다시 말하면, 도(道) · 덕(德) · 인(仁) · 의(義) · 예(禮)의 개인이 되고, 도 · 덕 · 인 · 의 · 예의 가정이 되며, 도 · 덕 · 인 · 의 · 예의 국가가 되고, 도 · 덕 · 인 · 의 · 예의 세계가 되어야 공생공영(共生共榮)하고 공환공락(共歡共樂)하게 된다.

第六章(제육장)은 言安而履之之謂禮(언안이이지지위례)라.

제6장은 편안하게 밟아가는 것이 예임을 말한 것이니라.

《황석공소서》 후서(後序)

宇宙弘天展 우주홍천전 — 우주는 넓은 하늘이 펼쳐짐이요
乾坤古往同 건곤고왕동 — 하늘땅은 예로부터 하나였어라.
政無朝夕變 정무조석변 — 정치가 아침저녁으로 변함이 없다면
隨勢不奸忠 수세불간충 — 형세(形勢)를 따라 간신과 충신도 없으리.

俊傑從時出 준걸종시출 — 걸출한 준재는 때를 좇아 나오고
聖人擔世生 성인담세생 — 성스런 사람은 세상을 맡아 나오네.
得宜仁主邂 득의인주해 — 시의를 얻고 어진 임금을 만나면
反掌易天傾 반장이천경 — 손바닥 뒤집듯 하늘 기울게 하기 쉬우리.

蠻勇無知亂 만용무지란 — 용맹만 부리고 지략이 없으면 난리가 되고
藏圖不擢僵 장도불탁강 — 웅도(雄圖)를 감고 발탁되지 않으면 엎드려라.
敷仁天下抱 부인천하포 — 인정(仁政)을 펴서 천하를 안으면
匪戰宇縣匡 비전우현광 — 싸우지 않고도 세상은 바루어진다네.

익산 이우실(垦藕室)에서

오광익

난세를 사는 비결
《黃石公素書(황석공소서)》

초판 인쇄 ‖ 2014년 7월 1일
초판 발행 ‖ 2014년 7월 7일

석　의 ‖ 오광익
디자인 ‖ 이명숙 · 양철민
발행자 ‖ 김동구
발행처 ‖ 명문당(1923. 10. 1 창립)
주　소 ‖ 서울시 종로구 윤보선길 61(안국동)
우체국 010579-01-000682
전　화 ‖ 02)733-3039, 734-4798(영), 733-4748(편)
팩　스 ‖ 02)734-9209
Homepage ‖ www.myungmundang.net
E—mail ‖ mmdbook1@hanmail.net
등　록 ‖ 1977. 11. 19. 제1~148호

ISBN 979-11-85704-04-3 (93390)
정가 ‖ 17,000원